粮 安

——河南省"粮安工程"危仓老库维修改造管理实务

朱保成　主编

U0268285

黄河水利出版社

图书在版编目(CIP)数据

粮安:河南省"粮安工程"危仓老库维修改造管理实务/朱保成主编. —郑州:黄河水利出版社,2015.5

ISBN 978 – 7 – 5509 – 1125 – 3

Ⅰ.①粮… Ⅱ.①朱… Ⅲ.①粮仓 – 仓库管理 – 河南省 Ⅳ.①S379.3

中国版本图书馆 CIP 数据核字(2015)第 098790 号

出　版　社:黄河水利出版社
　　　　地址:河南省郑州市顺河路黄委会综合楼 14 层　　邮政编码:450003
发行单位:黄河水利出版社
　　　　发行部电话:0371 – 66026940、66020550、66028024、66022620(传真)
　　　　E-mail:hhslcbs@ 126. com
承印单位:河南省瑞光印务股份有限公司
开本:890 mm × 1 240 mm　　1/16
印张:20. 375
字数:355 千字　　　　　　　　　　　印数:1—5 000
版次:2015 年 5 月第 1 版　　　　　　印次:2015 年 5 月第 1 次印刷
定价:48. 00 元

编纂委员会

主　任：赵启林
副主任：梁太祥　乔心冰
委　员：李素云　朱保成　冯　伟　逯迎州
　　　　赵国政　李德富

主　编：朱保成
副主编：寇成生　王玉田
编　辑：虎　燕　侯文霞　丁保春　王衡琰
　　　　常　城　冀钦文　刘小柱

序　言

治国安邦，食为政首；悠悠万事，吃饭为大。2012年，习近平总书记指出："要把保障粮食供应能力牢靠地建立在我们自己身上，要把饭碗牢牢地端在我们自己手中"；李克强总理在随后视察国家粮食局时，要求粮食部门"要守住管好'天下粮仓'，做好'广积粮、积好粮、好积粮'三篇文章"。

端自己的饭碗，装中国的粮食，这就是14亿人口泱泱大国的粮食安全观！粮食安全，关乎国之命脉，与社会和谐、政治稳定、经济发展息息相关。粮食部门更是责无旁贷！

"仓廪实、天下安"。守住管好"天下粮仓"，就要从根本上守住粮食数量，确保质量，更要千方百计搞活流通，多途径扩大和提升粮食收储与供应保障能力，建立粮食安全保障体系。

建立粮食安全保障体系，是一个复杂的系统工程。除粮食生产外，包括粮食加工、储备在内的整个粮食流通产业发展状况，构成了国家粮食安全的重要基础。其中，粮食储存安全是实现粮食安全的工作重点，而实现粮食储存安全必须以良好的仓储设施为条件。

国有粮食仓储设施是承担国家粮食储备任务、实施粮食宏观调控、保障粮食安全的重要载体，也是粮食购销市场化以后，国有粮食企业发挥主渠道作用的必备条件。新中国成立以来的河南国有粮仓建设，从无到有，由弱变强，取得了长足发展，为保障储粮安全发挥了重要作用。

然而，全省地方国有粮库因多年来维修资金投入不足，较为普遍地存在"三多"，即年久失修多、危仓险库多、简易建仓多。据统计，全省粮仓中，其危仓老库占总库容的三分之一以上。2013年"粮安工程"在全国启动，为我省危仓老库的维修改造提供了千载难逢的机遇。

所谓"粮安工程"，即"粮食收储供应安全保障工程"，主要内容是：打通粮食物流通道，修复粮食仓储设施，完善应急供应体系，保证粮油质量安全，强化粮情监测预警，促进粮食节约减损。

作为"粮安工程"开篇之作的全国粮食危仓老库维修改造工作，也于2013年正式实施。对符合"收储任务重、仓容缺口大、地方投入积极性高、维修方案完备"的省份，中央财政给予补贴性重点支持。河南作为产粮大省，在省政府正确领导下，省粮食局与省财政厅通力合作，抓住机遇，精心筹备，积极申报。在国家有关部委初审和相关专家综合性评审中，河南均以总分第一名的优异成绩，被确定为"2014～2015年中央补助地方'粮安工程'危仓老库维修改造专项资金重点支持省份"。

重点支持省份的确认，极大地调动了我省各级政府和相关部门的积极性，为粮食仓储设施建设注入了动力。省粮食局和财政厅协同配合，精心谋划，致力于顶层设计，制发了一系列规章制度和规范性文件。各市、县认真抓好贯彻落实，综合考虑本辖区内的粮食生产能力、收储、物流、城镇规划及国有粮食企业现状与改革等实际情况，按照仓容合适、交通便利、库点规模较大、间距恰当的原则进行整合与布局，实事求是地筛选、确定了维修改造库点，力求通过本轮维修改造，实现粮仓结构安全、上不漏雨、下不潮湿、保温隔热、防鼠防雀，使安全储粮仓容明显增加，粮库功能显著提升，国有粮食收储企业主渠道作用得到进一步发挥。

目前，全省"粮安工程"危仓老库维修改造各项筹备工作已基本就绪，项目施工也将大规模展开。为统一标准、规范操作、减少失误，保质保量地全面完成各项工作任务，确保维修改造后的粮仓于2015年秋粮上市前按时投入使用，参照其他先进省（市）的做法，有必要对全省各级粮食行政机关及项目单位的相关管理干部和施工人员，分期分批开展一次有针对性的政策法规教育和业务管理轮训。

为应轮训教材之急需，省粮食局会同省财政厅组织编写了此书，取名《粮安》。该书结合河南实际，从操作指南、标准规程、廉政法规和相关法律等四个方面，收录了国家和我省有关修仓建库的若干法律法规、政策规定和标准规范，具有较强的理论指导性和务实操作性；既是当前急需的一本培训教材，又是今后修仓建库可随时查阅的实用工具书。相信该书将对全省粮食基础设施建设带来裨益，也会成为您的良师益友。

河南省粮食局局长：赵志林

2015年5月

前　言

　　中原粮仓，历史悠久，源远流长。发源于 5 000 多年前仰韶文化时期的"贮粮窖穴"，即为河南粮仓的雏形；建都于河南的夏、商、周三代，官府为储粮备荒，正式建立了贮存粮食的仓库；从春秋战国、南北朝，到秦汉隋唐时期，河南粮仓仍以"圆形"和"方形"的地下窖藏形式为主；北宋之后，官府开始建设大型砖木结构的地上粮食仓群；元明清至中华民国时期，中原粮仓主要分布于漕运等交通干线、大中城市和粮油集散地。

　　新中国成立后，作为国家重要储粮设施，河南粮仓历经多轮建设，获得长足发展。1949 年 5 月，随着河南省人民政府的成立，省粮食行政管理与贸易机构同时设立，其中县级粮食机构利用祠堂、庙宇、公房以及没收地主的房屋，经过修缮改造，作为粮仓征收入库公粮。当年底全省粮食产量 710 万吨，粮仓容量近 5 万吨。

　　从 1953 年开始，河南省粮食厅（局）按照国家粮食部（局）的统一安排部署，组织开展了多批次的粮仓建设，呈现出各时期的不同特点。其中，20 世纪 50 年代开始建造"砖木结构房式仓"，以造价低廉的"苏式仓"为其代表仓型；60 年代以"双曲拱仓"和"土圆仓"、"砖圆仓"为主，同时河南省在全国试建了一种新仓型——多联"砖拱挂瓦仓"；70 年代开始建设"立筒仓"、"三化仓"等，适应"深挖洞、广积粮"和"备战备荒"的战略要求，河南还发明建设了"喇叭型地下仓"；80 年代除建有"楼房仓"和"变截面柱墙房式仓"外，采用新技术建设了部分大型"钢筋混凝土立筒库"、"波纹钢板立筒库"等；90 年代，建造了"土堤仓"、"钢板浅圆仓"和"高大平房仓"。进入新世纪以来，新建了一批"双 T 板平房仓"、"钢筋混凝土浅圆仓"等。到 2013 年底，河南全省各类粮食仓容突破 5 000 万吨，单仓容量由新中国成立之初的数十吨增加到上万吨。

　　诚然，新中国的河南粮仓建设，取得了令人瞩目的成就，基本满足了具有超亿人口产粮大省的安全储粮需求。然而，综观全省粮仓，年久失修居多，老旧破漏问题严重，属于 70 年代之前的报废粮仓占全省总仓容的四分之一以上。截至 2014 年 6 月，全省地方粮食企业共有符合要求的仓房容量 3 675 万吨，占全国的 12%；其中平房仓 3 416 万吨，占全省总库容的

95%；浅圆仓 19 万吨，立筒仓 78 万吨，地下仓 62 万吨，楼房仓 20 万吨。

国家"粮安工程"的推进和重点支持省份的确定，为河南粮食行业危仓老库的维修改造提供了难得机遇。如何抓住这一战略机遇，既用足用好用活国家支持政策，最大限度地改善河南省粮食流通基础设施，提升粮食收储能力；又能切合各地实际，做到项目建设客观公正、操作规范、阳光透明、预防腐败，成为摆在全省各级财、粮干部面前的重大课题。

按照财政部、国家粮食局和省政府的统一部署要求，省粮食局会同省财政厅，认真搞好全省顶层设计，研究制发了一系列规章制度和规范性文件。从危仓老库维修改造工程项目的规划布局、筛选申报、评审确定、组织实施、监督检查、总结验收，到资金的筹措分配、拨付监管、绩效评价和反腐倡廉等，都规定了具体明确的硬性条件、严格程序、方法步骤、职责分工和标准要求，最大限度地减少人为因素，真正把各级权力装进制度的笼子。

历经半年多的精心筹划、周密安排和细致工作，全省"粮安工程"危仓老库维修改造工作的 13 份规章制度和规范性文件业已下发。各市、县认真贯彻落实，搞好规划布局，对照条件选定上报了相关项目；省财政厅、省粮食局对所报项目，从全省人才库中随机抽取 10 位不同专业的相关专家，由其对照条件精心复核、评审和打分；在此基础上，依据打分结果和相关因素法，综合认定各省辖市、省直管县和省财政直管县的项目数量及资金总额，并分两批切块下达了共计 6 亿元的中央和省财政补助资金；最后，由各市、县人民政府将这些切块资金，连同当地的配套资金一起，确定分配至各相关项目。据统计，最终确定全省扶持 2014～2015 年"粮安工程"危仓老库维修改造项目 688 个，维修改造仓容 907 万吨，总投资 12.17 亿元。其中维修仓容 842 万吨，投资 8.27 亿元；原址改造仓容 65 万吨，投资 3.9 亿元。

此轮危仓老库的维修改造，无论项目数量规模，还是资金投入总额，在河南省粮食行业的修仓历史上堪称最大。既无前车之鉴，又要做到高起点、高标准、高要求，只能"摸着石头过河"，或从草丛中踩出一条路来。相信通过此次修仓建库的探索，定能取得宝贵的理论与实践经验。而把现有成果与经验总结汇编，出版发行，即可解当前全省各级粮食部门，面临工程项目培训教材短缺的燃眉之急，又可为今后各种所有制粮食企业的修仓建库，提供标准规范和有益借鉴。这就是我们出版此书的目的之所在。

编　者

2015 年 5 月

目　　录

操作指南

河南省"粮安工程"危仓老库维修改造专项资金使用管理办法

第一条　根据《财政部　国家粮食局关于启动 2014 年"粮安工程"危仓老库维修改造工作的通知》（财建〔2014〕100 号）要求，为规范"粮安工程"危仓老库维修改造专项资金（以下简称"专项资金"）使用和管理，提高财政资金使用效益，按照《河南省人民政府关于印发河南省省级财政专项资金管理办法的通知》（豫政〔2014〕16 号）规定，结合我省实际，特制定本办法。

第二条　专项资金由中央财政补助和省级财政筹措，专项用于经省财政厅和省粮食局审核批准的粮（油）企业危仓老库维修改造项目支出。维修改造坚持突出重点、量力而行原则进行。

第三条　专项资金使用范围。

（一）专项资金用于补助国有和国有控股粮食企业危仓老库维修改造项目。

（二）原国有粮食企业改制后仍承担政策性粮油收储任务的粮食企业，经同级粮食和财政部门同意后，也可纳入补助范围。

（三）企业在租赁土地上建设的仓库（租赁期 10 年以上，含 10 年），可纳入维修改造范围。

（四）1975 年 12 月 31 日以前建设达到报废年限的仓库、列入退城进郊计划的仓库、2013 年已维修改造过的项目以及目前涉嫌违纪违法案件的企业不得申报维修改造财政补助。

（五）维修改造内容包括：一般维修、大修改造和功能提升。同一栋（幢）仓库一般维修和大修改造财政只补助其中一项。2010 年 1 月 1 日以后建成投入使用的新仓库可以功能提升，不得维修改造。

第四条　专项资金分配按照"统筹安排、突出重点、公平公正、向产粮大县倾斜"原则进行。根据财政部和国家粮食局批复我省的危仓老库改造维修资金筹措方案，中央财政和省财政补助不超过 67%，不足部分企业自筹。符合条件的粮食企业自愿申报维修改造项目，省粮食局和省财政厅组织专家进行评审，公示无异议后拨付资金。

第五条　专项资金原则上实行国库集中支付制度。按照《国家粮食局关于切实加强"粮安工程"危仓老库建设项目资金管理工作的通知》（国粮财〔2014〕84号）规定，粮食企业收到财政拨付的专项资金后，连同自筹资金实行专账管理，单独核算，用于省审核的实施方案内容，专款专用；确需变更的，报同级财政和粮食主管部门审核同意，并报省粮食局备案后实施。专项资金如有结余，报同级财政、粮食部门同意后，继续用于危仓老库维修改造。

第六条　危仓老库维修改造项目符合工程招标条件的，同级财政和粮食部门要按规定程序组织招投标；设备购置符合政府采购规定的，按要求组织政府采购。危仓老库维修改造工作过程要公开透明，接受监督。

第七条　维修改造绩效评价。

（一）粮食危仓老库维修改造项目验收后，同级财政和粮食部门要组织进行绩效评价，评价内容包括：维修改造工作量完成、工程质量、资金使用以及仓库产生的经济效益等情况。

（二）评价结果报省财政厅和省粮食局进行考核，并作为以后年度分配专项资金的依据之一。

第八条　加强组织领导。

（一）各市、县人民政府统筹协调做好辖区内危仓老库维修改造工作，切实做好粮油库点布局规划。各级财政、粮食部门要加强协调，确保危仓老库改造工作顺利进行。

（二）财政部门主要负责专项资金的落实与监管，确保专款专用，提高资金使用效益。

（三）粮食部门主要负责危仓老库改造规划，项目申报，工程进度，质量监管，竣工验收等。

第九条　粮食企业要加强危仓老库维修改造项目管理，财务管理、工程实施、设备采购、质量监理等实行责任制，落实到人，按时完成危仓老库维修改造任务。

第十条　粮食危仓老库维修改造项目申报、专家评审和竣工验收等规定另行下达。

第十一条　各级财政、粮食主管部门要加强监督检查，凡发现弄虚作假，截留、挪用、骗取财政专项资金的，按照《财政违法行为处罚处分条例》（国务院令第 427 号）规定，严肃处理。

    第十二条 本办法自印发之日起施行，由省财政厅和省粮食局负责解释。河南省财政厅豫财贸〔2012〕1 号文件印发的《河南省粮食仓库维修补助资金管理暂行办法》同时废止。

    附件：危仓老库维修改造落实情况表

附件

填报单位：

危仓老库维修改造落实情况表

财政局、粮食局（章）

库点名称	库点属性	维修计划				资金来源					实际维修情况		
		拟维修仓库数量	拟维修仓容	功能提升	小计	中央财政补助资金	省级财政预算安排资金	省以下各级财政预算安排资金	企业自筹资金	维修仓库数量	维修仓容	功能提升
单位		栋	吨		万元	万元	万元	万元	万元	栋	吨	
合计												
库点1												
库点2												
库点3												
库点4												
库点5												
库点6												

注：1. 库点属性填报国有、国有控股等。

2. 功能提升可用文字表述。

2014 年中央补助地方"粮安工程"危仓老库维修专项资金工作实施方案

为贯彻落实国务院领导指示精神,加快推进"粮安工程"危仓老库维修改造进度,做好"广积粮、积好粮、好积粮"的基础工作,2014 年,中央财政将继续加大对地方粮食危仓老库维修改造的补助资金(以下简称补助资金)投入。为做好此项资金的分配管理,特制订本方案。

一、基本原则

(一)突出重点,兼顾一般

补助资金的补助范围分为重点支持省份和一般补助省份。今年启动第二批重点支持省份的维修改造工作,支持省份为 8 个省,应具备"收储任务重、仓容缺口大、地方投入积极性高、维修方案完备"等基本条件。一般补助省份为除重点支持省份和地方财力较好省份(京、津、沪、浙、粤)之外的其他地区,应具备"已承担中央政策性粮的储存任务"等基本条件。

(二)集中财力,全省推进

今明两年补助资金主要用于 2014 年新增重点支持省份的仓房维修改造,入选重点支持的省份必须按照全省推进原则,今年一次性制定全省所有危仓老库的维修改造规划,并确保在全省范围内明年秋粮上市前完成全部危仓老库的维修改造工作,中央财政补助资金分两年拨付到位。补助资金用于一般省份补助的,支持地方开展急需的危仓老库维修改造工作,确保今年秋粮收购和粮食储存安全。今后视财力情况,中央财政再陆续启动第三批、第四批重点支持省份的维修改造工作。纳入重点支持的省份,5 年内中央财政不再安排补助资金。

(三)公开评审,择优竞争

补助资金遵循公开、公正、公平的原则,明确规划要求、评审程序、绩效目标等,在确定重点支持省份时引入竞争择优机制,通过公开答辩、专家评审方式,实现"自愿申报、择优支持"。

（四）明确责任，限期完成

危仓老库的维修改造工作由省级人民政府负责。其中：重点支持省份确定后，由省级人民政府与财政部、国家粮食局签订责任书，明确维修改造任务、目标、责任、资金安排，确保在 2015 年秋粮上市前全面完成维修改造工作。

二、维修改造的范围

为确保今年秋粮收购和储存安全，并努力增加有效仓容，地方政府所属的国有及国有控股粮食企业的危仓老库纳入此次维修改造范围，原则上对 20 世纪 70 年代以前建设的达到报废年限的仓房不再维修。具体维修改造内容包括以下方面。

（一）一般维修

主要是针对存在问题较小的仓房，对局部问题进行简单维修，包括粮仓地面、屋顶、墙体及门窗、地坪等的维修。

（二）大修改造

主要是对粮食仓房进行防潮防雨、保温隔热的更新改造。

（三）功能提升

主要是配置先进适用的仓储作业设备（清理、装卸、输送等设备），提升粮情检测、机械通风、环流熏蒸等功能。

三、申报范围及申报内容

（一）重点支持省份的申报范围

申报省份为除 2013 年重点支持省份外的 9 个粮食主产省和除财力较好省份（京、津、沪、浙、粤）外的 13 个非主产省，根据本省实际情况自愿申报。

（二）重点支持省份的申报内容

1. 目前省内仓储设施总体情况，正常收购年度仓容缺口情况。

2. 危仓老库的维修改造规划，包括企业名称、仓房栋数、仓容数量、具体维修改造内容、任务进度安排及实现目标等，特别是维修改造后的新增有效仓容数量、信息化管理改善情况等。

3. 维修改造资金需求及来源。资金需求应按照实事求是、从紧合理的原则合理测算，并按照有关建设和投资标准，严格控制单位造价。资金来源以地方财政和企业筹集资金为主，中央适当补助。

4. 配套保障措施。包括组织领导机制、资金分配方案、项目监管制度及绩效评价机制。

5. 近三年粮食商品量及政策性粮食收储任务情况，以及2014年政策性粮食收储仓容状况及收储工作进展情况。

6. 近三年补助资金使用情况，以及省内各级财政和企业筹集资金情况和维修改造工作成效。

（三）一般补助省份的申报内容

1. 目前危仓老库的总体情况，以及2014年维修改造计划。

2. 2014年地方仓房维修改造资金预算安排情况。

3. 2014年中央政策性粮食承储情况。

四、评审依据

财政部、国家粮食局将组成联合评审组，对申请纳入重点支持省份的规划进行评审，评审依据如下：

1. 规划总体情况。建设规模布局是否合理，资金测算是否科学，目标是否明确。

2. 资金来源安排是否体现"以地方财政、企业投入为主，中央财政适当补助"原则。

3. 配套保障措施情况。是否建立组织领导机制，资金分配方案是否公开透明，项目监管制度是否严格，是否建立绩效考评机制。

4. 近三年粮食商品量及政策性粮食收储任务情况。

五、时间安排

1. 2014年5月14日前，有关省份应按照上述申报要求，将申请材料同时报送财政部和国家粮食局，并在申请材料中明确申请重点支持或一般补助。

2. 2014年6月6日前，国家有关部门对申报重点支持的省份完成材料初审、公开答辩、专家评审工作，同时签订危仓老库维修改造责任书。

3. 2014年6月13日前，财政部拨付今年补助资金。

4. 2014年12月底前，一般补助省份完成当年的维修改造任务，并上报维修改造的具体明细情况。

5. 2015年秋粮上市前，2014年重点支持省份完成全省危仓老库维修改造工作，并上报全部维修改造的具体明细情况。

六、保障措施

（一）统一思想，加强领导

加快危仓老库的维修改造工作，是保障国家粮食安全的重要手段之一。此项工作由省级人民政府统一负责、统一领导，各级、各部门应高度重视、密切配合，共同做好危仓老库的维修改造工作。

（二）落实资金，勤俭节约

中央补助资金下达后，省级财政部门要按照实事求是、勤俭节约的原则，积极落实本省的仓房维修改造资金，确保维修改造资金及时到位、专款专用。凡需动用粮食风险基金结余资金的省份，必须报中央财政备案。

（三）严控质量，务求实效

地方粮食行政管理部门要按照省级人民政府的要求，按照项目管理的有关规定，严把质量关，组织做好工程监管、竣工验收，国家粮食行政管理部门将按有关规定负责组织指导全国项目竣工验收工作。仓房维修改造后，必须达到结构安全，并实现上不漏、下不潮、保温隔热、防鼠防雀等基本要求，保证储粮安全。财政部、国家粮食局将对项目建设情况进行抽查，对于未按要求完成危仓老库维修改造任务的，国家有关部门将按有关规定予以惩罚。

2014年中央补助地方"粮安工程"危仓老库维修专项资金重点支持省份的评审办法

根据《2014年中央补助地方"粮安工程"危仓老库维修专项资金工作实施方案》（简称《工作方案》）的规定，国家有关部门将继续通过"公开评审、择优竞争"的方式，确定2014年中央补助地方"粮安工程"危仓老库维修专项资金的重点支持省份。为做好此项工作，特制定本办法。

一、评审原则

评审工作坚持公正公平、公开竞争、择优支持的原则，鼓励发挥地方积极性，通过公开答辩、专家评审方式，达到以省为单位全面推进仓库维修改造工作，全面提升我国粮食储存条件。

二、评审对象

按照《工作方案》要求自愿申请纳入此次危仓老库维修改造重点支持范围，并如期报送完整申请材料的省份，均为评审对象。

三、评审程序

（一）材料初审（2014年5月15～22日）

由财政部经济建设司和国家粮食局发展司抽调工作人员，按照仓容维修紧迫性、维修改造成效性、地方政府积极性、申请材料合规性等标准，对相关省份报送的申请材料进行初步审核并打分排名。初审情况报部门领导审核后，排名在前12名的省份进入专家评审阶段，未能通过初审的省份纳入一般补助省份，不再参加专家评审。

（二）专家评审（2014年5月23～28日期间，具体时间地点另行通知）

对通过材料初审的省份召开专家评审会，采取由申请省份公开陈述、现场问答等方式进行评审。评审委员现场打分，并签署意见。具体为：

1. 评审委员组成。2013年已纳入重点支持省份和2014年申请纳入重点支持省份的财政厅、粮食局各推荐 1 名熟悉粮食仓储管理的专家，国家粮食局推荐 3 名专家，组成评审委员专家库；专家评审会召开前，从专家库中剔除通过材料初审省份的专家后，按财政、粮食系统各抽取 3 名专家；以及财政部、国家粮食局相关司局的各 1 名司级领导和 1 名处级领导，共同组成 10 人评审小组。

2. 评审顺序。由现场抽签决定。

3. 陈述时间。每个省份 15 分钟。

4. 问答时间。每个省份 10 分钟。

5. 专家评议。在每个省份陈述和问答结束后，由评审委员填写评审表格，打分并提出具体建议。

6. 总评分计算。专家评审会结束后，财政部和国家粮食局相关司局共同汇总评审结果，去掉 2 个最高分和 2 个最低分，6 名评审委员的有效分数的算术平均分为某省份的最终得分。

（三）评审结果确认（2014 年 5 月 29 日至 6 月 6 日）

最终得分前 8 名的省份确定为第二批中央补助地方粮食危仓老库维修改造重点支持省份，评审结果经财政部、国家粮食局领导审批后，在两部门的门户网站公告，并同时由入选省份的省级领导与两部门签订危仓老库维修改造责任书。

四、评审标准

（一）材料初审标准（详见附 1）

1. 仓容维修紧迫性 30 分。主要包括近三年粮食产量、粮食商品量、最低收购价粮和临时收储粮食的收购数量、全年每月末中央政策性粮食平均库存数量，上一年度末全省仓容缺口数量等，每项内容 6 分。

2. 维修改造成效性 25 分。主要包括维修改造布局、维修改造仓容数量、维修改造后可新增有效仓容数量、维修改造后仓容完好率、全省完工时间等，每项内容 5 分。

3. 地方政府积极性 30 分。主要包括组织领导机制、监督管理机制、绩效评价体系、地方筹资金额、地方筹资比例等，每项内容 6 分。

4. 申请材料合规性 15 分。主要包括申报材料完整程度、资金测算准确率、报送时间及时情况等，每项内容 5 分。

5. 如第 8 名出现同分数情况，则按"仓容维修紧迫性"的分数排位。

（二）专家评审标准（详见附2）

1. 对国家粮食安全贡献情况20分。

2. 危仓老库维修改造全省推进情况20分。

3. 资金测算及来源情况20分。

4. 地方配套保障措施20分。

5. 专家建议纳入重点支持情况20分。

6. 如第8名出现同分数情况，则由10名专家评审委员投票决定。

五、此办法由财政部和国家粮食局负责解释。

附：1. 申报中央补助地方"粮安工程"危仓老库维修专项资金重点支持省份初审标准表

2. 申报中央补助地方"粮安工程"危仓老库维修专项资金重点支持省份专家评审表（略）

附 1

申报中央补助地方"粮安工程"危仓老库维修专项资金重点支持省份初审标准表

被审核省份：_____省

一级指标	二级指标	分值	评分标准	得分
仓容维修紧迫性（30分）	近三年平均粮食产量	6	以《中国统计年鉴》公布的粮食产量为依据，产量最高的省份得6分，产量最低的省份得1分，其他省份按产量加权计算分值。	
	近三年平均粮食商品量	6	按《中国统计年鉴》公布的粮食产量扣除农民"三留粮"（口粮、饲料粮、种子用粮）计算，其中口粮依据农村人均175 kg、城镇人均225 kg计算，北方人口粮按南方人均175 kg，北方人均225 kg计算，人口数量以"乡村人口数"为依据。商品量最高的省份得6分，商品量最低的省份得1分，其他省份按商品量加权计算分值。	
	近三年最低收购价粮和临时收储粮食平均收购数量	6	以国家粮食局正式统计数据为依据，收购数量包括最低收购价粮食和临时收储粮食的当年数量。收购数量最高的省份得6分，收购数量最低的省份得1分，其他省份按收购数量加权计算分值。	
	近三年每月末中央政策性粮食平均库存数量	6	以国家粮食局正式统计数据为依据，库存数量包括中央储备粮、最低收购价粮、临时收储粮（含进口）。库存数量最高的省份得6分，库存数量最低的省份得1分，其他省份按库存数量加权计算分值。	
	2013年末仓容缺口数量	6	按国家粮食局统计的有效仓容与全省粮食总库存数量计算。仓容缺口最大的省份得6分，缺口最小的省份得1分，其他省份按缺口数量加权计算分值。	

续表　申报中央补助地方"粮安工程"危仓老库维修专项资金重点支持省份初审标准表

一级指标	二级指标	分值	评分标准	得分
维修改造实效性（25分）	维修改造布局	5	按地方上报的维修改造规划中县域数量与《中国统计年鉴》的县域数量计算，比例最高的省份得5分，比例最低的省份得1分，其他省份按比例加权计算分值。	
	维修改造仓容数量	5	按地方上报的维修改造仓容数量计算，数量最高的省份得5分，数量最低的省份得1分，其他省份按数量加权计算分值。	
	维修改造后可新增有效仓容数量	5	按地方上报的维修改造规划中可新增有效仓容数量计算，数量最高的省份得5分，数量最低的省份得1分，其他省份按数量加权计算分值。	
	维修改造后仓容完好率	5	按地方上报的维修改造规划中可实现仓容完好率计算，完好率最高的省份得5分，完好率最低的省份得1分，其他省份按完好率加权计算分值。	
	全省完工时间	5	按地方上报的维修改造完工时间计算。承诺按《工作方案》规定的时间如期完工的，得5分；无法如期完工的，得0分。	
地方政府积极性（30分）	组织领导机制	6	是否建立由省政府直接领导、粮食等各部门参与的组织协调机构。建立的得6分，未建立的得0分。	
	监督管理机制	6	是否建立完善严谨的监督管理机制。建立的得6分，未建立的得0分。	
	绩效评价体系	6	是否制订了绩效评价体系，有无奖惩措施。制订的得6分，未制订的得0分。	
	地方筹资金额	6	按地方上报的地方筹资金额计算，地方筹资金额最高的省份得6分，金额最低的省份得1分，其他省份按地方筹资金额加权计算分值。	

续表　申报中央补助地方"粮安工程"危仓老库维修专项资金重点支持省份初审标准表

一级指标	二级指标	分值	评分标准	得分
地方政府积极性（30分）	地方筹资比例	6	按地方上报的地方筹资比例计算，地方筹资比例最高的省份得6分，比例最低的省份得1分，其他省份按地方筹资比例加权计算分值。	
申请材料合规性（15分）	申报材料完整程度	5	是否按《工作方案》的规定，报送了全部申请材料。材料报送齐全的省份得5分，材料不齐全的省份视情况扣减分值。	
	资金测算准确率	5	按地方上报的维修改造数量与国家规定的单位维修标准计算，维修改造资金测算准确的得5分，有偏差的省份视情扣减分值。	
	报送时间及时情况	5	按期报送的得5分，逾期报送的得0分。	

经办人：　　　　　　　　　　　　处长审核：

河南省"粮安工程"
危仓老库维修改造项目申报指南

为切实做好"粮安工程"危仓老库维修改造项目（以下简称"维修改造项目"）申报工作，根据《财政部 国家粮食局关于启动 2014 年"粮安工程"危仓老库维修改造工作的通知》（财建〔2014〕100 号）和河南省财政厅 河南省粮食局印发的《河南省"粮安工程"危仓老库维修改造专项资金使用管理暂行办法》（豫财贸〔2014〕85 号）规定和要求，特制定本申报指南。

一、制订维修改造实施规划

根据全省粮食企业危仓老库情况，结合粮食生产、收储、物流、市场供应需要，制订全省维修改造规划，坚持量力而行、突出重点、简单实用原则，组织实施危仓老库维修改造工作。

（一）科学规划合理布局

为确保 2015 年秋粮上市前全面完成危仓老库维修改造工作，各市、县（市、区）要统筹考虑辖区内粮食生产能力、收储、物流、城镇规划及国有粮食企业改革等实际情况，按照仓容合适、交通便利、库点距离适当的原则进行整合，合理布局，切实解决库点散和规模小的问题。

（二）根据粮食产量确定维修库点

按照 2011~2013 年三年粮食平均总产量确定维修改造库点，超过 80 万 t（含）的县不超过 10 个；60 万（含）~80 万 t 的不超过 8 个；40 万（含）~60 万 t 的不超过 6 个；20 万（含）~40 万 t 的不超过 5 个，20 万 t 以下的不超过 4 个；每个省辖市直属企业不超过 3 个。

（三）维修改造库点统一评估

按照现行粮食仓库技术标准，对规划布局内的粮库进行逐个评估界定，将确实需要维修改造的粮库列入此次维修改造规划范围。维修改造后的仓库，5 年内不得再申请维修改造。

二、维修改造内容

危仓老库维修改造划分为一般维修、大修改造和功能提升三类。

（一）一般维修

对粮食仓库局部进行简单维修，包括地面、屋顶、墙体及门窗、爬梯、地坪等。

（二）大修改造

主要是对粮食仓库进行防潮防雨、保温隔热、墙体加固、地下仓库护坡加固、原址改造等。

（三）功能提升

主要是配置先进适用的装卸、输送、清理等仓储作业设备，提升粮情检查、机械通风、环流熏蒸等功能。

三、维修目标

危仓老库经过维修改造后，必须达到结构安全，上不漏雨、下不潮湿、保温隔热、防鼠防雀等基本要求，实现有效仓容增加，功能进一步提升，确保储粮安全。2015 年 9 月底秋粮上市前，危仓老库维修改造工作全面完成。

四、申报程序和申报材料

（一）逐级初审

各市、县财政局、粮食局、省级粮食集团公司要根据当地和企业实际，按照申报指南及附表内容要求，组织企业认真填报危仓老库维修改造有关情况并编制维修改造项目预算，对每个企业（库点）维修改造内容和资金筹措情况进行审核，逐户逐项实地核查，并对企业申报资料和维修改造内容的真实性负责。

（二）申报程序

各省辖市、省直管县（市）将辖区内维修改造方案审核汇总，并经同级人民政府同意后，于 2014 年 11 月 10 日前，以联合正式文件（附表 1～9 汇总后作为文件的附件）分别报送省财政厅（一式 2 份）和省粮食局（一式 5 份）；省直粮食企业单独行文并经主管部门审核后报送。

（三）申报材料

资金申请文件、《2014～2015 年市县粮安工程危仓老库维修改造申报材料》及企业申报材料、现场核查报告、企业自筹资金承诺（含电子文档）。

省财政厅和省粮食局组织专家对各地上报的维修改造项目及实施方案进行评审，公示无异议后，批复维修改造方案，拨付专项资金。

五、工作要求

抓好危仓老库维修改造工作是保障国家粮食安全的重要举措，各市、县财政和粮食部门要在政府的统一领导下，加强沟通协调，分工负责，扎扎实实做好各环节的工作。各级财政要筹措危仓老库维修改造项目实地核查、评审、验收、相关材料编制印刷等环节工作经费。为确保危仓老库维修改造工作顺利进行，要按时报送相关资料，不按时报送的视同自动放弃。

附件：1. ×××省辖市、县（市）危仓老库维修改造项目申报材料编制主要内容（格式）

2. 河南省"粮安工程"危仓老库维修改造项目承诺书

附件 1

×××省辖市、县（市）危仓老库维修改造项目申报材料编制主要内容（格式）

首页：河南省"粮安工程"危仓老库维修改造项目承诺书（附后）

一、申报材料编制格式

第一部分　基本情况

一、仓储设施总体情况

二、近三年粮食产购销及政策性粮食收储情况

三、近三年仓房维修改造推进情况

四、本次拟申报维修改造的库点情况

主要说明：每个库点的总仓容、仓型及数量、仓库建设年代、装粮高度、装粮形式（散、包）、现有配套设施（输送设备、清理设备、通风设备、粮情检测、环流熏蒸等）、其他附属设施情况（配电房、消防泵房、地磅及地磅房、检化验室等）。应附粮库总平面布置图、土地使用证或相关土地使用证明材料等。

第二部分　维修改造规划

一、目标及原则

二、维修改造布局

三、维修改造内容

四、年度实施计划

五、投资测算及来源

第三部分　保障措施

一、组织领导机制

二、责任分解落实

三、资金管理制度

四、项目监管制度

五、绩效评价体系

附件：包括每个库点申报资料和市县财政、企业筹集资金承诺书

二、基本要求

（一）维修及功能提升项目

规划布局内地方国有、国有控股粮油企业；原国有粮食企业改制后，仍承担政策性粮油收储任务的非地方国有或非国有控股粮食企业；现有库区面积有一定规模；交通便利，粮食出入库方便；库区周边粮源丰富；与周边大型粮库保持适当距离；对 20 世纪 70 年代以前建设的达到报废年限的仓房，以及经省级专业机构评估确无维修价值的仓房不再维修；列入退城进郊计划的仓房不再维修。

（二）原址改造项目

除满足以上条件外，还需满足以下条件。现有库区面积不低于 30 亩；原址改造重点是对 20 世纪 70 年代以前建设的达到报废年限的仓房；经省级专业机构评估确无维修价值的仓房；近三年承担过中央及地方储备任务的企业优先申报；位于城市中心、交通受限的粮库不进行申报；列入退城进郊计划的仓房不再进行申报。原址改造项目省财政补助不超过 50%，不足部分企业自筹（争取市县财政配套或企业负担）。

三、维修改造项目主要内容

（一）维修项目

1. 屋面防水：屋面有渗漏现象的。

2. 隔热：原仓房屋顶隔热性差，可进行屋顶隔热处理。

3. 内墙、外墙：墙面破损严重的。

4. 仓内地面及散水坡道：仓内地面及散水坡道破损严重的。

5. 进入粮面爬梯：没有设置从仓外进入仓内粮面爬梯的，或存在安全隐患的室外爬梯，可设置或改造室外入仓钢爬梯。

6. 库区内主要道路：道路破损严重或未经硬化处理的。

7. 门窗：未采用保温密闭门窗的。

8. 出粮安全系留装置：未配置的。

9. 避雷装置：仓房无避雷设施或已损坏的。

（二）原址改造项目

原仓房已老旧报废，无法使用，可在老库区内改造，按单仓 5 000 t 或 10 000 t 两种仓型改造，粮食产量超过 80 万 t（含）的县（市）最多改造仓

容 2 万 t，项目分布不超过 4 个库点；其他粮食产量 50 万 t（含）以上的县（市）最多改造仓容 1 万 t，项目分布不超过 2 个库点。

（三）功能提升项目

1. 熏蒸设备：原库点无熏蒸设备，可增购，包括个人防护设备（个人防护设备也可单购）。

2. 通风设备：原库点无通风设备，可增购，包括离心风机、地上笼、轴流风机。

3. 电子测温设备：原库点无电子测温设备，可增购。

4. 库区内生产供电线路以及仓房配电箱改造：存在安全隐患的。

四、申报材料编制机构要求

1. 总投资额大于 150 万元的，应委托具备商物粮乙级及以上资质的工程咨询、设计机构编制资金申请报告。

2. 总投资额小于等于 150 万元的，可自行编制资金申请报告。

附件 2

河南省"粮安工程"危仓老库
维修改造项目承诺书

为充分体现公开、公平、公正和诚实守信原则，本单位在参与河南省"粮安工程"危仓老库维修改造申报过程中特作以下承诺，保证无任何违规、违纪行为，接受社会各界监督。若有违反，甘愿承担相关法律责任。

1. 不提供虚假材料、虚假项目。

2. 不以行贿等任何不正当手段，向任何单位或个人谋取不正当照顾。

3. 不以提供不正当利益等方式谋求评审专家照顾。

4. 项目获得批准后，严格按照政策规定，足额筹措企业配套资金，保质保量按时完成危仓老库维修改造任务。

5. 主动接受并配合省、市、县财政和粮食部门及有关监督部门的监督检查。

承诺单位（盖章）：

法人代表（盖章/签字）：

联系电话：   2014 年   月   日

河南省"粮安工程"危仓老库维修改造工程技术指南

总　　则

为加强基层粮库规范化、现代化建设，充分发挥财政资金使用效益，做好河南省粮安工程危仓老库的维修改造工作，完善与提高粮库功能，提高现有仓库使用率，保障粮食储藏安全和质量，特制定本技术指南。

第一章　旧仓维修技术指南

一、维修范围

1. 主体结构可靠性鉴定等级为一级或二级的仓房，通过对维修费用进行测算，维修预算费用不超过新建同样仓房投资金额40%的，可予以维修。

2. 对于鉴定等级为三级或四级的平房仓其可靠性已不符合国家现行标准规范要求，不再列入维修范围。仓房主体结构可靠性安全鉴定按照《工业建筑可靠性鉴定标准》（GB 50144—2008）执行。

3. 仓房维修不包括简易仓、钢板仓改为散装仓、更换屋盖结构体系等内容。

二、维修内容

1. 仓房维修：屋顶保温与防水、墙面与地面、门窗及仓外钢梯等。

2. 其他维修：道路及硬化地面等（见表1）。

表1　维修内容、缘由及目标

维修内容	维修缘由	维修目标	相关规范
仓内地面及防潮层	地坪破损、防潮层破坏、返潮	地面平整、防潮满足使用要求	《建筑地面工程施工质量验收规范》（GB 50209—2010）
散水及坡道	散水或坡道破损	满足使用要求	

续表 1　维修内容、缘由及目标

维修内容	维修缘由	维修目标	相关规范
屋顶保温与防水	屋盖变形，屋顶漏水，屋檐下塌，保温隔热性能差	储备仓达到Ⅰ级防水，周转仓达到Ⅱ级防水，保温隔热性能良好	《屋面工程质量验收规范》（GB 50207—2012）
墙体	墙面防潮层脱落、粉刷层起皮开裂	外墙墙面平整美观；内墙防潮层符合防潮标准	《建筑装饰装修工程质量验收规范》（GB 50210—2001）
门窗	门窗破旧、保温隔热及气密性差	门窗维修改造后满足储粮要求	
库区道路及地面硬化	道路及地面破损	满足车辆进出及粮食晾晒使用要求	《水泥混凝土路面施工及验收规范》（GBJ 97—1987）

三、维修方案

（一）维修方案

应在充分考虑与原有建筑用材相容的前提下尽量采用新型、环保型建筑材料和新技术。外观修缮形式、用料、色彩、标识等应规定要求全省统一。

1. 屋面维修

（1）屋面整体维修时，储备仓屋面防水等级不应低于Ⅰ级，周转仓屋面防水等级不应低于Ⅱ级；局部维修时，屋面防水不应低于原设计防水等级。

（2）屋面防水维修可根据具体情况，选择局部修补、大面积翻修及重新增设防水层等措施。局部修补及新增防水层应选择与原有防水层相容的防水材料。

（3）柔性防水层屋面的维修改造除应满足第 1 条第（1）、（2）款的要求外，还应符合下列规定：

①混凝土屋面渗漏，应根据仓房的结构、防水等级和使用要求等，采用防水卷材、防水涂料、增设蓝色彩钢板进行修缮。

②混凝土屋面基层出现起砂、空鼓、酥松等情况时，应将其清除干净，采用水泥砂浆修补平整。

③混凝土屋面基层出现裂缝，可采用聚氯乙烯、聚氨酯、氯丁水泥等材料进行填嵌密封。

④原有卷材、涂膜防水层有起鼓、褶皱、脱空、龟裂等局部损坏，可采取切割、钻眼或挖补等方法修补。

⑤涂膜防水层的最小厚度：高聚物改性沥青不应小于 3 mm，合成高分子不应小于 1.5 mm，均应分遍涂刷。

（4）瓦屋面的维修改造除应满足第 1 条第（1）、（2）款的要求外，还应符合下列规定：

①瓦屋面局部渗漏或损坏，可局部维修或更换受损构件。渗漏或损坏严重时，应予翻修改造。

②屋面坡度小于 26°时，应铺设卷材防水层。屋面坡度大于 30°或位于大风区和地震区（大于或等于 7 度时），应用双股铜丝将瓦片与挂瓦条绑扎牢固。

③当瓦屋面的卧瓦（找平）层位于保温层之上时，则应与保温层下的钢筋混凝土基层有可靠的连接措施。

④冷摊瓦屋面修缮时，宜增加卷材防水层。增加或更换屋面做法时，需对下部屋架等结构承载力进行验算。

（5）屋面保温隔热改造应符合下列规定：

①在屋面上刷防晒隔热涂料时，防晒隔热涂料的技术要求应满足《建筑外表面用热反射隔热涂料》（JC/T 1040—2007）的相关规定。

②当承载力许可时，在屋面上增加保温隔热层或在屋面板下批无机保温腻子等。屋面保温材料宜采用板（块）状材料；屋面保温材料应具有吸水率低、表观密度和导热系数较小，并满足抗压强度要求。

③拱板屋盖平房仓在承载力许可情况下增设保温隔热层时，宜优先设在拱板下弦板上。拱脚处宜应采取保温措施。

2. 地面维修

（1）仓房地面应满足防水、防潮、耐磨、抗压等功能要求。

（2）混凝土地坪面层出现起砂、空鼓、酥松等情况时，应清除干净，并采用细石混凝土修补平整。

（3）对于地面沉降变形严重、防潮层失去防潮效果的地面维修，应铲除原有防潮层，加固处理地坪地基，修补混凝土垫层后，重做防潮层及混凝土面层。混凝土垫层和面层厚度与原来相同，混凝土强度等级较原等级提高一级，面层细石混凝土中宜掺微膨胀剂。

（4）防潮层、变形缝的弹性填充材料不应直接接触粮食，宜用水泥砂浆或混凝土材料保护。

（5）地下沟槽裂缝维修改造除应满足第 2 条第（1）~（4）款的要求外，还应符合下列规定：

①结构性裂缝渗漏，应首先进行结构维修处理，待基层稳定后进行建筑修缮。

②地下沟槽渗漏修缮，微小裂缝、水压不大时，可采用速凝材料堵漏。孔洞较大、水压较大时，可采用埋管导引法堵漏。

③维修前应将基层及周围清理干净，打毛，以保证结合面的可靠黏结。维修用的防水混凝土抗渗等级应不低于原设计的要求，其配合比应通过试验确定。

（6）防潮层维修改造除应满足第 2 条第（1）~（4）款的要求外，还应符合下列规定：

①防潮层宜采用延性较好的卷材或涂膜防水材料，与墙体接头位置应高于地面，其高度不小于 300 mm；墙体垂直防潮层应有可靠的搭接，墙体与室内地坪交接处应设置沉降缝并应留有变形的余量。

②当采用地槽通风时，防潮层遇地槽处不得断开。

③原有卷材、涂膜防水层有起鼓、褶皱、脱空、龟裂等局部损坏，可采取切割、钻眼或挖补等方法修补。

④地面下基层受扰动需要重新换填时，基层最小厚度见表 2：

表 2　基层最小厚度 　　　　（单位：mm）

名称	灰土	级配砂石	三合土	混凝土
厚度	300	100	200	100

3. 墙面维修

（1）墙面裂缝，可采用与墙面同色的合成高分子材料或密封材料嵌填，做到粘牢、密封。

（2）外墙面局部渗水，可采用表面涂刷防水胶或合成高分子防水涂料。

（3）外墙面大面积渗水，可采用无色透明的防水剂等材料涂刷。

（4）门窗框局部渗漏，可将渗漏处凿开并用密封材料嵌填。

（5）墙体变形缝处渗水，可采用防水胶水泥嵌缝。

（6）内墙面防潮层大面积损坏，应重做防潮层；局部损坏时，可喷涂渗透结晶覆膜防水密封剂等做法进行修补。

（7）仓内外装饰抹灰损坏，可按原规格材料和原式样进行修缮，当原规格材料停止使用时，可根据其使用要求和所处环境改用其他材料。

（8）外墙抹灰时，对窗台、窗楣、雨篷、平台、压顶腰线等的修缮，应做流水坡度和滴水处理。

（9）两种不同结构相连接处，其基层表面的抹灰，应作防止裂缝处理。

（10）抹灰用的材料不得使用熟化时间少于 15 d 的石灰膏，也不得含有未熟化的颗粒和其他杂物。

（11）油漆、涂料等应选择无毒、环保材料。

（12）外墙面装饰涂料颜色应做到库区内统一。

（13）库区内所有仓房山墙外侧面左上角喷涂"河南粮食"标识（标识样式全省统一，另文下发）。

4. 门窗维修改造

（1）当更换仓门时，应采用专用双面彩钢板保温密闭门，夹芯材料用岩棉或阻燃型聚苯板等，门扇厚度≥75 mm，仓门内、外侧彩钢板颜色库区内统一。

（2）当更换窗户时，宜设内外两层窗：外窗采用双面彩钢板保温密闭窗，单扇平开，设地面开启器，材料选用做法同仓门，内、外侧彩钢板颜色库区内统一，窗扇厚度≥50 mm；内窗为双扇平开防雀网窗，窗框采用塑钢或铝合金，设承压不锈钢防雀网。

（3）所有门窗均应具有良好的气密性和保温性能，门窗洞口周边设塑封槽。

5. 山墙或檐墙维修

山墙或檐墙应设置仓外钢梯及平台。钢梯倾斜角度以 45°为宜，宽度不应小于（700）mm，做法参选国标图集《钢梯》（02J401）；应有上屋面检修爬梯。在山墙上加设钢平台及钢梯时，钢平台宜加设在圈梁处；在檐墙上加设钢梯时，可利用雨篷作为平台，但需进行荷载复核。

（二）维修对结构安全的基本要求

（1）维修后不减少仓房原来的设计使用年限。

（2）维修后使结构重量增大时，应对相关结构及基础进行验算。

（3）进行结构承载力验算时，应考虑实际作用偏心、结构变形、温度作用等造成的附加内力。

（三）库区道路及地面硬化

（1）道路局部出现裂缝，则采用封缝胶或高强修补砂浆封实；出现局部性较宽裂缝，则采用扩缝灌浆法进行修补；局部性成块裂缝的修补，则需将损坏处切除，将其路基压实，再采用混凝土重新浇筑压实、抹平。

（2）地面硬化修补采用细石混凝土，并进行平整。

四、维修做法选用表

维修做法选用见表3。

表3 维修做法选用表

类别	损坏情况	维修做法
仓内地面	a. 地坪面层破损	· 采用 C25 细石混凝土修补平整
	b. 地面沉降变形严重，防潮层失去防潮效果	铲除已损坏地面，按下述相对应做法进行修复；局部损坏的按原做法进行修复。 · 100 厚 C20 细石混凝土面层随打随抹光（4×3 m 分格） · 12 厚 1:3 水泥砂浆保护层 · 聚乙稀丙纶双面复合防水卷材一层（400 g/m²）四周上翻 0.4 m · 水泥胶黏结层 · 15 厚 1:2.5 水泥砂浆找平层 · 100 厚 C20 混凝土 · 150 厚 3:7 灰土夯实地基加强层 · 素土夯实（每 200～300 mm 厚分层夯实）压实系数不小于 0.94
墙面	a. 仓外装饰抹灰损坏	按原规格材料和原式样进行修缮，当原规格材料停止使用时，可根据其使用要求和所处环境改用其他材料
	b. 门窗框渗漏	将渗漏处凿开并用密封材料嵌填
	c. 墙壁裂缝	采用与墙面同色的合成高分子材料或密封材料嵌填，做到粘牢、密封；也可采用高压注浆方法修缮
	d. 墙体变形缝处渗水	采用防水胶水泥嵌缝

续表3　维修做法选用表

类别	损坏情况	维修做法
墙面	e. 外墙面局部渗水	采用表面涂刷防水胶或合成高分子防水涂料
	f. 外墙面大面积渗水	采用无色透明的防水剂等材料涂刷
	g. 仓内装饰抹灰损坏	按原规格材料和原式样进行修缮，当原规格材料停止使用时，可根据其使用要求和所处环境改用其他材料
	h. 内墙面防潮层破坏	喷涂渗透结晶覆膜防水密封剂
屋面	a. 原有卷材、涂膜防水层有起鼓、褶皱、脱空、龟裂等局部损坏	采取切割、钻眼或挖补等方法修补
	b. 屋面渗漏	采用防水卷材、防水涂料、增设彩钢板进行修缮。 ·卷材保护层 ·两层3厚SBS改性沥青卷材防水层，刷配套基层处理剂一道（防水等级为Ⅱ）或一层4厚SBS改性沥青卷材防水层，刷配套基层处理剂一道（防水等级为Ⅲ）
	c. 屋面基层出现起砂、空鼓、酥松	将损坏面清除干净，采用水泥砂浆修补平整。 ·卷材保护层 ·两层3厚SBS改性沥青卷材防水层，刷配套基层处理剂一道 ·20厚1:2.5水泥砂浆找平层
	d. 屋面基层出现裂缝	采用聚氯乙烯、聚氨酯、氯丁水泥等材料进行填嵌密封，再铺设卷材防水层及保护层
	e. 屋面保温隔热改造	·卷材保护层 ·两层3厚SBS改性沥青卷材防水层，刷配套基层处理剂一道 ·20厚1:2.5水泥砂浆找平层 ·100厚憎水珍珠岩板胶粘铺设 ·1.5厚三涂氯丁沥青防水涂料隔气层，沿墙高出保温层150 mm

续表 3　维修做法选用表

类别	损坏情况	维修做法
散水	a. 散水开裂	·细石混凝土嵌缝
	b. 散水整体损坏	·60 厚 C15 混凝土，面上加 5 厚 1:1 水泥砂浆随打随抹光 ·150 厚 3:7 灰土 ·素土夯实，向外坡 4%
坡道	坡道开裂、损坏	·30 厚 1:2 水泥砂浆抹面，做 60 宽 7 深锯齿形礓磋 ·素水泥浆一道 ·60 厚或 100 厚 C15 混凝土 ·300 厚 3:7 灰土 ·素土夯实（坡度按单体工程设计）
门窗	门窗已破损	采用密闭保温性能好的门窗；内窗设防雀网，外窗设地面开启器
库区道路及地面	a. 道路及地面破损	·C30 混凝土修补平整
	b. 道路及地面不均匀沉降、破坏	·200 厚 C25 混凝土面层（地面硬化 100 厚） ·20 厚粗砂压实 ·300 厚 3:7 灰土 ·路基碾压，压实度≥93%
钢梯	a. 未设仓外钢梯	增设仓外钢梯及相应的防护措施
	b. 原有爬梯不规范	拆除原有爬梯，增设仓外钢梯及相应的防护措施
系留装置	未设系留装置	配置安全系留装置

五、维修造价参考标准

由于每个具体项目（库）点维修内容有所不同，每个具体项目（库）点可依据自身情况，按下述参考标准（表 4）对所需维修内容进行造价测算。

表4　粮食仓房维修造价参考标准

维修项目	单价（元/m²）	工程量上限（m²）/万t	备注
屋顶保温	40	3 700	
屋顶防水	110	3 700	
内墙面粉刷	45	1 000	装粮线以下
内墙面防水砂浆	45	500	装粮线以上
外墙面粉刷	90	1 500	
地面及防潮	90	3 500	
保温密闭门	450	120	
保温密闭窗	600	80	含开启器、防雀网
散水及坡道	100	500	
库内道路	140	1 600	
仓外地坪	115	1 000	

第二章　旧仓改造技术指南

一、改造范围

见项目申报指南。

二、改造仓型

采用两种排架结构高大平房仓：预应力钢筋混凝土屋架大型屋面板；双T板。

（1）仓房容量：以5 000 t，10 000 t（分两个廒间）为基本组合，最小仓容5 000 t。仓容计算以小麦为标准，散装储存。

（2）装粮高度：6~7 m。

（3）仓房跨度：18 m、21 m、24 m、27 m、30 m（根据场地条件任选一种）。

（4）仓房平面布置：根据原有仓房情况，考虑方便作业、交通便利、满足消防通道等条件，综合装粮高度、仓房跨度、仓房平面尺寸等因素最终满足仓房容量5 000 t，10 000 t（分两个廒间）的基本组合要求。

三、改造技术方案

（一）工艺流程

1. 进仓

汽车散粮→取样检化验→汽车衡检斤→移动式汽车散料接收机→移动式皮带输送机→移动式清理筛→移动式皮带输送机→移动式伸缩输送机→移动式转向伸缩输粮机→入平房仓

2. 补仓

汽车散粮→取样检化验→汽车衡检斤→移动式汽车散料接收机→移动式清理筛→移动式皮带输送机→多功能液压升降补仓机通过窗户补仓→人工平仓

3. 出仓

平房仓散粮→取样检化验→移动式扒谷机（或挡粮板出粮口）→移动式皮带输送机→装入汽车→汽车衡计量→汽车散粮发放。

（二）建筑做法

平房仓应满足以下基本要求，同时应按目前国内相关规范标准执行。

1. 屋面防水

储备仓的屋面防水等级Ⅰ级，其他用途的屋面防水等级不应低于Ⅱ级。高聚物改性沥青防水层厚度不应小于3 mm，卷材表面保护层宜用浅色（乳白色）片岩或防晒隔热涂料。

2. 仓内地坪

（1）仓内地面应满足防水、防潮、抗压等功能要求。

（2）防潮层应采用延性较好的卷材或涂膜防水材料，与墙体接头位置应高于地面300 mm；墙体垂直防潮层应有可靠的搭接，墙体与室内地坪交接处应设置沉降缝并应留有变形的余量。可用SBS卷材防水层。

3. 仓房墙面

（1）内墙面可采用聚合物防水砂浆或合成高分子防水涂层做防潮处理。

（2）外墙面采用外墙涂料，颜色应做到全省统一。仓房山墙外侧面左上角喷涂"河南粮食"标识（标识样式全省统一，另文下发）。

（3）平房仓外墙厚度应不小于370 mm。

4. 仓房门窗

（1）仓门宜用专用双面彩钢板保温密闭门，夹芯材料用岩棉或阻燃型聚苯板等，热阻要求 $R > 0.9$ m^{2}k/w，门扇厚度 $\geqslant 75$ mm，密闭性能好。

（2）窗户宜设内外两层窗：外窗采用双面彩钢板保温密闭窗，单扇平开，设地面开启器，材料选用做法同仓门，内、外侧彩钢板颜色分别为乳白色和天蓝色，窗扇厚度 $\geqslant 50$ mm；内窗为双扇平开防雀网窗，窗框采用塑钢或铝合金，设承压不锈钢防雀网。

（3）所有门窗均具有良好的气密性和保温性能，采用粮仓专用密封门窗。门窗洞口周边设塑封槽。堆粮线以上 10 cm 处设置双塑封槽。

（4）进仓门设防鼠板。

5. 钢梯及粮情检测门

山墙或檐墙需设置钢梯及粮情检测门。钢梯倾斜角度以 45 度为宜。粮情检测门高度不小于 1.5 m。应有上屋面检修爬梯。

6. 机械通风与熏蒸系统

（1）储备仓应配置通风与熏蒸系统。风道布置形式采用一机二道或一机三道形式。风道应均匀布置。应根据通风不同阶段、粮食堆高、品种等选择不同型号的高效节能的风机。

（2）平房仓跨度 $\leqslant 27$ m 可采用单面通风。通风口仓外侧宜设便于开启的保温密闭门，通风口大小宜根据进风口风量和进风口风速确定，通风口风速不宜大于 12 m/s，单位通风量宜采用（6～12）m^3／（h·t），通风途径比选择 1.3～1.5。

（3）熏蒸系统应配置固定式熏蒸方式，环流熏蒸风机应具有防爆性能。

7. 粮情测控系统

应配置数字式粮情测控系统。

（三）防洪及场地道路

（1）库区场地标高应符合 50 年一遇的防洪标准。

（2）道路：库区内宜用混凝土路面，道路承载汽车后轴轴载不小于 360 kN（50 t）要求。

（3）场地硬化：宜采用混凝土面层，应考虑承载汽车后轴轴载不小于 186 kN（20 t）要求。

四、改造造价参考标准

每万吨仓容造价不超过 600 万元。

第三章　旧仓功能提升技术指南

一、功能提升范围

原库区未配置环流熏蒸、防护用品、机械通风、粮情检测系统的，应补充配置；清理设备、输送设备未配或损坏、不足的，可以新增或补足；供电线路不规范、老化等应更换。

二、功能提升内容与造价

（一）环流熏蒸系统

1. 配置内容

（1）气体发生器；

（2）PH3 检测仪；

（3）PH3 报警仪；

（4）环流风机及电控装置；

（5）环流管道；

（6）施药装置；

（7）取样装置。

2. 技术要求

（1）环流熏蒸系统必须按照国家有关规定、技术文件和工艺施工图制造安装。

（2）各装置的工作环境温度应满足 -15~45 ℃；其中环流风机、固定式环流管路和气体取样装置（露天安装）的工作环境温度应满足直属库所在地极限温度条件。

（3）各装置或成套装备的组（安）装配合应协调，金属管件连接不允许强行对接，所有连接件应牢固、无泄漏。

（4）系统的环流风机、所有环流管道及附件在 1 kPa 压力下保证气密性。

（5）距风机任何部位 1 m 处风机的噪声应不超过 85 分贝。

（6）风机外壳与风机叶片轴间应有密封圈以防止熏蒸气体的泄漏。

3. 造价

（1）每 5 000 t 仓容造价（含环流管道、环流风机、电动控制装置、施药装置、取样装置）不超过 8 万元；

（2）每库点配置一台气体发生器，检测仪及报警仪，造价不超过 5 万元。

（二）防护用品

1. 配置内容

（1）呼吸机；

（2）充气泵。

2. 技术要求

（1）带压力表碳纤维气瓶，供气时间超过 60 min；

（2）符合有关安全防护标准；

（3）多种附加功能可供选择，产品可升级；

（4）阻燃纤维背架，防火聚酯背带，适用于各种恶劣环境作业；

（5）多种面罩和呼吸阀选择，可用于正压或常压状态下呼吸。

3. 造价

每库点可配置二台呼吸机和一台充气泵，造价不超过 10 万元；

（三）机械通风系统

1. 配置内容

（1）离心风机；

（2）通风地上笼等：含通风口（保温隔热）、空气分配箱、地上笼风道、弯头、堵头等；

（3）轴流风机。

2. 技术要求

（1）运行环境要求。

风机应能在 $-15\ ℃ ≤$ 环境温度 $≤45\ ℃$，相对湿度 $≤98\%$，适量灰尘的条件下连续正常运行，且连续运行时间不小于 24 h。

（2）仓储及安装环境要求。

风机（包括电动机）应可长期在 $-15\ ℃ ≤$ 环境温度 $≤45\ ℃$，相对湿度 $≤98\%$ 条件下的环境中运行，一旦安装及调试完成后不需要任何处理即可投入正常运行。

（3）通风道采用冷轧钢板制作，制作要求按有关规范和设计图纸。

3. 造价

（1）通风机。

如果库内没有符合要求的通风机，每库点可配置四台离心通风机，造价不超过 4 万元；

（2）通风道及轴流风机。

每 5 000 t 仓容造价不超过 7 万元。

（四）粮情检测系统

1. 配置内容

（1）测控计算机及测控软件；

（2）测控主机；

（3）测控分机；

（4）通信及电源电缆；

（5）分支器；

（6）数字测温电缆；

（7）温湿度传感器；

（8）打印机。

2. 技术要求

（1）粮情检测。

系统应具有检测温度和湿度检测的基本功能，同时能够扩展气体浓度、虫害、磷化氢和被控设备状态等参数的检测功能。

（2）巡检巡测功能。

可实现对各被测参数以定时巡测和适时检测两种方式进行数据采集、存储及分类检索。

（3）粮情分析。

应有自动分析、判断粮食储藏状态，找出粮情异常部位和异常值的功能。

（4）数据存储与检索。

应具有粮情数据存储、历史数据查询和网络共享功能。

（5）数据显示。

应具有粮情数据表格与图形等方式的显示功能。

（6）数据打印。

应具有粮情数据表格与图形等方式的打印功能。

3. 造价

（1）控制室设备。

每库点可配置一套粮情检测公用设备，含测控计算机及测控软件、测控主机等。每套造价不超过 2 万元。

（2）现场设备。

每 5 000 t 仓容配置一套，包含测控分机、通信电缆、分支器、数字测温电缆、温湿度传感器等。每套造价不超过 5 万元。

（五）清理设备

1. 配置内容

每 5 000 t 仓容配置一台移动式圆筒初清筛（或移动式振动清理筛），1 万 t 以下的库点最多可配置 2 台，产量为 50 t/h（小麦）；1 万～2.5 万 t 的库点最多可配置 4 台。各库点可根据储粮品种配置筛板。

2. 技术要求

大杂除净率≥90%

小杂除净率≥40%

下脚含粮率<3%

3. 造价

每台移动式圆筒初清筛（或移动式振动清理筛），含备用筛板、易损配件等，造价不超过 6.8 万元。

（六）输送设备

1. 配置内容

每 5 000 t 仓容可配置设备见表 5：

表 5　每 5 000 t 仓容配置输送设备清单

序号	名称	单位	配置数量	备注
1	移动式散粮接料机	台	1	每库点最多配置 2 台
2	移动式补仓机	台	1	每库点最多配置 2 台
3	移动式转向伸缩皮带机	台	1	每库点最多配置 2 台
4	12 m 移动式散包两用皮带机	台	2	每库点最多配置 4 台
5	15 m 移动式散包两用皮带机	台	2	每库点最多配置 4 台
6	移动式多功能扒谷机	台	1	每库点最多配置 2 台
7	移动式打包机	台	1	每库点最多配置 2 台

2. 技术要求

每 5 000 t 仓容配置输送设备技术要求见表 6。

表6 输送设备技术参数表

序号	名称	长度	产量（t/h）	备注
1	移动式散粮接料机	7 m	50	
2	移动式补仓机	进仓10 m	50	
3	移动式转向伸缩皮带机	11 m＋5 m	50	
4	12 m移动式散包两用皮带机	12 m	50	
5	15 m移动式散包两用皮带机	15 m	50	
6	移动式多功能扒谷机		50	
7	移动式打包机		50	

3. 造价

每5 000 t仓容配置输送设备造价见表7。

表7 输送设备参考造价

序号	名称	数量	单价（万元/台）	备注
1	移动式散粮接料机	1	2.6	
2	移动式补仓机	1	6.8	
3	移动式转向伸缩皮带机	1	6.5	
4	12 m移动式散包两用皮带机	2	3.1	
5	15 m移动式散包两用皮带机	2	3.7	
6	移动式多功能扒谷机	1	7.8	
7	移动式打包机	1	12	

（七）供电线路

1. 配置内容

（1）电线电缆；

（2）现场配电箱；

（3）防雷接地；

（4）照明灯具等。

2. 技术要求

符合有关规范要求。

3. 造价

每5 000 t仓容造价不超过13万元。

附件：适用的相关标准规范

附件

适用的相关标准规范

《建筑结构可靠度设计统一标准》（GB 50068—2001）

《工业建筑可靠性鉴定标准》（GB 50144—2008）

《砌体结构设计规范》（GB 50003—2011）

《建筑地基基础设计规范》（GB 50007—2011）

《建筑结构荷载规范》（GB 50009—2012）

《混凝土结构设计规范》（GB 50010—2010）

《建筑结构抗震设计规范》（GB 50011—2010）

《钢结构设计规范》（GB 50017—2003）

《建筑地基处理技术规范》（JGJ 79—2012）

《粮食平房仓设计规范》（GB 50320—2001）

《粮食仓房维修改造技术规程》（LS/T 8004—2009）

《粮油仓库工程验收规程》（LS/T 8008—2010）

《混凝土结构加固设计规范》（GB 50367—2006）

《地基与基础工程施工及验收规范》（GB 50202—2002）

《砌体工程施工质量验收规范》（GB 50203—2011）

《混凝土结构工程施工质量验收规范》（GB 50204—2002）（2010 版）

《屋面工程质量验收规范》（GB 50207—2012）

《建筑地面工程施工质量验收规范》（GB 50209—2010）

《建筑装饰装修工程质量验收规范》（GB 50210—2001）

《电气装置安装工程施工及验收规范（合订本）》 （GB 50254 ~ GB 50257—1996）

《低压配电设计规范》（GB 50054—2011）

《建筑物防雷设计规范》（GB 50057—2010）

《电气装置安装工程 1 kV 以下配线工程施工及验收规范》（GB 50258—96）

《电气装置安装工程电气照明装置施工及验收规范》（GB 50259—96）

《水泥混凝土路面施工及验收规范》（GBJ 97—1987）

《门式刚架轻型房屋钢结构技术规程》（CECS 102：2002）

《建筑桩基技术规范》（JGJ 94—2008）

《室外给水设计规范》（GB 50013—2006）

《室外排水设计规范》（GB 50014—2006）（2011 年版）

《建筑给水排水设计规范》（GB 50015—2003）（2009 年版）

《建筑设计防火规范》（GBJ 50016—2006）

《建筑灭火器配置设计规范》（GBJ 140—90）（1997 版）

《供配电系统设计规范》（GB 50052—2009）

《电力工程电缆设计规范》（GB 50217—2007）

《建筑照明设计标准》（GB 50034—2013）

《机械设备安装工程施工及验收通用规范》（GB 50231—2009）

《现场设备、工业管道焊接工程施工及验收规范》（GB 50236—2011）

《钢结构焊接规范》（GB 50661—2011）

《工业安装工程质量检验评定统一标准》（GB 50252—2010）

《工业金属管道工程施工及验收规范》（GB 50235—2014）

《钢结构工程施工质量验收规范》（GB 50205—2011）

《工业设备及管道防腐蚀工程施工质量验收规范》（GB 50727—2011）

《磷化氢环流熏蒸技术规程》（LS/T 1201—2002）

《储粮机械通风技术规程》（LS/T 1202—2002）

《粮食仓库磷化氢环流熏蒸装备》（GB/T 17913—1999）

《通风与空调工程施工及验收规范》（GB 50243—2002）

《粮油储藏平房仓气密性要求》（GB/T 25229—2010）

《粮油储藏技术规范》（LS/T 1211—2008）

河南省"粮安工程"危仓老库
维修改造工作流程指南

一、项目管理

（一）主管部门

省财政厅、省粮食局负责政策标准制定、督促抽查项目进展情况；市、县级人民政府负责地方配套资金落实和项目全面组织实施；市、县级财政部门负责资金及时拨付与监管；市、县级粮食部门主要负责项目实施、质量监管、工程进度、竣工验收等。

（二）申报材料

（1）各省辖市、省直管县财政局、粮食局统一组织申报（见申报指南）。

（2）资金申请报告。

①单个项目总投资额大于150万元的，应委托具备商物粮乙级及以上资质的工程咨询、设计机构编制资金申请报告。

②单个项目总投资额小于等于150万元的，可自行编制资金申请报告。

二、项目设计

（1）改造项目及信息化功能提升项目，应委托具备商物粮乙级及以上资质的设计单位设计。

（2）维修项目及其他功能提升项目，可根据《河南省"粮安工程"危仓老库维修改造工程技术指南》自行确定实施方案。

三、项目招标

（一）招标方式

单个项目总投资额大于等于50万元的，应按招标投标法进行公开招标；单个项目总投资额小于50万元时，可进行邀请招标或竞争性谈判；如项目所在地政府另有规定的，按其规定执行。

（二）招标组织

由项目所在地市、县财政局、粮食局（或其他政府相关机构）会同当地招标管理单位共同组织。

（三）招标程序

（1）确定招标代理公司，办理招投标手续；

（2）编制工程量清单或标底（委托有工程造价资质机构编制）；

（3）确定招标文件，发布招标公告；

（4）完成投标程序；

（5）开标，确定中标单位；

（6）发放中标通知书；

（7）签订施工合同；

（8）签订施工廉政合同。

四、项目施工

（一）原址改造项目

（1）委托设计；

（2）办理建设规划许可证；

（3）办理施工图审查；

（4）质量监督登记文件；

（5）安全监督登记文件；

（6）工程建设施工许可证；

（7）委托监理；

（8）其他未尽事宜按国家有关规定执行。

（二）维修及功能提升项目

与施工单位或设备厂家签订合同后直接实施。

五、项目竣工验收与结算

（一）竣工验收

工程竣工后，由各省辖市、省直管县（市）财政局、粮食局共同组织有关单位验收，出具竣工验收报告。

（二）项目审计

项目单位应积极配合专业审计机构对整个工程进行全过程审计，取得审计报告。

（三）工程结算

项目单位依据审计报告，按照工程合同约定进行工程结算。

（四）项目抽检

省财政局、省粮食局将随时进行项目抽检或巡检。

六、总结上报

（一）绩效评价

项目单位在项目工程建设结束后，要科学、公正、公平地开展项目建设绩效评价（效果评价）工作，出具评价意见。绩效评价按照《河南省粮安工程危仓老库维修改造资金绩效评价办法》执行。

（二）工作总结

项目单位在项目建设工程竣工决算、审计、结算结束后，编写工作总结。包括：项目实施、制度执行、问题整改、绩效评价、廉政建设等方面以及有关建议。

（三）资料归档

项目建设全部竣工后，应及时整理资料，装订成册，报当地粮食行政主管部门归档备查。

（四）上报资料

报送资料：工作总结、工程验收报告、绩效评价报告、决算审计报告，逐级上报至省粮食局、省财政厅各两份（纸质和电子版）。

河南省"粮安工程"危仓老库维修改造项目评审办法

根据《财政部 国家粮食局关于启动 2014 年"粮安工程"危仓老库维修改造工作的通知》（财建〔2014〕100 号）和河南省财政厅、河南省粮食局印发的《河南省"粮安工程"危仓老库维修改造专项资金使用管理暂行办法》（豫财贸〔2014〕85 号）、《河南省"粮安工程"危仓老库维修改造项目申报指南》（豫粮文〔2014〕168 号）要求，为切实做好全省"粮安工程"危仓老库维修改造项目评审工作，公平、公正确定财政资金补助项目，制定本评审办法。

一、项目审核基本条件

（一）维修及功能提升项目

（1）规划布局内地方国有、国有控股粮油企业；原国有粮食企业改制后，仍承担政策性粮油收储任务的粮食企业；

（2）现有库区面积有一定规模；

（3）交通便利，粮食出入库方便；

（4）库区周边粮源丰富；

（5）与周边大型粮库保持适当距离；

（6）有土地使用证或企业在租赁土地上建设的仓库（租赁期 10 年以上，含 10 年）；

（7）自筹资金到位（有资金承诺书或银行相关资金证明；

（8）维修预算费用不超过新建同样仓房投资金额的 40%；

（9）1975 年 12 月 31 日以前建设达到报废年限的仓房，以及经省级专业机构评估确无维修价值的仓房不再维修；

（10）列入退城进郊计划的仓房不再维修；

（11）2013 年已维修改造过的仓房不再维修；

（12）目前涉嫌违纪违法案件的企业不得支持财政资金。

（二）原址改造项目

除满足以上条件外，还需满足以下条件：

（1）现有库区面积不低于 30 亩；

（2）原址改造重点是对 1975 年 12 月 31 日以前建设的达到报废年限的仓房；以及其他确无维修价值的仓房；

（3）近三年承担过中央及地方储备任务的企业优先支持；

（4）位于城市中心、交通受限的粮库不得支持；

（5）列入退城进郊计划的仓房不得支持。

二、评审原则

评审工作坚持公正、公平、择优支持的原则，项目单位要积极自筹资金，通过市、县初审、省复审、专家评审确定拟支持的项目，以库区为单位推进危仓老库维修改造工作，提升粮库功能，维修改造过的仓房 5 年内不再维修，全面提升我省粮油储存条件。

三、评审程序

（一）材料初审

各市、县粮食局、财政局负责对辖区内的申报项目，按照《河南省"粮安工程"危仓老库维修改造项目申报指南》（豫粮文〔2014〕168 号）要求初审，淘汰不符合要求的项目，将通过初审的项目上报省粮食局、省财政厅。

（二）材料复审

省粮食局和省财政厅组织对市、县粮食局、财政局报送的项目材料进行复审，对省直粮食企业的项目材料进行审核，淘汰不符合要求的项目。

（三）专家评审

对通过复审的项目召开专家评审会，评审专家对项目打分。具体为：

（1）评审专家组成。从"河南省财政厅专家库"及省直科研院校中抽取商务（财务）专家 3 名、技术专家 7 名，省粮食局和省财政厅各派 1 名监督员，组成评审小组，由全体评审专家选举产生组长一名。

（2）专家组评审。按照本评审办法要求，对企业申报的项目材料进行审查，评价是否符合本次补助项目的申报条件，评审专家按百分制评分。项目评审实行回避制度，项目单位相关人员不得以任何不正当方式干扰专家评审，专家之间不得相互干扰评审。

（3）确定拟支持项目。评审小组根据评审结果，提出拟支持的项目单位名单。

四、评审标准（详见附件）

（1）粮食收储情况10分。以2014年9月底库存粮油数量为依据适当给分；按2012年、2013年、2014年粮食收储数量占总仓容的比率（仓容利用率）适当给分。

（2）总仓容及需要维修改造仓容情况10分。按需要维修仓容量占总仓容比率适当给分。

（3）仓库维修改造工作情况10分。视近三年来仓库维修补助资金使用及自筹情况适当给分；按本次企业申报材料维修后可实现仓房完好率适当给分。

（4）工程量测算情况20分。视测算工程量与全省实际相符合程度适当给分。

（5）资金测算情况5分。视项目维修改造资金测算准确程度适当给分。

（6）维修改造方案可行性15分。按照维修改造方案可行性适当给分。

（7）市、县政府对粮库维修改造工作重视程度10分。根据项目所在县市政府财政配套资金比例及承诺情况酌情给分。

（8）按时报送申报材料及真实、完整、规范情况10分。根据是否按时报送申请材料，材料是否真实、完整、规范等情况酌情给分。

（9）加扣及奖励分10分。根据往年维修效果，2013年项目竣工、验收情况及工作成效奖励或扣分，对产粮大县的项目适当奖励。

五、评审结果确定

根据材料初审和专家组评审意见，确定补助项目名单，并进行公示。

附件：粮安工程危仓老库维修改造项目评分标准

附件

粮安工程危仓老库维修改造项目评分标准

指标	分值	评分标准
粮食收储情况	10 分	①以目前库存粮油数量为依据，重点支持地方储备粮储存企业。储存有各级地方储备粮的企业给分 5 分以上，储备粮数量在 1 万 t 以上的 10 分，其他视储存数量情况适当给 5～10 分；②没有储存地方储备粮的企业视库存粮油数量给分，0.2 万 t 以下 2 分，0.2 万～0.5 万 t 3～6 分，0.5 万～1 万 t 7～9 分，1 万 t 以上 10 分；③视近 3 年粮食收储数量（平均值）占总仓容的比率（仓容利用率）给分，80% 以上 10 分，60%～80% 6～9 分，40%～60% 3～5 分，40% 以下 2 分。以上 3 项为并列关系，满足一项即可得分。
总仓容及需要维修改造仓容情况	10 分	需要维修改造仓容量占总仓容比率 60% 以上 10 分，40%～60% 8 分，20%～40% 6 分，20% 以下 4 分，其他视情况适当给分。
仓库维修改造工作情况	10 分	①按企业申报材料维修后可实现仓房完好率给分，完好率实现 98% 以上 5 分，90%～97% 4 分，低于 90% 1～3 分。②视 3 年内自筹资金占总投资的比率或维修仓容量占总仓容的比率适当给分，大于 30% 5 分，20%～30% 4 分，10%～20% 3 分，10% 以下 1～2 分。
工程量测算	20 分	工程量测算可靠，与实际相符合，其测算准确率达 95% 以上 20 分；工程量基本可靠，真实准确率达 70%～95% 10～20 分；工程量有明显虚报，真实准确率低于 70%，适当给予 0～10 分。
资金测算情况	5 分	维修资金预算应详细到仓和设备；工程造价是否符合实际，以全省申报项目投资测算平均数为标准，维修资金测算与全省平均数差 10% 以内的 5 分，差 10%～20% 的 4 分，差 20%～30% 的 3 分，差 30%～40% 的 2 分，差 40%～50% 的 1 分。
维修改造方案可行性	15 分	维修改造方案符合技术指南标准 15 分；维修改造方案基本符合技术指南标准，但替代方案技术可行、造价合适 10～15 分；维修改造方案有明显不合理 0～10 分。

续表 粮安工程危仓老库维修改造项目评分标准

指标	分值	评分标准
市、县政府对粮库维修改造工作重视程度	10分	保障措施是否详细，根据项目所在县（市）政府对粮库维修改造工作重视程度，县（市）财政配套资金及承诺情况酌情给分，市、县有政府配套资金承诺书5分，政府牵头协调粮库维修改造工作，成立协调小组等5分。
按时报送申报材料及真实、完整、规范情况	10分	根据是否按时报送申请材料，材料是否真实、完整、规范等情况酌情给分，按时报送材料2分，材料真实5分，材料完整2分，装订规范1分。
加扣及奖励分	10分	根据往年维修效果，2013年项目竣工、验收情况及工作成效加扣1~5分，视产量对产粮大县的项目等情况适当奖励1~5分。

河南省"粮安工程"危仓老库
维修改造项目管理办法

第一章　总　　则

第一条　为加强"粮安工程"危仓老库维修改造项目管理，提高维修改造专项资金使用效益，保障建设项目顺利实施，根据国家法律法规和粮食仓储设施建设及维修改造管理有关规定，制定本办法。

第二条　本办法适用于全省"粮安工程"危仓老库维修改造项目的管理。危仓老库维修改造项目，是指用"粮安工程"危仓老库维修改造专项资金实施的各个具体项目（以下简称"维修改造项目"）

第三条　维修改造项目严格执行国家《粮食仓库建设标准》（建标〔2001〕58号）、《粮食仓房维修改造技术规程》（LS 8004—2009）、《粮油储藏技术规范》（LS/T 1211—2008）和《河南省"粮安工程"危仓老库维修改造工程技术指南》（豫粮文〔2014〕170号）等有关技术标准。维修改造后的粮库实行统一建设标准、统一外观颜色、统一仓储标识。维修改造后的仓房应满足上不漏、下不潮、能通风、能密闭的基本要求，发生粮情异常变化时能及时处理，确保储粮安全。

第四条　维修改造项目实施前，项目单位应编制实施方案，省辖市、省直管县（市）、省财政直管县（市）粮食局、财政局核准实施方案，并报省粮食局、省财政厅备案。参照《河南省"粮安工程"危仓老库维修改造工作流程指南》（豫粮文〔2014〕170号）要求，按基本建设程序进行。主要是规划设计、审批，立项核准，设计、施工图审，工程、监理招标，合同订立、工程报建、施工许可、竣工验收和决算审计等。

第五条　危仓老库维修改造工作要认真执行"法人责任制、招标投标制、建设监理制和合同管理制"规定，切实加强项目建设管理。

第二章　项目实施与管理

第六条　组织管理。各市、县人民政府统筹协调做好辖区内危仓老库维修改造工作。各级粮食、财政部门要加强协调，负责辖区内危仓老库维修改造项目的指导、管理、监督检查和验收工作。定期到现场检查项目进展、工程质量和资金使用情况。

第七条　组织实施。项目单位应按照省辖市、省直管县（市）、省财政直管县（市）核准的实施方案，按照建设程序和建设管理"项目法人责任制、招标投标制、建设监理制和合同管理制"要求，认真组织实施。项目实施过程中如需调整或改变原核准方案的，必须报省辖市、省直管县（市）、省财政直管县（市）核准后执行，并报省粮食局、省财政厅备案。要加强项目管理，保证各项工作手续齐全，做好施工资料及合同的归档工作，确保维修改造质量和进度，保证施工安全。

第八条　建设管理。维修改造项目实施建设中应当遵循以下原则：

（一）维修及功能提升项目要按照《粮食仓房维修改造技术规程》（LS 8004—2009）有关要求进行。可参照《河南省粮安工程危仓老库维修改造技术指南》（豫粮文〔2014〕170号）自行编制实施方案。实施方案（包括施工组织、技术措施、材料选择、投资概算等）要经过专业技术人员审查。

（二）原址改造项目，应委托具备商物粮乙级及以上资质的设计单位设计，并设计详细施工图纸，满足工程招标和施工需要。经市县相关职能部门审批后，取得"建设工程施工许可证"方可建设。

（三）原址改造项目投资概算应由具备资质的设计单位或招标代理机构编制。

（四）维修改造项目符合工程招标条件的，应按《招标投标法》进行招标投标，确定施工队伍和签订施工合同。设备购置符合政府采购规定的，按要求组织政府采购。原则上总投资额50万元以上（含），应按《招标投标法》进行招标投标；总投资额低于50万元，可进行邀请招标或竞争性谈判；如项目所在地政府另有规定的，按其规定执行。为提高效率和整体推进，也可以市、县为单位统一组织和集中时间进行招标投标。

（五）原址改造项目应全面执行建设监理制，监理单位的选择采用招标投标方式确定。监理工程师必须持证上岗。

第九条　现场监督。工程实施过程中，项目单位应派业务人员为驻场监督代表，指导和协调设计、监理、施工三方之间关系，督促施工现场问题的解决。

第十条 文明施工。施工现场应满足文明、安全达标要求，采取必要措施，做到维修改造和生产经营两不误，保障既有粮库收储工作的正常运行。

第十一条 时间要求。施工合同签订后，维修改造项目各方应按进度计划及时组织项目实施。除不可抗拒因素外，维修改造项目必须在 2015 年 9 月底前竣工。

第十二条 竣工验收。各省辖市、省直管县（市）、省财政直管县（市）要按照有关规定，对照项目单位的维修改造项目实施方案，及时进行竣工验收。

第十三条 档案管理。各市、县粮食部门要专门建立"粮安工程"危仓老库维修改造项目资料档案库。主要包括：

（一）项目申报、审批文件；

（二）维修改造实施方案及相关制度；

（三）资金使用管理情况，包括各级财政补助资金支付凭证、企业自筹资金到位和支付凭证、竣工决算及审计报告等资料；

（四）工程建设及工程验收相关资料；

（五）工程运行管理制度；

（六）仓库维修改造前、后库容库貌及工程实施过程中的相关图片、影像资料等。

第三章　责任与监督

第十四条 为做好危仓老库维修改造工作，省粮食局、财政厅与各省辖市、省直管县（市）、省财政直管县（市）人民政府签订《目标责任书》，各市、县政府要按照要求，认真组织实施、落实自筹资金、坚持质量标准、加强监督检查，保质保量完成维修改造目标任务。

第十五条 各级粮食、财政部门要加强对粮油仓库维修改造的组织协调，各司其职，各负其责，齐心协力，共同推进维修改造工作。

省粮食局、省财政厅负责政策标准制定、督促抽查项目进展情况；市、县级财政部门负责资金及时拨付与监管；县级粮食部门负责项目招标、实施、质量监管、工程进度等，省辖市、省直管县（市）、省财政直管县（市）粮食、财政部门组织项目竣工验收、总结等。

第十六条　各维修改造项目单位要建立项目公示公告制度，及时将项目名称、维修内容、进度计划、资金安排及项目业主单位、施工单位、监理单位、纪检部门和具体责任人、举报电话等情况在一定范围内张榜公布或公示，主动接受职工群众和社会监督。

第十七条　省粮食局、财政厅将对各地维修改造项目进行专项核查，选择重点市、县和重点项目抽查。

第十八条　要强化绩效评价工作，对项目执行过程及结果进行科学、客观、公正的衡量比较和综合评判，主要反映财政补助资金所产生的经济效益、社会效益，并出具绩效评价报告。

第十九条　对不能严格执行本办法，未按要求完成任务或者弄虚作假的，一经查实，除按有关规定处理处罚外，收回省补全部资金，并将在省粮食、财政系统内进行通报。此外，对于考核、审计、抽查复验或举报核查中发现违规违纪问题，将依据问题严重程度，移交当地纪检监察部门处理。

第二十条　做好总结和上报工作。维修改造工作完成后，各省辖市、省直管县（市）、财政直管县（市）粮食、财政部门在规定时限内，将工作总结和维修改造项目完成情况汇总表以正式文件分别报送省粮食局、省财政厅。工作总结内容包括补助资金和地方配套资金、企业自筹资金落实情况，维修改造工作组织落实情况，维修改造仓容和库点情况及维修改造主要内容、存在的问题及有关措施建议等。

第四章　附　　则

第二十一条　各市、县（市、区）粮食、财政部门可结合当地实际，制定实施细则，报省粮食局、财政厅备案。

第二十二条　本办法由省粮食局负责解释。

第二十三条　本办法自印发之日起施行。

河南省"粮安工程"危仓老库维修
改造建设项目监督检查

　　河南省"粮安工程"危仓老库维修改造项目已全面启动,为确保"粮安工程"管理规范、质量可靠、资金安全、清正廉洁,预防和管控项目建设中违规违纪和腐败问题发生,现就加强"粮安工程"危仓老库维修改造建设项目监督检查工作通知如下。

一、提高认识,明确责任,认真落实党风廉政建设主体责任

　　国家实施"粮安工程",是守住管好"天下粮仓"和做好"广积粮、积好粮、好积粮"三篇文章的战略举措,是全面提升我省粮食收储和供应保障能力,保证国家粮食安全和有效供给的重要保证。"粮安工程"危仓老库维修改造项目能否顺利实施,工程质量能否切实保证,资金使用能否安全运行,违规违纪和腐败问题能否得到有效预防,事关全省粮食工作改革发展稳定大局,事关粮食系统的整体形象,任务艰巨,责任重大。各级粮食部门领导班子要高度重视"粮安工程"建设中的党风廉政建设,坚持工程建设与反腐倡廉"两手抓,两手都要硬"。要认真落实党风廉政建设主体责任,全面实施"粮安工程"危仓老库维修改造项目建设"一把手"工程,各级粮食部门党政主要领导作为第一责任人,对危仓老库维修改造项目中的党风廉政建设负主要责任,班子成员要按照工作分工,坚持"一岗双责",认真履行工程建设中的反腐倡廉职责。要把加强"粮安工程"的党风廉政建设纳入领导班子和领导干部年度工作考核内容,明确责任,严格考核。

二、严格制度,加强监管,促进"粮安工程"建设项目规范运行

　　为加强"粮安工程"危仓老库维修改造项目建设的规范管理,省局在征求省辖市、直管县(市)粮食局意见建议的基础上,针对项目申报、专家评审、资金使用、工程建设、项目管理、竣工验收等出台了一系列规章制

度，并多次召开会议进行了专题安排部署。各级粮食部门在"粮安工程"建设中，要认真落实"三重一大"民主决策制度，严格执行议事规则和决策程序，凡工程建设中重大事项，必须经领导班子集体研究决定。要全面开展工程建设廉洁风险防控工作，认真排查关键岗位和重要环节的廉政风险点，积极采取有效措施，充分发挥防控作用，有效预防"粮安工程"建设中违规违纪和腐败问题发生。要严格执行省财政厅、省粮食局印发的"粮安工程"危仓老库维修改造项目系列管理办法，以制度执行为重点，提高制度执行力。要结合工程建设实际，进一步完善内控机制，规范工作程序，把制度执行贯穿整个工程建设的全过程，确保把权力关进制度的笼子里，保障"粮安工程"危仓老库维修改造项目建设规范实施。

三、突出重点，落实措施，认真履行纪检监察监督职责

今明两年"粮安工程"危仓老库维修改造项目多、资金量大、情况复杂，极易出现违规违纪和腐败问题。各级粮食纪检监察机构要围绕中心，服务大局，充分发挥纪检监察机关的职能作用，认真履行纪检监察监督责任，全程参与"粮安工程"危仓老库维修改造项目监督检查工作。要加强反腐倡廉教育。采取多种形式，有针对性、有重点地加强对从事工程建设关键岗位、重要环节工作人员的廉政风险教育，提高和增强防范腐败的意识和能力。要落实廉政谈话制度。积极开展工程建设廉政告知和廉政提醒谈话，明确纪律"高压线"，建立廉政"防火墙"，强化廉政责任意识，解决苗头性问题。要签订廉政保证书。全面实行工程建设廉政保证书制度，督促所有参与工程建设的领导干部和工作人员严格执行党纪国法和规章制度，明确廉政措施，公开做出廉洁承诺，确保不出现腐败问题。要突出重点环节。紧紧抓住项目申报、资金使用、招标投标、质量安全、财务审计、竣工验收等关键环节，及时发现和处理相关问题，实施零距离、全过程、无缝隙监督。要加强协作配合。各级粮食纪检监察机构要主动与建设主管单位和财政、审计等部门密切联系，建立沟通联络、协调配合机制，适时开展专项监督检查，形成"粮安工程"建设监督合力。

四、严明纪律，严格执纪，严肃查处项目建设中的违规违纪问题

各级粮食纪检监察机构要紧紧围绕"粮安工程"危仓老库维修改造项目建设，突出工作重点，加大办案力度，对工程建设中的腐败问题实行

"零容忍"，始终保持查办案件的高压态势，保障我省"粮安工程"危仓老库维修改造项目建设顺利实施。要拓宽举报渠道。通过设立意见箱、公布举报电话和电子信箱、现场监督检查等方式，拓宽监督渠道，发现案件线索，认真受理群众信访举报。要坚持抓早抓小。加强预防教育和诫勉谈话工作，对工程建设中出现的问题要早发现、早提醒、早纠正、早查处，宽严相济、治病救人，防止小问题演变成大错误。要加大办案力度。对在"粮安工程"危仓老库维修改造中的违规违纪问题和腐败行为，各级粮食纪检监察机构要严肃查处，形成震慑；对涉嫌违法构成犯罪的，要及时移交司法机关处理。要严格责任追究。对在"粮安工程"建设中有令不行、有禁不止和顶风违纪的，要给予相应的党纪、政纪处分，同时按照党风廉政建设责任制的规定，严肃追究相关领导的责任。

各省辖市、直管县（市）粮食纪检监察机构对"粮安工程"危仓老库维修改造项目建设监督检查情况、重大问题和案件查处等，请及时报告省局纪检组监察室。

中共河南省纪委驻粮食局纪律检查组
2014 年 11 月 12 日

2014～2015年河南省"粮安工程"
危仓老库维修改造项目名单

序号	项目单位名称	原址改造仓容（万 t）
	河南省	65
	郑州市	
	市直单位	
1	郑州中原国家粮食储备库	
2	河南郑州兴隆国家粮食储备库	
	金水区	
3	金水区粮食收储总公司	
	开封市	3
	市直单位	
4	开封城北国家粮油储备有限责任公司	
5	河南开封城东国家粮食储备有限公司	
6	开封城南国家粮食储备有限责任公司	
	尉氏县	1
7	尉氏鑫兴河南省粮食储备有限公司	0.5
8	尉氏鑫友粮油购销有限公司	0.5
9	尉氏鑫丰河南省粮食储备有限公司	
10	尉氏鑫诚粮油购销有限公司	
11	尉氏鑫达河南省粮食储备有限公司	
12	尉氏鑫恒粮油购销有限公司	
	通许县	
13	通许县天仓粮油购销有限公司大岗李分公司	
14	通许县天仓粮油购销有限公司城北分公司	
	杞县	1
15	杞县官仓粮油购销有限责任公司	
16	杞县顺翔农贸河南省粮食储备有限责任公司	
17	杞县地圣粮油购销有限公司	

续表

序号	项目单位名称	原址改造仓容（万 t）
18	杞县金圃河南省粮食储备有限责任公司	
19	杞县天酬粮油购销有限公司	
20	杞县银河诚信粮油购销有限责任公司	
21	杞县美佳粮油购销有限责任公司	
22	杞县金苏麦业河南省粮食储备有限责任公司	1
	开封县	1
23	开封〇二三六粮油储备有限公司	
24	开封〇二〇二粮油储备有限公司	
25	开封〇二〇八粮油储备有限公司	1
26	开封兴隆宏源粮油购销有限公司	
27	开封县朱仙镇永发粮油购销有限公司	
28	开封〇二一八粮油储备有限公司	
	洛阳市	
	市直单位	
29	洛阳洛粮粮食有限公司	
	偃师市	
30	偃师〇三〇一河南省粮食储备库	
31	偃师市粮食局第二直属仓库	
32	偃师市缑氏粮油购销管理中心	
33	偃师市顾县粮食管理所	
34	偃师市高龙粮食管理所	
	孟津县	
35	河南孟津国家粮食储备库	
36	孟津〇三〇五河南省粮食储备库	
	新安县	
37	新安〇三一二河南省粮食储备库	
38	新安〇三二一河南省粮食储备库	
39	新安〇三二〇河南省粮食储备库	
40	新安县金粟军粮供应有限公司	
	伊川县	
41	河南伊川国家粮食储备库	

续表

序号	项目单位名称	原址改造仓容（万t）
42	伊川县吕店粮油管理经营所	
43	伊川县城关粮油管理经营所	
44	伊川县鸣皋管理经营所	
45	伊川县粮食局面粉厂（原〇三〇八储备库）	
	嵩县	
46	嵩县国家粮食储备库	
47	嵩县〇三一六河南省粮食储备库	
48	嵩县〇三三四河南省粮食储备库	
49	嵩县粮油购销管理中心	
	栾川县	
50	栾川〇三二三河南省储备库	
51	栾川县金山粮油购销有限公司合计	
52	栾川县雪峰粮油购销有限公司	
53	栾川县龙祥粮油购销有限公司	
	洛宁县	
54	河南洛宁国家粮食储备库	
55	洛宁〇三二六河南省粮食储备库	
56	洛宁县良友粮油购销有限公司	
57	洛宁县粮食局第一直属仓库	
58	洛宁县东宋粮油经营所	
	汝阳县	
59	汝阳县宏丰粮食仓库	
60	汝阳县金地粮食仓库	
61	河南汝阳国家粮食储备库	
62	汝阳县瑞丰粮食仓库	
	平顶山市	1
	叶县	1
63	叶县金谷粮油购销有限公司	
64	叶县裕丰粮油购销有限公司	0.5
65	叶县嘉源粮油购销有限公司仙台分公司	
66	叶县嘉源粮油购销有限公司夏李分公司	

续表

序号	项目单位名称	原址改造仓容（万 t）
67	叶县嘉源粮油购销有限公司龙泉分公司	
68	叶县嘉源粮油购销有限公司水寨分公司	0.5
	宝丰县	
69	河南宝丰国家粮食储备库	
70	宝丰县大营镇桓丰粮食购销有限公司	
71	河南宝粮粮油企业集团杨庄分公司	
72	宝丰县闹店镇金禾粮食购销有限公司	
	鲁山县	
73	鲁山县神裕农业科技发展有限责任公司	
74	鲁山县马楼豫冠粮油购销有限公司	
75	鲁山县辛集庆丰粮油购销有限公司	
	舞钢市	
76	舞钢市粮食局安寨粮食管理所	
77	舞钢市粮食局王店粮食管理所	
78	舞钢市粮食局八台粮食管理所	
79	河南舞钢国家粮食储备库	
	市直单位	
80	平顶山市东环国家粮食储备有限公司	
81	平顶山湛南国家粮食储备有限公司	
	安阳市	
	林州市	
82	林州市大山陵阳粮油购销有限公司横水分公司	
83	林州市红旗渠姚村粮油有限公司	
84	林州市红旗渠东姚粮油有限公司	
85	林州市红旗渠临淇粮油有限公司	
86	林州市大山合涧粮油购销有限公司小屯分公司	
	安阳县	
87	安阳县凯丰粮油购销有限责任公司	
88	安阳县恒兴粮油购销有限公司	
89	安阳县永丰粮油购销有限公司	
90	安阳县鑫源粮油购销有限责任公司	

续表

序号	项目单位名称	原址改造仓容（万t）
91	安阳县军粮供应站	
92	安阳县良源粮油购销有限责任公司	
93	安阳县良丰粮油购销有限责任公司	
94	安阳县粮油购销有限责任公司	
	汤阴县	
95	汤阴县茂祥粮油储运有限公司	
	内黄县	
96	内黄县一粮库粮油购销有限公司	
97	内黄县景粮粮油购销有限公司	
98	内黄县豆粮粮油购销有限公司	
99	内黄县双粮粮油购销有限公司	
100	内黄县二粮库粮油购销有限公司	
101	内黄县河粮粮油购销有限公司	
	龙安区	
102	安阳市粮食局龙安区粮食分局高庄粮管所	
103	安阳市龙安区粮食分局龙泉粮管所	
104	安阳市粮食局龙安区粮食分局马投涧粮管所	
	市直单位	
105	河南安阳安林国家粮食储备库	
106	安阳〇五〇二河南省粮食储备库	
107	安阳〇五一九河南省粮食储备库	
	鹤壁市	
	市直单位	
108	鹤壁市粮食局第二粮库	
109	鹤壁市粮食局大赉店粮食储备库	
110	鹤壁市瑞丰粮食储备库	
	淇滨区	
111	淇滨区金山粮油购销有限公司	
	浚县	
112	浚县粮油总公司卫贤分公司	
113	浚县粮油总公司小河分公司	

续表

序号	项目单位名称	原址改造仓容（万 t）
114	浚县粮油总公司屯子分公司	
115	浚县粮油总公司王庄分公司	
116	浚县粮油总公司城镇分公司	
117	浚县粮油总公司新镇分公司	
118	浚县粮油总公司白寺分公司	
119	浚县粮油总公司善堂分公司	
	淇县	
120	淇县茂源粮油购销有限公司	
	新乡市	1
	市直单位	
121	新乡市粮油购销公司	
122	新乡北站国家粮食储备库	
123	新乡市新丰粮油仓库	
	原阳县	
124	河南原阳国家粮食储备库	
125	原阳县谷丰源粮食购销有限公司	
126	原阳县茂丰粮食购销有限公司	
127	原阳县信强粮食购销有限公司	
128	原阳县蒋庄粮食购销有限公司	
129	原阳县永益粮食购销有限公司	
130	原阳县陡门粮食购销有限公司	
	获嘉县	
131	河南获嘉国家粮食储备库	
132	获嘉县嘉禾粮油购销有限公司	
133	获嘉县嘉利粮油购销有限公司太山粮所	
	辉县市	1
134	辉县市金穗粮油有限责任公司张村分公司	
135	辉县市金穗粮油有限责任公司峪河分公司	0.5
136	辉县市金穗粮油有限责任公司上八里分公司	
137	辉县市金穗粮油有限责任公司黄水分公司	
138	辉县市金穗粮油有限责任公司高庄分公司	0.5

续表

序号	项目单位名称	原址改造仓容（万 t）
139	河南辉县国家粮食储备库	
	延津县	
140	新乡市惠丰粮食储备有限公司	
	卫辉市	
141	卫辉市惠农粮食储备库	
142	卫辉市粮食局军粮供应站	
	新乡县	
143	新乡县合河粮食有限责任公司	
144	新乡县大召营粮食有限责任公司	
145	新乡县小冀粮食有限责任公司	
146	新乡县七里营粮食有限责任公司	
147	新乡县朗公庙粮食有限责任公司	
	焦作市	1
	市直单位	
148	焦作隆丰粮食储备有限公司	
149	焦作华丰粮食储备有限公司	
150	焦作国家粮食储备有限公司	
	武陟县	1
151	武陟县鑫粮物流有限公司	
152	武陟县粮食局詹店粮食储备库	
153	武陟县谢旗营镇兴发粮油购销有限公司	0.5
154	武陟县三阳乡程祥粮油购销有限公司	0.5
	孟州市	
155	孟州市国家粮食储备有限责任公司	
156	孟州市粮油购销有限责任公司槐树库点	
157	孟州市粮油购销有限责任公司谷旦库点	
158	孟州市粮油购销有限责任公司化工库点	
159	孟州市粮油购销有限责任公司小仇库点	
	沁阳市	
160	沁阳市粮食局王占粮库	
161	沁阳市沁南粮食购销有限责任公司	

续表

序号	项目单位名称	原址改造仓容（万 t）
162	沁阳市沁东粮食购销有限公司	
	修武县	
163	修武县粮食局直属库	
164	修武烽发粮食购销有限公司	
165	修武恒利粮食购销有限公司	
166	修武恒钰粮食购销有限公司	
167	修武鼎益粮食购销有限公司	
	博爱县	
168	博爱县鸿昌粮油购销有限公司界沟分公司	
169	博爱县鸿昌粮油购销有限公司苏家作分公司	
170	博爱县鸿昌粮油购销有限公司张茹集分公司	
171	博爱县鸿昌粮油购销有限公司孝敬分公司	
172	河南博爱国家粮食储备库	
	濮阳市	2
	濮阳县	2
173	濮阳县粮油购销有限责任公司柳屯分公司	0.5
174	濮阳县粮油购销有限责任公司子岸分公司	0.5
175	濮阳县粮油购销有限责任公司鲁河分公司	0.5
176	濮阳县粮油购销有限责任公司郎中分公司	0.5
	清丰县	
177	清丰县粮油购销有限公司韩村分公司	
178	清丰县粮油购销有限公司大流分公司	
179	清丰〇八〇三河南省粮食储备库	
180	清丰县粮油购销有限公司仙庄分公司	
181	清丰县粮油购销有限公司双庙分公司	
182	清丰县粮油购销有限公司高堡分公司	
	南乐县	
183	南乐县粮油贸易总公司杨村购销中心	
184	南乐县粮油贸易总公司千口购销中心	
185	南乐县粮油贸易总公司寺庄购销中心	
186	南乐县粮油贸易总公司谷金楼第二购销中心	

续表

序号	项目单位名称	原址改造仓容（万 t）
	台前县	
187	台前县谷丰粮油购销有限公司	
188	台前〇八一〇河南省粮食储备库	
189	台前〇八一七河南省粮食储备库	
190	台前〇八二八河南省粮食储备库	
	华龙区	
191	濮阳市华龙粮油购销有限责任公司岳村分公司	
	高新区	
192	濮阳高新区粮油购销公司新习分公司	
193	濮阳高新区粮油购销公司靳寨分公司	
	市直单位	
194	河南濮阳国家粮食储备库	
195	河南濮阳皇甫国家粮食储备库	
196	濮阳市粮食储备库	
	许昌市	2
	市直单位	
197	河南〇九〇一许昌省粮食储备管理有限公司	
198	河南许昌五里岗国家粮食储备管理有限公司	
199	河南许昌新兴国家粮食储备管理有限公司	
	禹州市	
200	禹州〇九一八河南省粮食储备库	
201	禹州市郭连乡粮油经营管理所	
202	禹州〇九一〇河南省粮食储备库	
203	禹州〇九〇三河南省粮食储备库	
	长葛市	1
204	长葛市葛天粮油商贸公司老城分公司	1
205	长葛市葛天粮油商贸公司官亭分公司	
206	长葛〇九一一河南省粮食储备库有限责任公司	
207	长葛市葛天粮油商贸公司董村分公司	
	许昌县	1
208	苏桥国家粮食储备库椹涧收储站	0.5

续表

序号	项目单位名称	原址改造仓容（万 t）
209	苏桥国家粮食储备库小召收储站	0.5
	漯河市	3
	舞阳县	1
210	舞阳县保和粮库	0.5
211	舞阳县马北粮库	
212	舞阳县孟寨粮库	0.5
213	舞阳县太尉粮库	
214	舞阳县章化粮库	
	临颍县	1
215	临颍县陈庄粮油贸易有限公司	1
216	临颍县王孟粮油贸易有限公司	
217	临颍县城关粮油贸易有限公司	
218	临颍县台陈粮油贸易有限公司	
219	临颍县繁城粮油贸易有限公司	
	直属分局	1
220	漯河乐良粮食有限责任公司孟庙库区	1
221	漯河乐良粮食有限责任公司裴城库区	
222	粮食局直属分局粮油购销总公司黑龙潭库区	
	市直单位	
223	漯河市天宇油脂有限责任公司	
224	漯河市军粮供应站	
225	漯河市军粮粮食储备有限公司	
	三门峡市	
	渑池县	
226	裕丰粮油有限责任公司英豪库区	
227	裕丰粮油有限责任公司张村库区	
228	裕丰粮油有限责任公司直属仓库库区	
229	裕丰粮油有限责任公司笃忠库区	
	灵宝市	
230	河南灵宝国家粮食储备库	
231	灵宝一一〇四河南省粮食储备库	

续表

序号	项目单位名称	原址改造仓容（万 t）
	义马市	
232	义马市粮油购销有限责任公司	
	市直单位	
233	三门峡市粮食局第二仓库	
234	三门峡张村国家粮食储备库	
235	三门峡市粮食局直属仓库	
	南阳市	2.5
	南召县	
236	南召欣冠粮油购销有限公司	
	方城县	1
237	方城县城关金粮粮油购销有限公司劵桥站	
238	方城县独树金宇粮油购销有限公司	
239	河南方城国家粮食储备库	
240	方城县清河凯瑞粮油购销有限公司	1
241	方城县赵河金龙粮油购销有限公司	
242	方城县中心粮食储备库	
	西峡县	
243	西峡县丁河太隆粮油购销有限责任公司丁河粮库	
244	西峡县钰阳粮油购销有限责任公司西岗粮库	
245	西峡县景园粮油购销有限责任公司白河粮库	
246	西峡县永鑫粮油购销有限责任公司永鑫粮库	
	宛城区	
247	南阳市宛城区金华粮食管理所	
248	南阳市宛城区红色泥湾粮食管理所	
249	南阳市宛城区高庙粮食管理所	
250	南阳市宛城区汉冢粮食管理所	
251	南阳市宛城区官庄粮食管理所	
	镇平县	1
252	镇平县东盛祥粮油购销有限责任公司	
253	镇平县鑫汇粮油购销有限责任公司	0.5
254	镇平县易成粮油购销有限责任公司	

续表

序号	项目单位名称	原址改造仓容（万 t）
255	镇平县金谷粮油购销有限责任公司	
256	镇平县正得粮油购销有限责任公司	
257	镇平县永康粮油购销有限责任公司	0.5
	淅川县	
258	淅川一六二五河南省粮食储备库	
259	淅川县香花粮油有限责任公司	
260	淅川老城粮油有限责任公司	
261	淅川县城区粮油有限责任公司	
262	淅川一六二四河南省粮食储备库	
	内乡县	
263	内乡惠粮公司师岗分公司	
264	内乡惠粮公司王店分公司	
265	内乡惠粮公司灌涨分公司	
266	内乡惠粮公司瓦亭分公司	
267	内乡惠粮公司马山分公司	
	社旗县	0.5
268	社旗县城郊粮油购销有限公司	0.5
269	社旗县饶良粮油购销有限公司	
270	社旗县晋庄粮油购销有限公司	
271	社旗县朱集粮油购销有限公司	
272	社旗县陌陂粮油购销有限公司	
273	社旗县李店粮油购销有限公司	
	桐柏县	
274	桐柏县太白粮油购销有限公司	
	卧龙区	
275	南阳市卧龙区英庄粮食管理所	
276	南阳市卧龙区陆营粮食管理所	
277	南阳市卧龙区潦河粮食管理所	
278	南阳市卧龙区青华粮食管理所	
279	南阳市卧龙区石桥粮食管理所	

续表

序号	项目单位名称	原址改造仓容（万 t）
	市直单位	
280	河南省南阳市油脂集团公司	
	商丘市	6
	睢阳区	1
281	商丘市睢阳区金益粮油购销有限公司	1
282	商丘市睢阳区恒业粮油购销有限公司	
283	商丘市睢阳区弘晨粮油购销有限公司	
284	商丘市睢阳区佳乐粮油购销有限公司	
285	商丘市睢阳区惠隆粮油购销有限公司	
286	商丘市睢阳区恒益粮油购销有限公司勒马分公司	
	梁园区	
287	商丘市军粮供应站	
288	商丘市金鼎粮油购销有限公司	
289	商丘市双粮粮油购销有限公司	
290	商丘市益民粮油购销有限公司	
291	商丘市致成粮油购销有限公司	
	柘城县	1
292	柘城县胡襄金穗粮油购销有限公司	
293	柘城县陈集金麦粮油购销有限公司	
294	柘城县洪恩金谷粮油购销有限公司	
295	柘城县李原庆丰粮油购销有限公司	
296	柘城县慈圣润丰粮油购销有限公司	1
297	柘城县城关永盛粮油购销有限公司	
298	柘城县安平恒丰粮油购销有限公司	
299	柘城县起台金发粮油购销有限公司	
	睢县	1
300	睢县范洼粮油购销有限责任公司	1
301	河南睢县国家粮食储备库	
302	睢县尤吉屯粮油购销有限责任公司	
303	睢县胡堂粮油购销有限责任公司	
304	睢县尚屯粮油购销有限责任公司	

续表

序号	项目单位名称	原址改造仓容（万t）
305	睢县西陵粮油购销有限责任公司	
306	睢县一三五五河南省粮食储备库	
307	睢县孙聚寨粮油购销有限责任公司	
	民权县	1
308	顺丰粮食有限公司	0.5
309	泰丰粮食有限公司	0.5
310	兆丰粮食有限公司	
311	金丰粮食有限公司	
312	佳丰粮食有限公司	
313	兴达粮食有限公司	
314	瑞丰粮食有限公司	
315	豫丰粮食有限公司	
	虞城县	2
316	虞城县站集粮油有限公司	
317	虞城县李老家粮油有限公司	
318	虞城县田庙粮油有限公司	
319	虞城县大杨集粮油有限公司	
320	虞城县刘店粮油有限公司	1
321	虞城县营廓粮油有限公司	
322	虞城县芒种桥粮油有限公司	
323	虞城县小侯粮油有限公司	
324	虞城县稍岗粮油有限公司	1
325	虞城县融源粮食贸易有限公司	
	宁陵县	
326	宁陵县逻岗顺源粮油购销有限公司	
327	宁陵县程楼金谷粮油购销有限公司	
328	宁陵一三〇七河南省粮食储备库	
329	宁陵县乔楼顺丰粮油购销有限公司	
330	宁陵县赵村佳丰粮油购销有限公司	
331	宁陵一三〇六河南省粮食储备库	

续表

序号	项目单位名称	原址改造仓容（万 t）
	市直单位	
332	商丘市京九粮食储备库	
333	商丘市粮食中转储备库	
334	河南商丘国家油脂储备库	
	信阳市	6
	市直单位	
335	信阳金牛粮油储备库	
336	信阳一七六八河南省粮食储备库	
	浉河区	
337	信阳市浉河区东双河粮食购销有限责任公司	
338	信阳市浉河区游河粮食购销有限责任公司	
	平桥区	1
339	河南信阳明港国家粮食储备库	0.5
340	信阳市平桥区禾丰粮油购销有限责任公司	
341	信阳市平桥区永丰粮油有限公司	
342	信阳市平桥区金田粮油购销有限责任公司	0.5
343	信阳市平桥区兰店金兰粮油有限公司	
344	信阳市平桥区肖王丰谷公司粮油有限公司	
	罗山县	1
345	罗山县粮油购销有限公司东铺分公司	1
346	罗山县粮油购销有限公司高店分公司	
347	罗山县粮油购销有限公司龙山分公司	
348	罗山县粮油购销有限公司庙仙分公司	
349	罗山县粮油购销有限公司楠杆分公司	
350	罗山县粮油购销有限公司尤店分公司	
351	罗山县粮油购销有限公司子路分公司	
352	罗山国家粮食储备库	
	息县	2
353	河南息县国家粮食储备库	
354	息县岗李店粮油贸易有限责任公司	
355	息县金隆粮油贸易有限责任公司白店分公司	

续表

序号	项目单位名称	原址改造仓容（万 t）
356	息县金隆粮油贸易有限责任公司东岳分公司	
357	息县金隆粮油贸易有限责任公司曹黄林分公司	1
358	息县包信粮油贸易有限责任公司	1
359	息县路口粮油贸易有限责任公司	
360	息县临河粮油贸易有限责任公司	
361	息县金隆粮油贸易有限责任公司关店分公司	
362	息县杨店粮油贸易有限责任公司	
	淮滨县	1
363	淮滨县粮油购销总公司固城库点	
364	淮滨县粮油购销总公司栏杆库点	0.5
365	淮滨县粮油购销总公司张庄库点	0.5
366	淮滨县地方粮食储备库	
367	淮滨县粮油购销总公司吉庙库点	
368	淮滨县金麦粮食收储有限责任公司	
	光山县	1
369	光山县弦山顺丰粮油购销有限责任公司	
370	光山县斛山永丰粮油购销有限责任公司	
371	光山县马畈康丰粮油购销有限责任公司	
372	光山县文殊天丰粮油购销有限责任公司	
373	光山县北向店祥丰粮油购销有限责任公司	0.5
374	光山县孙铁铺粮油购销有限责任公司	0.5
	商城县	
375	商城县千叶春粮油购销有限责任公司	
376	商城县双丰粮油购销有限责任公司	
377	商城县鑫谷粮油购销有限责任公司	
378	河南商城国家粮食储备库	
379	商城县永丰粮油购销有限责任公司	
	新县	
380	河南新县泗店国家粮食储备库	
381	新县一七二四河南省粮食储备库	

续表

序号	项目单位名称	原址改造仓容（万t）
	周口市	8.5
	扶沟县	1
382	扶沟县曹里粮油贸易有限公司	
383	扶沟县柴岗粮油贸易有限公司	0.5
384	扶沟县固城粮油贸易有限公司	
385	扶沟县大新粮油贸易有限公司	0.5
386	扶沟县吕潭粮油贸易有限公司	
387	扶沟县崔桥粮油贸易有限公司	
	商水县	2
388	商水县黄寨粮食购销有限公司	0.5
389	商水县姚集粮食购销有限公司	
390	商水县金裕粮油购销有限公司	
391	商水县张庄粮食购销有限公司	0.5
392	商水县平店金海粮食购销有限公司	0.5
393	商水县固墙粮食购销有限公司	
394	商水县张明粮食购销有限公司	
395	商水县金凯粮食购销有限公司	
396	商水县舒庄粮食购销有限公司	
397	商水县大武粮食购销有限公司	0.5
	太康县	2
398	太康县清集粮油购销有限公司	0.5
399	太康县老冢粮油购销有限公司	
400	太康县高朗粮油购销有限公司	0.5
401	太康县朱口粮油购销有限公司	
402	太康县张集粮油购销有限公司	0.5
403	太康县高贤粮油购销有限公司	
404	太康县逊母口粮油购销有限公司	
405	太康县马头粮油购销有限公司	
406	太康县芝麻洼粮油购销有限公司	
407	太康县大许寨粮油购销有限公司	0.5

续表

序号	项目单位名称	原址改造仓容（万 t）
	淮阳县	0.5
408	淮阳县刘振屯惠民粮油购销有限公司	
409	淮阳县王店顺发粮油购销有限公司	
410	淮阳县葛店丰源粮油购销有限公司	
411	淮阳县黄集谷馨粮油购销有限公司	0.5
412	淮阳县四通镇粮源粮油购销有限公司	
413	淮阳县临蔡豪利粮油购销有限公司	
414	淮阳县安岭华中粮油购销有限公司	
415	淮阳县双利粮油购销有限公司	
416	淮阳县曹河星源粮油购销有限公司	
417	淮阳县北关辉煌粮油公司	
	沈丘县	2
418	沈丘金粮有限责任公司	0.5
419	沈丘卞路口金麦粮油购销有限责任公司	0.5
420	沈丘大邢庄金麦粮油购销有限责任公司	0.5
421	沈丘留福金麦粮油购销有限责任公司	0.5
422	沈丘槐店金麦粮油购销有限责任公司	
423	沈丘老城金麦粮油购销有限责任公司	
424	沈丘刘庄店金麦粮油购销有限责任公司	
425	沈丘杨海营金麦粮油购销有限责任公司	
426	沈丘莲池金麦粮油购销有限责任公司	
427	沈丘苏楼金麦粮油购销有限责任公司	
	川汇区	
428	河南周口庆丰国家粮食储备库	
429	周口一四〇六河南省粮食储备库	
430	周口金谷粮油购销有限责任公司	
431	周口城郊粮油购销有限责任公司	
	泛区	
432	周口市泛区恒丰国家粮食储备库粮食购销有限公司	
433	周口市泛区盛丰粮油购销有限公司	
434	周口市泛区盛东粮油购销有限公司	

续表

序号	项目单位名称	原址改造仓容（万 t）
435	周口市泛区扶北粮油购销有限公司	
	东新区	
436	淮阳县许湾金穗粮油购销有限公司	
437	川东粮油公司	
	市直单位	
438	河南省周口市军供站鹿邑收储库	
439	河南周口东郊国家粮食储备库	
440	周口一四四〇河南省粮食储备库	
	西华县	1
441	西华县奉母粮油有限公司	
442	西华县址坊粮油有限公司	0.5
443	西华县逍遥粮油有限公司	
444	西华县西夏粮油有限公司	
445	西华县红花粮油有限公司	0.5
446	西华县叶埠口粮油有限公司	
447	西华县东王营粮油有限公司	
448	西华县清河驿粮油有限公司	
	驻马店市	6.5
	遂平县	1
449	遂平裕达集团金益粮油有限公司	
450	遂平裕达集团常庄粮油有限公司	
451	遂平一五二五河南省粮食储备库	
452	遂平裕达集团槐树粮油有限公司	1
453	遂平裕达集团文城粮油有限公司	
454	遂平裕达集团石寨铺粮油有限公司	
	西平县	1.5
455	西平金粒粮食购销集团车站库有限公司	1
456	西平吕店粮油购销有限公司	
457	西平人和粮油购销有限公司	
458	西平焦庄粮油购销有限公司	
459	西平顺达粮油购销有限公司	

续表

序号	项目单位名称	原址改造仓容（万 t）
460	西平二郎粮油购销有限公司	0.5
461	西平芦庙粮油购销有限公司	
462	西平权寨粮油购销有限公司	
463	西平杨庄粮油购销有限公司	
464	西平五沟营粮油购销有限公司	
	汝南县	
465	汝南一五一三河南省粮食储备库	
466	汝南县金粟粮油有限责任公司	
467	汝南县嘉禾粮油有限责任公司	
468	汝南县丰泽粮油有限责任公司	
469	汝南县金源粮油有限责任公司	
470	汝南县舍屯粮油有限责任公司	
471	汝南县天源粮油有限责任公司	
472	汝南县金谷粮油有限公司	
	平舆县	1
473	平舆县金丰粮油购销有限责任公司（阳城）	1
474	平舆县鑫桥粮油购销有限公司（射桥）	
475	平舆县路通粮油购销有限公司（十字路）	
476	平舆县东风粮油购销有限公司（玉皇庙）	
477	平舆宏升粮油购销有限公司（辛店）	
478	平舆县乾丰粮油购销有限公司（东和店）	
479	平舆县宏扬粮油购销有限公司（杨埠）	
480	平舆县万金粮油购销有限公司（万金店）	
	确山县	1
481	确山县昌源粮油购销有限公司	
482	确山县顺山店粮油购销有限公司	
483	确山县金禾店粮油购销有限公司	
484	确山县杨店粮油购销有限公司	
485	确山县李新店粮油购销有限公司	0.5
486	确山县新安店粮油购销有限公司	0.5

续表

序号	项目单位名称	原址改造仓容（万 t）
	泌阳县	0.5
487	泌阳县賒湾粮油购销有限责任公司	
488	泌阳县下碑寺粮油购销有限责任公司	
489	泌阳县马谷田粮油购销有限责任公司	
490	泌阳县泰山庙粮油购销有限责任公司泰山库	0.5
491	泌阳县盘古山粮油购销有限责任公司盘古山库	
492	泌阳县高邑粮油购销有限责任公司高邑库	
	驿城区	
493	驻马店市风光粮食购销有限公司	
494	驻马店市乐丰粮油购销有限公司	
495	驻马店市嘉山粮食购销有限公司	
496	驻马店市古城粮油购销有限公司	
497	驻马店市金丰粮油购销有限公司	
	市直单位	
498	驻马店市丰盈粮油有限公司	
499	驻马店市华生粮油物流有限公司	
500	驻马店市南海粮油有限公司	
	上蔡县	1.5
501	上蔡县东洪粮油购销有限责任公司	
502	上蔡县东岸粮油购销有限责任公司	
503	上蔡县洙湖粮油购销有限责任公司	
504	上蔡县蔡沟粮油购销有限责任公司	
505	上蔡县无量寺粮油购销有限责任公司	0.5
506	上蔡县崇鑫粮贸有限公司	
507	上蔡县塔桥粮油购销有限责任公司	0.5
508	上蔡县韩丰粮贸有限公司	0.5
509	上蔡县百尺粮油购销有限责任公司	
510	上蔡县黄埠粮油购销有限责任公司	
	济源市	
511	济源市粮业有限公司王才庄粮库	
512	济源市国家粮食储备库	

续表

序号	项目单位名称	原址改造仓容（万 t）
513	济源市南方粮业有限公司轵城粮库	
	省直管县	
	兰考县	1
514	兰考县红庙粮油贸易有限公司	0.5
515	兰考县谷营粮油贸易有限公司	0.5
516	兰考县小宋粮油贸易有限公司	
	汝州市	
517	汝州市宇冠粮食购销有限公司	
518	汝州市兴丰粮食购销有限公司	
519	汝州市金麦粮食购销有限公司	
520	汝州市兴宇粮食购销有限公司	
521	汝州市戎庄粮食储备库	
522	汝州〇四——河南省粮食储备库	
	滑县	1
523	滑县半坡店乡丰泽粮油购销有限公司	0.5
524	滑县白道口镇丰硕粮油购销有限公司	0.5
525	滑县王庄镇丰华粮油购销有限公司	
526	滑县留固镇丰顺粮油购销有限公司	
527	滑县八里营乡丰泰粮油购销有限公司	
528	滑县老店镇丰益粮油购销有限公司	
529	滑县道口丰悦粮油购销有限公司	
530	滑县城关镇丰景粮油购销有限公司	
531	滑县上官镇丰尚粮油购销有限公司	
	长垣县	1
532	河南长垣县国家粮食储备库	
533	长垣县丁栾粮油有限责任公司丁栾粮库	0.5
534	长垣县常村粮油有限责任公司常村粮库	0.5
535	长垣县常村粮油有限责任公司张寨粮库	
536	长垣县方里粮油有限责任公司苗寨粮库	
537	长垣县樊相粮油有限责任公司张三寨粮库	
538	长垣县佘家粮油有限责任公司佘家粮库	

续表

序号	项目单位名称	原址改造仓容（万 t）
539	长垣县方里粮油有限责任公司方里粮库	
	邓州市	2
540	邓州市夏集粮油有限责任公司	0.5
541	邓州市裴营粮油有限责任公司	
542	邓州市赵集粮油有限责任公司	
543	邓州市十林镇粮油有限责任公司	
544	邓州市张村粮油有限责任公司	0.5
545	邓州市孟楼粮油有限责任公司	0.5
546	邓州市林扒粮油有限责任公司	
547	邓州市陶营粮油有限责任公司	0.5
548	邓州市刘集粮油有限责任公司	
549	邓州市构林国家粮食储备库有限公司	
	永城市	2
550	永城市东方粮油贸易有限公司卧龙公司	2
551	永城市东方粮油贸易有限公司裴桥公司	
552	永城市东方粮油贸易有限公司马桥公司	
553	永城市东方粮油贸易有限公司蒋口公司	
554	永城市东方粮油贸易有限公司条河公司	
555	永城市东方粮油贸易有限公司候岭公司	
556	永城市东方粮油贸易有限公司马牧公司	
557	永城市东方粮油贸易有限公司新桥公司	
558	永城市东方粮油贸易有限公司鄪阳公司	
559	永城市东方粮油贸易有限公司鄪城公司	
	固始县	2
560	固始县粮油（集团）公司	1
561	河南固始国家粮食储备库	1
562	固始县华源粮油有限责任公司	
563	固始县豫丰粮油有限责任公司	
564	固始县广远粮油有限责任公司	
565	固始县嘉鑫粮油有限责任公司	
566	固始县汇丰粮油有限责任公司	

续表

序号	项目单位名称	原址改造仓容（万 t）
567	固始县永丰粮油有限责任公司	
568	固始县丰粮粮油有限责任公司	
569	固始县金穗粮油有限责任公司	
	鹿邑县	2
570	鹿邑县太清宫粮油有限责任公司	
571	鹿邑县生铁冢粮油有限责任公司	0.5
572	鹿邑县赵村粮油有限责任公司	
573	鹿邑县马铺粮油有限责任公司	0.5
574	鹿邑县辛集粮油有限责任公司	0.5
575	鹿邑县唐集粮油有限责任公司	
576	鹿邑县玄武粮油有限责任公司	0.5
577	鹿邑县杨湖口粮油有限责任公司	
578	鹿邑县城郊粮油有限责任公司	
	新蔡县	1
579	河南新蔡国家粮食储备库栎城分库	
580	河南新蔡国家粮食储备库顿岗分库	
581	河南新蔡国家粮食储备库孙召分库	
582	河南新蔡国家粮食储备库河坞分库	
583	河南新蔡国家粮食储备库化庄分库	
584	河南新蔡国家粮食储备库	
585	河南新蔡国家粮食储备库余店分库	
586	河南新蔡国家粮食储备库练村分库	1
	省财政直管县	
	中牟县	
587	中牟县金谷粮油购销有限公司	
588	中牟县金禾粮油购销有限公司	
589	中牟〇一三二粮食储备库	
590	中牟县金盛粮油购销有限公司	
591	中牟县姚家乡粮食管理所	
	宜阳县	
592	宜阳县兴盐粮油购销有限公司	

续表

序号	项目单位名称	原址改造仓容（万t）
593	宜阳县扬帆粮油购销有限公司	
594	宜阳县高源粮油购销有限公司	
595	宜阳县屏阳粮油购销有限公司	
596	宜阳昌谷国家粮食储备库	
	郏县	
597	郏县〇四〇三河南省粮食储备库	
598	郏县〇四一六河南省粮食储备库	
599	郏县粮食局王集粮食管理所	
600	郏县〇四二三河南省粮食储备库	
	封丘县	
601	河南封丘国家粮食储备库	
602	封丘县陈桥粮油购销有限公司潘店粮库	
603	封丘县陈桥粮油购销有限公司鲁岗粮库	
604	封丘县城关粮油购销有限公司城关粮库	
605	封丘县金粮粮油购销有限公司油坊粮库	
606	封丘县应举粮油购销有限公司娄堤粮库	
607	封丘县直属粮库有限公司	
608	封丘县第一粮库有限公司	
	温县	
609	河南温县国家粮食储备库	
610	温县万达番田粮油购销有限公司	
611	温县万达林召粮油购销有限公司	
612	温县万达杨垒粮油购销有限公司	
613	温县万达徐堡粮油购销有限公司	
	范县	
614	范县乐土粮油购销有限公司第三分公司	
615	范县乐土粮油购销有限公司第七分公司	
616	范县乐土粮油购销有限公司第六分公司	
617	范县乐土粮油购销有限公司第二分公司	
618	范县乐土粮油购销有限公司第五分公司	

续表

序号	项目单位名称	原址改造仓容（万 t）
	唐河县	2
619	郭滩镇粮食管理所	1
620	唐河县少拜寺镇粮管所	
621	唐河县上屯镇粮食管理所	
622	唐河县玉唐粮油有限公司	1
623	唐河县古城乡粮管所	
624	唐河县祁仪乡粮食管理所	
625	唐河县张店镇粮管所	
626	唐河县湖阳镇粮食管理所	
627	唐河县桐寨铺镇粮食管理所	
628	唐河县龙潭镇粮食管理所	
	夏邑县	2
629	夏邑县胡桥粮食购销有限责任公司	
630	夏邑一三二三河南省粮食储备库有限责任公司	
631	夏邑一三二四河南省粮食储备库有限责任公司	
632	夏邑县会亭粮食购销有限责任公司	
633	夏邑县郭庄粮食购销有限责任公司	
634	夏邑县王集粮食购销有限责任公司	
635	夏邑县歧河粮食购销有限责任公司	1
636	夏邑县太平粮食购销有限责任公司	
637	夏邑县孔庄粮食购销有限责任公司	1
638	夏邑一三五三河南省粮食储备库有限责任公司	
	潢川县	1
639	河南黄淮集团小吕店粮油有限公司	
640	潢川一七二六河南省粮食储备库有限责任公司	
641	潢川县仁和粮油购销有限责任公司（彭店库）	
642	河南黄淮集团桃林粮油有限公司	
643	河南黄淮集团来龙粮油有限公司	0.5
644	潢川一七〇五河南省粮食储备库	0.5
645	河南黄淮集团江集粮油有限公司	
646	河南黄淮集团踅孜粮油有限公司	

续表

序号	项目单位名称	原址改造仓容（万 t）
	项城市	1
647	项城市官会庆辉粮油购销有限公司	0.5
648	项城市李寨金谷粮油购销有限公司	0.5
649	项城市宏建粮油购销有限公司	
650	项城市忠诚粮油购销有限公司	
651	项城市粮食局秣陵镇第二粮库	
652	项城市秣陵五丰粮油购销有限公司	
653	项城市贾岭春丰粮油购销有限公司	
	郸城县	2
654	郸城县恒昌粮油有限公司	
655	郸城县吴台粮信粮油有限公司	
656	郸城县白马鑫茂粮油有限公司	
657	郸城县张完诚信粮油有限公司	
658	郸城县李楼金丰粮油有限公司	
659	郸城县石槽江丰粮油有限公司	
660	郸城县胡集金汇粮油有限公司	
661	郸城县秋渠禾丰粮油有限公司	
662	郸城县宜路永信粮油有限公司	1
663	郸城县双楼兴粮粮油有限公司	1
	正阳县	0.5
664	正阳县万盛粮油购销有限责任公司	0.5
665	正阳县万祥粮油购销有限责任公司	
666	正阳县金浩粮油购销有限责任公司	
667	正阳县金利粮油购销有限责任公司	
668	正阳县万顺粮油购销有限责任公司	
669	正阳县金春粮油购销有限责任公司	
670	正阳县金弘粮油购销有限责任公司	
671	正阳县万鼎粮油购销有限责任公司	
	省直单位	
672	河南国家粮食储备库	
673	河南省谷物储贸有限公司	

续表

序号	项目单位名称	原址改造仓容（万 t）
674	河南省粮食局浚县直属粮库	
675	金地集团	
676	河南金地面业有限公司	
677	河南豫粮物流有限公司	1
678	河南省粮油工业有限公司（许昌库）	
679	河南省粮工粮食储备库有限公司	
680	河南省粮食购销有限公司	
681	河南嘉鑫国际贸易有限公司	
682	河南省豫粮粮食集团有限公司长葛库	
683	河南省豫粮粮食集团有限公司固始库	
684	河南省粮油对外贸易有限公司	
685	河南省军粮储备有限公司	
686	河南世通谷物有限公司	
687	豫粮集团襄城县粮食产业有限公司	1
688	河南国家油脂储备库有限公司	

注：根据《财政部　国家粮食局关于启动 2014 年"粮安工程"危仓老库维修改造工作的通知》
（财建〔2014〕100 号）规定，地方政府所属的国有及国有控股粮食企业的危仓老库纳入此
次维修改造范围，非国有及非国有控股粮食企业不纳入维修改造范围。

"粮安工程"危仓老库维修改造
暨"河南粮食行业"标识

目前，我省"粮安工程"危仓老库维修改造工作已全面进入实施阶段。为使维修改造后的粮库真正实现"统一技术标准、统一外部颜色、统一仓储标识"的目标，省局组织河南工业大学艺术专业的广大师生，在广泛征集设计和反复修改完善的基础上，经有关专家与领导认真筛选、审核、把关，确定出河南省"粮安工程"危仓老库维修改造标识，现印发给你们。请按标识的规定矢量和颜色，在粮库醒目位置予以喷涂。同时，该标识也可作为"河南粮食行业标识"，在今后的工作中予以推广使用。

　　附件：1. 河南省"粮安工程"危仓老库维修改造暨"河南粮食行业"
　　　　　　标识
　　　　　2. 标识矢量图
　　　　　3. 标识寓意说明

2015 年 4 月 29 日

附件 1

河南省"粮安工程"危仓老库维修改造暨"河南粮食行业"标识

附件 2

标识矢量图

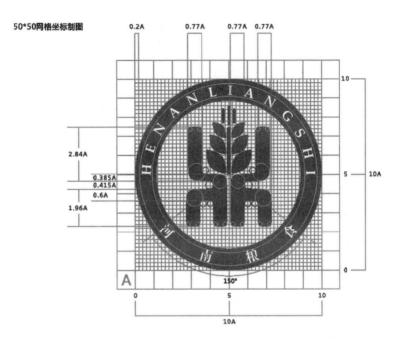

"A"代表一个数值单位，根据标志在实际运用中的数值，按比例缩放变化。

附件 3

标识寓意说明

【鼎】整体造型为一尊金鼎屹立于圆环之中，体现出"鼎立中原"（圆）的创意理念；鼎是中原文化的重要礼器，灿烂悠久的鼎文化能够呼应河南粮食文化的历史厚重感和社会责任感，同时鼎也代表着诚信和兴盛，与河南粮食的形象相吻合。

【麦】小麦是河南省最具代表性的粮食，饱满的形态体现着河南粮食的优良品质；并且其造型与"丰"字巧妙融合，象征着粮食的丰收；其动态仿佛被双臂托举而起，象征着粮食事业的蒸蒸日上。

【象】鼎字的下半部为河南首字母 h、n 结合而成的大象造型，生动地体现出河南的简称"豫"；民以食为天，两尊意气风发的大象相对而立、仰天长啸，守护着粮食，代表着风调雨顺、国泰民安。

【金】金色是黄河母亲的代表色，也是麦子成熟的颜色，故金色在体现黄河文明的同时，也象征着河南粮食的辉煌历程。

【绿】绿色是自然健康的颜色，是生机勃勃的颜色，是对未来憧憬的颜色！代表着河南粮食朝气蓬勃的未来。

【形】对称的环形标志从视觉和心理上给人安定可靠、和谐庄重之感，符合河南省"天下粮仓"的形象。

河南省"粮安工程"危仓老库
维修改造目标责任书

为贯彻落实《财政部国家粮食局关于启动 2014 年"粮安工程"危仓老库维修改造工作的通知》（财建〔2014〕100 号），及财政部、国家粮食局与河南省人民政府签订的《危仓老库维修改造目标责任书》，按时完成全省危仓老库维修改造工作，省财政厅、省粮食局与各省辖市、省直管县（市）人民政府就做好危仓老库维修改造工作，签订目标责任书。

一、各市、县级人民政府负责统筹协调做好本辖区内危仓老库维修改造工作，根据辖区内粮食危仓老库情况，制定危仓老库维修改造实施方案，并组织实施，按时完成本辖区内危仓老库维修改造工作任务。

二、严格落实《河南省财政厅 河南省粮食局关于印发河南省"粮安工程"危仓老库维修改造专项资金使用管理办法的通知》（豫财贸〔2014〕85 号），兑现县（市、区）人民政府资金承诺书，落实县级财政及企业自筹资金，加强资金监管，规范使用，确保专款专用。

三、严格执行国家、省相关法律、廉政法规、标准规程、操作和技术指南，按照《河南省粮食局关于印发河南省"粮安工程"危仓老库维修改造项目管理办法的通知》（豫粮文〔2015〕25 号）规定，加强项目管理，落实工程领域相关管理规定和党风廉政建设规定。

四、督促各项目单位建立项目公示公告制度，主动接受社会监督，规范操作、顺利实施维修改造工程，确保 2015 年 9 月底前圆满完成维修改造工作任务。

五、仓房维修后，必须达到结构安全，并实现上不漏、下不潮、能通风、能密闭、保温隔热、防鼠防雀等基本要求，其中：一线收纳库维修改造后能满足农民售粮需要、符合安全储粮要求；储备粮库维修改造升级后能保证长期储粮安全和应急需要，发生粮情异常变化时能及时处理，全面消除危仓老库带病存粮现象，确保储粮安全。

六、省财政厅、省粮食局将对各省辖市、省直管县（市）、危仓老库维修改造情况进行检查考核，对未按要求完成任务或者弄虚作假的，除按有关规定处理处罚外，收回省补全部资金，并将在省粮食、财政系统内进行通报；对违规违纪问题，将依据问题严重程度，移交当地纪检监察部门处理。

　　本责任书一式三份，省财政厅、省粮食局、各市、县人民政府各存一份。

　　省财政厅代表(签字)：　　　　　　省粮食局代表(签字)：
　　　　　　(盖章)：　　　　　　　　　　　(盖章)：
　　　　年　月　日　　　　　　　　　　年　月　日

　　　　　　　　市、县人民政府代表（签字）：
　　　　　　　　　　　　　（盖章）：
　　　　　　　　　年　月　日

河南省"粮安工程"危仓老库维修改造专项资金分配方案

为进一步规范危仓老库维修改造专项资金分配，提高资金使用效益，根据《河南省财政厅　河南省粮食局关于印发河南省"粮安工程"危仓老库维修改造专项资金使用管理办法的通知》（豫财贸〔2014〕85号）规定，特制定本方案。

一、调整专项资金使用范围

根据《财政部　国家粮食局关于启动2014年"粮安工程"危仓老库维修改造工作的通知》（财建〔2014〕100号）规定，经请示财政部和国家粮食局，现对《河南省财政厅　河南省粮食局关于印发河南省"粮安工程"危仓老库维修改造专项资金使用管理办法的通知》（豫财贸〔2014〕85号）规定的使用范围进行调整，专项资金用于省、市、县政府所属的国有和国有控股粮食企业危仓老库维修改造项目；企业在租赁土地上建设的仓库、非国有及非国有控股粮食企业，不再纳入维修改造范围。

二、粮食仓库维修改造资金分配

2014年和2015年河南省"粮安工程"危仓老库维修改造专项资金按因素法直接分配到市、县（市、区）和省直粮食企业；原址改造每万吨仓容定额补助300万元；省直企业和省辖市本级申请专项资金低于应分配金额的，按申请金额分配；专项资金一次分配，两次拨付，切块下达。

（一）省直分配因素及权重

（1）粮油企业总仓容，权重40%；

（2）经评审确定的维修改造仓容，权重40%；

（3）专家组评审总得分，权重20%。

（二）省辖市本级分配因素及权重

（1）辖区内2011年至2013年三年平均粮食总产量，权重40%；

（2）经评审确定的粮食企业维修改造仓容，权重30%；

（3）2013年底市本级储备粮数量，权重10%；

（4）专家组评审总得分，权重20%。

（三）县级分配因素及权重

（1）县级行政区域内 2011 年至 2013 年三年平均粮食总产量，权重40%；

（2）符合规定条件的粮食企业总仓容，权重20%；

（3）经评审确定的维修改造仓容，权重30%；

（4）专家组评审总得分，权重10%。

考虑到产粮大县与非产粮大县之间的差距，按照上述因素及权重计算后，采取"上限封顶、下限保底"办法，即每个县最高不超过 1 000 万元，最低不少于 150 万元，申请不足 150 万元的，按申请金额分配。

三、维修改造资金的拨付及使用

（1）省财政分别在 2014 年 12 月份和 2015 年 3 月底前将专项资金分两次拨付。各地收到资金后 15 日内，参照省分配资金因素及权重，结合企业实际情况，分配拨付到经省评审确定的维修改造企业。

（2）粮食和财政部门要积极督促项目单位及时开展仓库维修改造工作，确保在 2015 年秋粮上市前全面完成全省危仓老库维修改造任务。

四、维修改造资金的监管

（1）各级财政部门要加强专项资金管理，把维修改造项目资金纳入同级财政投资评审范围，严格在规定范围内安排使用专项资金，确保专款专用，任何单位和个人不得截留、挤占、挪用。

（2）市县财政、粮食部门和省直企业要将当年专项资金使用情况（按照豫财贸〔2014〕85 号附表格式填报）于下年度 3 月 15 日前报送省财政厅和省粮食局。未按时报送的，将核减或取消其下年度补助资金。

（3）省财政厅和省粮食局将组织对专项资金使用情况进行检查，对截留挪用或虚报冒领等违规行为，按照《财政违法行为处罚处分条例》（国务院令第 427 号）的规定进行处理，并依法追究有关责任人的责任。

（4）本方案由省财政厅和省粮食局负责解释。

预拨第一批河南省"粮安工程"
危仓老库维修改造专项资金

根据《财政部关于拨付 2014 年"粮安工程"危仓老库维修专项资金（重点支持省份）的通知》（财建〔2014〕441 号）、《河南省财政厅 河南省粮食局关于印发河南省"粮安工程"危仓老库维修改造专项资金管理办法的通知》（豫财贸〔2014〕85 号）规定和要求，现预拨你市、县（市）2014 年"粮安工程"危仓老库维修改造专项资金　　　万元，并将有关事宜通知如下：

一、2014 年拨付的"粮安工程"危仓老库维修改造专项资金，列入"2220199 其他粮油事务支出"科目，相应列入"2220499 其他粮油储备支出"科目，并追加你市、县（市，单位）2014 年预算指标。

二、你市、县（市，单位）财政收到资金后，会同粮食主管部门，结合企业实际情况，分配拨付到经省评审确定的维修改造库点，具体名单由粮食局另文下达。

三、市、县粮食、财政部门和省直粮食企业要积极督促项目单位及时开展仓库维修改造工作，确保在 2015 年秋粮上市前全面完成全省危仓老库维修改造任务。

再次拨付河南省危仓老库维修改造资金

　　根据《河南省财政厅　河南省粮食局关于印发"粮安工程"危仓老库维修改造专项资金分配方案的通知》（豫财贸〔2015〕6号）规定，现拨付第二批"粮安工程"危仓老库维修改造专项资金（以下简称"专项资金"）
　　万元，并将有关事宜通知如下：

　　一、专项资金按照因素法进行分配，你市、县、公司总规模为　　　万元，《河南省财政厅关于预拨第一批"粮安工程"危仓老库维修专项资金的通知》（豫财贸〔2014〕133号）已拨付　　　　　万元。

　　二、本次拨付的专项资金，列入"2220199其他粮油事务支出"科目，相应追加你市、公司2015年"其他粮油事务支出"预算科目；并通过农业发展银行省级粮食风险基金专户拨付专项资金　　　　　万元。

　　三、专项资金要全部用于《河南省财政厅　河南省粮食局关于下达2014～2015年度"粮安工程"危仓老库维修改造项目名单的通知》（豫粮文〔2015〕10号）确定的企业及项目，严禁截留挪用。

河南省省级财政专项资金管理办法

第一章 总 则

第一条 为规范和加强财政专项资金管理，提高使用效益，根据《中华人民共和国预算法》、《河南省预算监督条例》等有关法律、法规，结合实际，制定本办法。

第二条 本办法所称省级财政专项资金（以下简称专项资金）是指为适应经济社会改革和发展要求，完成特定工作任务或实现特定事业发展目标，经省政府批准，由省级财政在一定时期安排，具有专门用途的资金，以及中央对我省专项转移支付资金。不含行政事业单位工资福利等人员经费、公用经费和专项业务费等维持机构运转支出，一次性补助支出、具有公用支出性质的专项支出，以及省对市、县财力性转移支付资金。

第三条 专项资金的设立、调整、撤销、预算编制、执行、绩效评价和监督检查等适用本办法。国家另有规定的，从其规定。

第二章 设立、调整和撤销

第四条 专项资金应依据法律、法规、规章、省有关规定或实际需要设立，体现统筹安排、分口切块管理，不得增设与现有专项资金使用方向、用途相同或相近的专项资金。属于市县支出责任的事项，省级原则上不安排专项资金。

第五条 设立专项资金，应由业务主管部门向省政府提出申请，省政府批转财政部门审核提出意见后报省政府批准；或由财政部门直接提出申请报省政府批准。各部门代拟地方性法规、规章或起草规范性文件，原则上不得要求设立专项资金，确需设立的可由业务主管部门向省政府提出申请。

第六条 申请设立专项资金，应提供设立背景、政策依据、绩效目标、可行性研究报告，明确执行期限和资金规模建议。财政部门会同业务主管部门对专项资金设立的必要性、可行性、绩效目标和资金规模组织论证；必要时，可通过组织听证等方式听取公众意见。

第七条　中央财政转移支付办法明确要求省级财政按比例或额度配套的，由财政部门审核，按规定安排省级配套资金；数额较大的项目报省政府批准。

第八条　专项资金执行期限原则上不超过 5 年，期满撤销。确需延长的，由业务主管部门向省政府提出申请，省政府批转财政部门审核提出意见后报省政府批准。

第九条　专项资金经批准设立后，财政部门应会同业务主管部门制定具体资金管理办法，包括资金使用范围、绩效目标、部门管理职责、执行期限、分配办法、资金拨付、监督检查、责任追究等内容。必要时可由业务主管部门会同财政部门制定项目管理办法，包括申报程序、评审程序、分配程序、监督检查、责任追究等。

第十条　专项资金在执行期内有下列情形之一的，由财政部门商业务主管部门报请省政府调整或撤销。

（一）根据经济社会事业发展的目标任务和全省工作重点，需对专项资金的使用方向、用途和使用范围进行调整的；

（二）执行期间需增加资金规模且数额较大的；

（三）对使用方向和用途相同或相近的专项资金，需要归并整合、统筹安排的；

（四）专项任务已完成或中止，以及管理使用中出现严重违法违规问题，需要撤销的；

（五）根据绩效考评结果，需调整或撤销的；

（六）其他需要调整或撤销的情形。

第十一条　专项资金实行目录管理。财政部门每年年底编制下一年度专项资金目录，报省政府批准。预算执行中原则上不新设专项资金。

第三章　预算编制和执行

第十二条　专项资金预算编制应体现综合预算、突出重点、量力而行、讲求绩效、实事求是的要求，根据经济社会发展规划及相关专业规划、政策要求、客观因素等编制。

第十三条　业务主管部门根据年度工作重点，在清理整合现有专项资金的基础上，提出专项资金预算安排建议。财政部门根据经济社会发展重点、绩效考评结果和财力可能，提出专项资金预算审核意见和统筹使用计划，报省政府批准。

第十四条　年初预算安排的专项资金，除国家政策调整、年初预算留有缺口或发生突发事件外，执行中不调增资金规模。

第十五条　专项资金应严格按具体管理办法分配使用，坚持"先定办法、再分资金"。涉及补助个人的专项资金，应建立健全发放手续，实行公示制度，做到公开、公正、透明。

第十六条　业务主管部门和财政部门共同管理的专项资金，由业务主管部门根据具体管理办法，组织项目申报和评审，提出分配方案，会同相关部门按规定程序报批，财政部门负责监督具体管理办法执行情况和下达资金。财政部门负责管理的专项资金，由财政部门提出分配方案，征求相关部门意见后按规定程序报批。专项资金安排中属于政府投资公共投资项目的，应由投资主管部门下达投资计划。

各部门不得从专项资金中安排工作经费。除国家有明确规定外，项目实施单位原则上不得从专项资金中计提项目管理费。专项资金项目管理所需经费纳入部门预算。

第十七条　专项资金的分配方式，应根据资金使用效益和实际管理需要，由业务主管部门商财政部门确定。对普惠性专项资金，实行因素法分配；对以区域为主实施的竞争性项目，通过竞争性分配择优确定实施主体；确需核定到具体项目的，实行项目法分配。逐步形成以因素法分配为主、竞争性分配为辅、项目法分配为补充的分配格局。

第十八条　专项资金采用因素法分配的，应选取直接相关、数值客观的因素，合理确定权重，设计科学规范的分配公式，必要时征求市、县及相关部门的意见。

第十九条　专项资金实行竞争性分配的，应事前明确准入条件，通过发布公告、公开答辩、专家评审、集体研究、部门会商等程序从申报项目或区域中择优确定。

第二十条　专项资金实行项目法分配的，除涉密事项外，应在分配前向社会公开发布申报指南，通过评审建立动态项目库。补助企业的资金，应主要采取贷款贴息、先建后补、以奖代补等间接和事后补助的方式，提高资金使用效益。财政部门应建立企业项目信息共享机制，对同一企业的同一项目不得重复补助财政专项资金。适合市、县统筹审批的，应下放审批权限，切块下达市、县，省级加强监督、跟踪问效。

第二十一条 项目评审要充分发挥有关组织和专家的作用。财政部门和业务主管部门要建立评审专家库，并加强评审专家管理，组织项目评审时从专家库中随机抽取。确定项目应充分考虑专家评审意见，并注重运用绩效评价、监督检查结果。

第二十二条 各部门应规范专项资金分配流程，建立健全分工协作和制衡机制。部门内部应建立岗位责任制，重大资金可吸收监督检查机构参与。两个以上部门共同管理资金的，牵头部门应征求并充分考虑其他部门的意见，分配方案应联合会签报批。

第二十三条 除涉密项目外，项目评审结果和最终分配方案应在网上公示。资金分配文件应抄送相关部门、审计部门和财政监督检查机构。

第二十四条 强化市、县和项目实施单位的责任。市、县在项目申报中把关不严、资金使用中出现重大违法违规情况的，有关部门对同类项目可在一定期限内压减其补助数额或暂停其申报资格。项目实施单位弄虚作假骗取财政资金的，除收回财政资金外，有关部门可在一定期限内取消其申报资格。

第二十五条 专项资金原则上实行国库集中支付制度。属于政府采购范围的，必须按政府采购管理程序办理；跨年度项目按项目进度安排资金。

第二十六条 财政部门应按规定时间批复、下达、拨付专项资金，不得拖延滞留。对以收定支、据实结算、与中央配套等特殊项目、重大项目和跨年度项目，可分期下达预算，或先预拨后清算。

业务主管部门和专项资金使用单位应加强专项资金使用管理，执行国家有关会计核算制度和财务规定，按项目进度提出用款申请，按规定用途和标准开支款项，不得滞留、截留、挪用；预算执行中如确需调整用途，应按程序报批。

实行县级财政报账制的专项资金，由项目实施单位提出拨款申请，财政部门按规定程序将资金直接拨付劳务提供者或供货单位。

第二十七条 财政部门商业务主管部门每年对专项资金预算执行情况进行评估，对当年难以支出的，提出调整方案；专项资金结余年终统一收回财政，结转资金经财政部门审核后可编入下年度部门预算。

第二十八条 专项资金按规定形成固定资产的，应及时办理验收、财务决算、产权和财产物资移交、登记入账等手续，按规定纳入单位资产管理范围。

第四章　绩效管理

第二十九条　各部门应加强专项资金绩效管理，建立全过程预算绩效管理机制。业务主管部门负责对本部门管理的专项资金进行绩效评价。财政部门负责对部门绩效评价结果进行再评价，并直接对重点专项资金进行绩效评价。

第三十条　业务主管部门要科学确定专项资金绩效目标和考评指标，财政部门审核后批复绩效目标。预算执行中要加强绩效监控，项目实施效果与原定绩效目标发生偏离的应及时纠正，情况严重的暂缓或停止项目执行。

第三十一条　年度结束后，业务主管部门应编制绩效报告报财政部门备案，内容包括专项资金使用情况、绩效目标完成情况、绩效成果等。专项资金执行期限届满，业务主管部门应会同财政部门按要求进行绩效评价，对项目实施内容、项目功能、资金管理效率、经济效益、社会效益和生态效益等进行全面、综合考评。

第三十二条　有关部门应及时将绩效评价结果反馈给被评价单位，督促整改发现的问题；加强绩效评价结果运用，将绩效评价结果作为以后年度预算安排的参考因素；推进绩效评价结果信息公开，逐步建立绩效问责机制。

第五章　监督检查

第三十三条　专项资金使用单位应加强管理，确保专项资金安全、合规、有效使用。发挥内部审计和监察机构的作用，建立健全预算执行动态监控机制和内部监督检查机制，切实履行内部监督职责。

业务主管部门应加强专项资金监督检查，定期报告专项资金监督检查情况，对发现的问题及时制定整改措施并落实。

第三十四条　财政部门应建立健全专项资金监督检查机制，对违法违规情况，要及时采取通报、调减预算、暂停拨付、收回资金等措施予以纠正；专项检查和日常监管结果作为编制专项资金预算的重要因素。

第三十五条　审计部门和监察部门依法对专项资金管理部门和使用单位实施审计检查和行政监督。财政、审计部门和监察部门应加强沟通与协作，建立信息共享和协作配合机制，保障专项资金安全运行。

第三十六条　单位、组织或个人违反专项资金管理规定的，依照《中华人民共和国预算法》、《中华人民共和国预算法实施条例》（国务院令第186号）和《财政违法行为处罚处分条例》（国务院令第427号）等法律、法规处理。

第三十七条　国家机关工作人员在专项资金管理中滥用职权、玩忽职守、徇私舞弊的，依法追究行政责任；构成犯罪的，依法追究刑事责任。

第六章　附　　则

第三十八条　本办法自印发之日起施行，凡以往我省有关规定与本办法不符的，按本办法执行，并相应修改完善具体管理办法。

第三十九条　各省辖市、县（市、区）可根据本办法，结合本地实际，制定本地专项资金管理办法。

河南省"粮安工程"危仓老库维修
改造专项资金绩效评价

　　为规范"粮安工程"危仓老库维修改造资金管理，提高资金使用效益，根据《财政部　国家粮食局关于启动 2014 年"粮安工程"危仓老库维修改造工作的通知》（财建〔2014〕100 号）和《河南省财政厅　河南省粮食局关于印发河南省"粮安工程"危仓老库维修改造专项资金使用管理办法的通知》（豫财贸〔2014〕85 号）规定，结合我省实际，决定对全省"粮安工程"危仓老库维修改造专项资金使用情况实施绩效评价。现将有关事项通知如下。

一、评价依据

　　维修改造专项资金绩效评价工作依据《河南省财政厅　河南省粮食局关于印发河南省"粮安工程"危仓老库维修改造专项资金使用管理办法的通知》（豫财贸〔2014〕85 号）、《粮食仓房维修改造技术规程》（LS 8004—2009）和《粮油储藏技术规范》（LS/T 1211—2008）等规定组织进行。

二、评价内容

　　"粮安工程"危仓老库维修改造专项资金使用情况绩效评价指标主要包括以下内容。
　　（一）专项资金拨付使用情况。是否按规定足额拨付到了维修改造项目库点，全部用于危仓老库维修改造，有无截留挪用问题。
　　（二）企业自筹资金到位情况。维修改造项目单位自筹资金是否全部到位，全部用于危仓老库维修改造，有无不到位情况。
　　（三）仓库维修改造质量情况。列入全省维修改造计划的项目是否在秋粮上市前（2015 年 9 月底）完成了维修改造工作，质量是否符合技术规范要求，维修改造库容是否与计划相符。

（四）政府采购和项目招标情况。功能提升有关设备是否按规定进行了政府采购，维修改造项目是否进行了招标，操作程序是否公开透明，有无违法违纪问题。

（五）企业改善经营管理情况。通过危仓老库维修改造，企业的库容库貌是否有明显变化，规章制度是否规范，管理水平是否提升，粮油收储能力增加了多少，经济效益提高情况。

三、实施步骤

（一）各市、县财政局、粮食局和省直粮食企业集团公司成立绩效评价工作小组，负责本辖区内或本单位绩效评价组织工作。

（二）项目单位根据绩效评价内容进行自我评价，形成项目绩效报告报送同级财政局、粮食局，省直粮食企业直接报送省财政厅、省粮食局。

（三）各市、县财政局和粮食局及省直粮食企业集团公司负责对项目单位报送的绩效评价情况进行核查，并开展现场评价工作，现场评价的项目原则上不得低于 30% 。在核查的基础上进行汇总分析，最后形成本市、县危仓老库维修改造资金绩效评价报告，并连同相关文件、制度等佐证材料于2015 年 10 月底之前报送省财政厅和省粮食局。

（四）省财政厅和省粮食局将随机地对市、县及省直企业绩效评价情况进行抽查复核，汇总编写全省绩效评价报告，上报财政部和国家粮食局。

（五）省财政厅和省粮食局将评价中发现的问题及时反馈各项目单位，督促整改。绩效评价结果将作为以后年度企业申请粮油仓储设施维修改造资金的参考依据。

以前规定与本通知不符的，按照本通知规定执行。

附件：1. 河南省"粮安工程"危仓老库维修改造资金绩效评价表
　　　2. 河南省"粮安工程"危仓老库维修改造资金绩效评价报告
　　　　（参考提纲）

附件 1

河南省"粮安工程"危仓老库维修改造资金绩效评价表

评价内容及分值			评分标准	评价得分
评价内容		分值		
专项资金拨付使用情况（30分）	是否按规定足额拨付到维修改造项目库点	10	足额拨付到了维修改造项目库点：10分；否则，0分。	
	是否全部用于危仓老库维修改造	10	全部用于危仓老库维修改造：10分；否则，0分。	
	有无截留挪用问题	10	无：10分；有0分	
企业自筹资金到位情况（15分）	自筹资金是否到位	5	全部到位：5分；其他按比例适当给分。	
	是否全部用于危仓老库维修改造	10	全部用于危仓老库维修改造：10分；否则，0分。	
仓库维修改造质量情况（20分）	是否在规定期限内完成了维修改造工作	5	是：5分；否0分。	
	质量是否符合技术规范要求	5	是：5分；否0分。	
	维修改造库容是否与计划方案相符	10	维修改造库容达到或超出原定计划10分；其他按与原定计划比例适当给分。	
政府采购和项目招标情况20分）	功能提升设备是否按规定进行了政府采购	5	是：5分；否：0分。	
	维修改造项目是否进行了招标	5	是：5分；否：0分。	
	有无违法违纪问题	10	无：10分；有：0分。	
企业改善经营管理情况（15分）	库容库貌是否有明显变化、粮油收储能力增加	5	是：5分；否：0分。	
	规章制度是否规范	5	是：5分；否：0分。	
	社会和经济效益指标	5	降低储粮成本、增加收益、解决农民卖粮难和方便收储的5分。	
总分值		100		

附件 2：

河南省"粮安工程"危仓老库
维修改造资金绩效评价报告（参考提纲）

一、项目基本情况

（一）××××市、县（单位）危仓老库维修改造建设基本情况

（二）项目概况包括项目总投入、制度建设、资金管理、项目实施情况；政府采购，质量标准和目标任务完成、项目验收情况等

（三）项目施工资料和会计信息资料管理情况

二、绩效分析

（一）绩效目标完成情况

（二）企业仓储条件改善情况

（三）社会和经济效益分析

三、存在问题和意见建议

针对项目实施过程中存在的问题，采取的对策和措施，提出相应的改进意见或建议。

河南省"粮安工程"危仓老库
维修改造项目验收办法

第一条　为做好河南省"粮安工程"危仓老库维修改造项目（以下简称维修改造项目）验收工作，加强项目管理，保证质量安全，根据国家《粮油仓库工程验收规程》（LS/T 8008—2010）有关规定，制定本办法。

第二条　凡使用"粮安工程"危仓老库维修改造专项资金建设、按照核定施工方案完成建设任务的维修改造项目，建成完工后，应及时组织竣工验收。

第三条　维修改造项目验收的依据是：国家和省现行有关规定、技术标准和施工验收规范等要求，项目资金申请报告及维修方案、批准文件、投资计划、支出预算、施工方案、工程承包和设备购买合同等。

第四条　维修改造项目初步验收由同级粮食主管部门组织实施，项目单位、监理、设计、施工等单位参加；初验发现的问题应在竣工验收前解决。

各省辖市维修改造项目竣工验收工作，由省辖市粮食、财政部门共同负责，可邀请有关部门参加；省直管县（市）、省财政直管县（市）的维修改造项目采取相互交叉方式竣工验收（具体分组情况另文通知）；省粮食局和省财政厅负责省直粮油企业维修改造项目竣工验收。

维修改造项目验收后，验收委员会要出具正式竣工验收报告。

第五条　维修改造项目应具备以下条件方可竣工验收。

（一）工程已按报备的建设方案全部竣工；

（二）设备安装完毕，空载联动试运行验收合格，测定记录和技术指标数据完整，符合验收条件；

（三）有完整的工程档案和施工管理资料，已按《建设工程文件归档整理规范》（GB/T 50328）规定整理完毕；

（四）建设资金已按省下达的投资计划和基建支出预算足额到位，企业自筹资金也全部到位，编制完成竣工财务决算。

第六条　维修改造项目单位应在项目竣工后一周内提出验收申请。

第七条 维修改造项目竣工验收内容及议程：

（一）审查工程建设的各个环节是否按批复或报备的施工方案内容进行建设；

（二）听取有关单位的工程总结报告，审阅工程档案资料，实地察验建筑工程和设备安装情况，建设单位、施工和设备安装调试单位接受验收人员的质询；

（三）审查竣工财务决算；

（四）综合评价维修改造项目，对合格工程签发工程竣工验收报告，形成会议纪要等；

（五）不合格的项目，不予验收；发现遗留问题，提出具体解决意见，形成会议纪要，限期整改。

第八条 维修改造项目竣工验收后，项目单位应及时整理工程档案资料一式三套，一套交地方档案部门或上级主管部门，两套单位自留存档。

第九条 维修改造项目验收工作结束后，各省辖市、省直管县（市）、省财政直管县（市）要及时汇总相关工程资料，包括竣工验收报告、现场验收表等，并于 2015 年 10 月 15 日前上报省粮食局、省财政厅备案。

第十条 本办法未尽事宜，各市县粮食、财政部门可结合当地实际，制定实施细则，并报省粮食局、省财政厅备案。

第十一条 本办法由省粮食局、省财政厅负责解释。

第十二条 本办法自印发之日起施行。

附件：1. "粮安工程"危仓老库维修改造项目竣工验收报告

2. "粮安工程"危仓老库维修改造项目单位应整理归档资料

3. "粮安工程"危仓老库维修改造项目施工承包单位向建设单位交付的资料

4. "粮安工程"危仓老库维修改造项目监理单位向建设单位提交的档案资料

5. "粮安工程"危仓老库维修改造项目工程竣工验收上报主管部门资料

6. "粮安工程"危仓老库维修改造项目竣工财务报表

附件 1

"粮安工程"危仓老库维修
改造项目竣工验收报告

一、封面例样

"粮安工程"危仓老库维修改造项目
竣工验收报告

＿＿＿＿＿＿"粮安工程"危仓老库维修改造项目竣工验收委员会
＿＿年＿＿月

二、扉页格式

验收主持单位：

项目法人：

监理单位（没有的可不填写）：

设计单位（没有的可不填写）：

施工单位：

主管单位：

竣工验收日期：　　年　　月　　日至　　年　　月　　日

竣工验收地点：

三、"粮安工程"危仓老库维修改造项目竣工验收鉴定书内容

"粮安工程"危仓老库维修改造项目竣工验收鉴定书

前言（简述竣工验收主持单位、参加单位、时间、地点等）

1. 工程概况

（1）工程名称及位置。

（2）工程主要建设内容。

包括项目批准机关及文号、建设规模、工程建设标准、建设工期、工程总投资、投资来源、工艺设备参数等，叙述到单位工程。

（3）工程建设有关单位。

包括项目法人、设计、施工、主要设备制造、监理、咨询、质量监督、粮油仓库主管等单位。

（4）工程施工过程。

包括工程开工日期及完工日期、主要项目的施工情况及开工和完工日期，施工中发现的主要问题及处理情况等。

（5）工程完成情况和主要工程量。

包括竣工验收时工程形象面貌，实际完成工程量与建设方案工程量对比等。

2. 投资执行情况及分析

包括投资计划执行、概算及调整、竣工决算、竣工审计等情况。

3. 工程质量鉴定

包括主要单项工程质量情况，鉴定工程质量等级。

4. 存在的主要问题及处理意见

包括竣工验收遗留问题处理责任单位、完成时间、主要工艺指标完成情况、工程存在问题的处理建议、对项目经营管理的建议等。

5. 验收结论

包括对工程规模、工期、质量、投资控制、能否按正常投入使用，以及工程档案资料整理等做出明确的结论（对工期使用控制使用合理、基本合理、不合理，对工程建设规模使用全部完成、基本完成、部分完成等明确术语）。

6. 验收委员会成员签字表

7. 被验收单位代表签字表

8. 附件

（1）分发验收委员会委员的资料目录。

（2）保留意见（应由本人签字）

四、"粮安工程"危仓老库维修改造项目验收委员会会员签字表

"粮安工程"危仓老库维修改造项目验收委员会会员签字表

	姓名	单位（全称）	职务	职称	签字	备注
主任委员						
副主任委员						
副主任委员						
委员						
委员						
委员						
委员						

五、"粮安工程"危仓老库维修改造项目被验收单位代表签字表

"粮安工程"危仓老库维修改造项目被验收单位代表签字表

姓名	单位（全称）	职务	职称	签字	备注
	建设单位				
	监理单位				
	设计单位				
	施工单位				
	施工单位				
	施工单位				
	安装调试单位				
	项目主管单位				

注：没有监理、设计单位的项目可不填写。

附件 2

"粮安工程"危仓老库维修改造
项目单位应整理归档资料

建设单位应整理归档的资料主要包括以下内容：

1. 有关项目申报和批复文件；

2. 报备的施工方案

3. 工程招标投标文件及中标通知书（适用于招标项目）；

4. 工程报建及批复手续（适用于原址改造项目）；

5. 工程竣工报告；

6. 工程预验收资料及会议纪要；

7. 各子项工程的施工结算资料；

8. 工程竣工决算报告和审计报告；（没有审计的项目可不整理）

9. 施工、监理、设计、订货等合同；（没有监理、设计单位的项目可不整理监理、设计资料）

10. 工程业务联系单；

11. 竣工验收资料；

12. 其他必要资料。

附件 3

"粮安工程"危仓老库维修改造项目施工承包
单位向建设单位交付的资料

施工承包单位向建设单位交付的资料应按单项工程立卷成册。主要包括以下内容：

1. 施工组织设计及施工方案；

2. 设计交底、图纸会审记录（适用于原址改造项目）；

3. 单位工程开工报告、竣工报告、建（构）筑物、设备等交接清单；

4. 设备、材料的出厂合格证、质量证明书、入场后的检测报告和复试报告；

5. 水准点位置、定位测量记录、沉降及位移观测记录（适用于原址改造项目）；

6. 各种施工检测记录，隐蔽工程验收记录；

7. 设备、电气、仪表、管道等安装、调试、试压记录；

8. 检验批、分项、分部、单位工程质量检验评定表；

9. 设计变更通知，技术联系单；

10. 工程竣工图（必须逐张加盖竣工图章，适用于原址改造项目）；

11. 工程质量监督部门出具的建筑工程竣工验收备案证（适用于原址改造项目）；

12. 当地县级以上气象局出具的建筑物防雷验收审定报告（适用于原址改造项目）；

13. 工程质量保修书；

14. 其他必要资料。

附件 4

"粮安工程"危仓老库维修改造项目监理单位
向建设单位提交的档案资料
(仅适用于有监理单位的项目)

监理单位向建设单位提交的档案资料应能够完整反映工程建设过程和监理的全部工作。主要内容有:

1. 项目监理规划及实施细则;

2. 监理月报;

3. 监理例会和专题会议纪要

4. 分项、分部工程质量验收会议纪要和工程质量评估报告;

5. 质量事故的处理资料;

6. 造价控制资料;

7. 质量控制资料;

8. 进度控制资料;

9. 施工安全控制资料;

10. 合同管理资料;

11. 监理通知;

12. 监理人员情况及监理工作总结;

13. 工程质量评估报告;

14. 其他必要资料。

附件5

"粮安工程"危仓老库维修改造项目工程
竣工验收上报主管部门资料

建设单位上报主管部门工程竣工验收资料主要包括以下内容：

1. 项目计划批复及调整文件；

2. 项目基本情况介绍；

3. 工程验收报告；

4. 工程验收会议纪要；

5. 工程竣工验收申请报告；

6. 工程财务决算和审核、审计报告（没有审计的项目可不提供审计报告）；

7. 建设单位的建设总结报告；

8. 监理单位的工程质量评估报告（没有监理单位的项目可不提供）；

9. 设计单位的质量检查报告（没有设计单位的项目可不提供)；

10. 施工单位的施工自评报告和工程竣工报告；

11. 工程档案资料自检报告；

12. 其他必要资料。

附件6

"粮安工程"危仓老库维修改造项目竣工财务报表

一、封面例样

建设项目名称：_____

"粮安工程"危仓老库维修改造项目
竣工财务报表

填报单位（盖章）：_____

报送日期：_____年_____月_____日

项目负责人：_____ 财务负责人：_____ 编制人：_____

二、"粮安工程"危仓老库维修改造项目概况表

"粮安工程"危仓老库维修改造项目概况表

项目名称：

项目名称			建设地址					项目	概算	实际	主要指标
主要设计单位			主要施工企业					建筑安装工程			
								设备、工具、器具			
								待摊投资			
								其中：建设单位管理费			
占地面积	计划	实际	总投资（万元）	设计		实际		基建支出	其他投资		
				固定资产	流动资金	固定资产	流动资金		待核销基建支出		
									非经营项目转出投资		
新增生产能力	能力（效益）名称		设计	实际					合计		
建设起止时间	设计	从　年　月　日开工至　年　月　日竣工									
	实际	从　年　月　日开工至　年　月　日竣工									
设计概算批准文号							主要材料消耗	名称	单位	概算	实际
完成主要工程量	建筑面积（m²）		设备（台、套、t）					钢材	t		
	设计	实际	设计	实际				木材	m³		
								水泥	t		
遗留项目	工程内容	投资额	完成时间				主要经济技术指标				

三、"粮安工程"危仓老库维修改造项目交付使用资产总表

"粮安工程"危仓老库维修改造项目交付使用资产总表

建设项目名称：

序号	单项工程项目名称	总计	固定资产				流动资产	无形资产	递延资产
			建安工程	设备	其他	合计			
1									
2									
3									
...									

交付单位　　　　　　　　　　　　　　接收单位

盖　章　　年　月　日　　　　　　盖　章　　年　月　日

四、"粮安工程"危仓老库维修改造项目交付使用资产明细表

"粮安工程"危仓老库维修改造项目交付使用资产明细表

建设项目名称：

序号	单项工程项目名称	建筑工程			设备、工具、器具、家具							流动资产		无形资产		递延资产	
		结构	面积（m²）	价值（元）	名称	编号	规格型号	单位	数量	价值（元）	其中设备安装费（元）	名称	价值（元）	名称	价值（元）	名称	价值（元）
1																	
2																	
3																	
...																	

标准规程

粮食仓库建设标准（修订本）

第一章　总　　则

第一条　为确保粮食储藏安全，推进粮食仓库（以下简称粮库）建设技术进步，加强项目决策和建设的管理，充分发挥投资效益，制定本建设标准。

第二条　本建设标准是编制、评估、审批粮库项目可行性研究报告的重要依据，是审查粮库项目初步设计和监督检查项目建设的尺度。

第三条　本建设标准适用于总仓容量为2.5万t及以上新建粮库项目。新建2.5万t以下粮库和改、扩建粮库项目可参照执行。

第四条　粮库项目建设应遵循下列原则：

一、必须贯彻执行国家基本建设有关法律、法规和国家粮库建设政策，采用先进技术，节约用地，少占耕地；防止污染，注重环保；安全适用、经济合理、有利发展；

二、应根据粮食生产、储存、流通和消费的需要，按经济区域统筹规划，合理布局设点；粮库项目应优先在粮食主产区、主销区和交通干线粮食集散地选点建设；

三、应根据当地建设规划，对粮库进行总体规划；以近期建设规模为主，适当考虑远期发展的需要；粮库建设可根据实际需要和财力、物力等条件，一次或分期实施；

四、应按照节约、节能、高效的原则，选用符合使用功能要求和适应当地自然条件的粮仓仓型；采用成熟的新技术、新工艺、新设备和新材料；积极推广散装、散运、散卸、散存（简称"四散"）技术；完善仓储工艺，满足安全储粮需要，提高粮食仓储设施现代化水平；

五、应充分利用当地可提供的社会协作条件，提高粮库专业化协作和社会化服务的水平；改、扩建项目应充分利用原有设施。

第五条　粮库项目建设，除应执行本建设标准外，尚应符合国家有关标准、规范的规定。

第二章 建设规模与项目构成

第六条 粮库项目的建设规模,按粮库的总仓容量划分以下三类:

一类:150 000 t 以上;

二类:50 001 ~ 150, 000 t;

三类:25 000 ~ 50 000 t。

第七条 粮库按主要使用功能可分为收纳库、中转库、储备库和综合库。各类粮库的总仓容量宜按下列规定计算:

一、收纳库:按年收购量的60%确定;

二、中转库:按不大于年中转量的10%确定;

三、储备库:按国家或地方的计划储备量确定;

四、综合库:按不同功能的仓容量综合确定。

收纳库宜按三类粮库建设;国家储备库宜按一类或二类粮库建设。

第八条 粮库建设项目由生产设施、辅助生产设施、办公生活设施、室外工程及独立工程构成。

一、生产设施:仓房、粮食输送及储粮工艺装备、粮情测控系统、自动控制系统以及烘干设施等;

二、辅助生产设施:检化验室、中心控制室、变配电室、地磅房、机修间、器材库、药品库、消防泵房、门卫、机械罩棚(库)、铁路罩棚、通信设施等;

三、办公生活设施:办公业务用房(含计算机房)、食堂、锅炉房、浴室、值班宿舍等;

四、室外工程:库内道路、站台、堆场、围墙、挡土墙、土石方、室外水电管线及消防设施、绿化等;

五、独立工程:铁路专用线、码头、港池、库外道路、库外水电管线等。

第九条 粮库建设应根据使用功能、建设规模和当地条件,合理确定项目的建设内容。

粮库的设施,应充分利用当地可提供的专业化协作和社会化服务条件;改、扩建工程应充分利用库内原有设施以及社会公用设施;收纳库的非生产性设施应从简设置。

仓、厂结合的粮库,各类设施均应统一规划,统筹建设。

第三章 选址与建设条件

第十条 粮库的选址与建设应具备下列基本条件：

一、粮源充足，流向合理，效益显著；

二、具有便利的交通运输条件；

三、具备可靠的、适用的、经济的电源、水源、通信等外部协作条件；

四、具有良好的工程地质和水文地质条件。库址不应选在抗震设防烈度为 9 度的地震区；应避开有泥石流、滑坡、流沙等直接危害的地段，以及Ⅳ级自重湿陷性黄土和Ⅲ级膨胀土等工程地质不良地区；

五、具有良好的地形、地貌，远离地上、地下的障碍物；

六、避免洪水、潮水和内涝威胁，场地的防洪标准不应低于 50 年一遇；

七、远离污染源及易燃易爆场所，且应位于污染源全年最小频率风向的下风侧；

八、符合城市规划的要求。

第十一条 不同功能粮库的选址与建设应符合下列条件：

一、收纳库：建在稳定的商品粮生产地区。接收来粮的服务半径不宜小于 15 km。

二、中转库：建在交通干线粮食集散地，年中转量不宜少于 50 万 t。

三、储备库：建在城市附近的粮食主销区和交通方便的粮食主产区；库点布局要合理，粮库规模要适当。国家储备库的选址设点应根据国家粮食储备布局确定；地方储备库的选址应符合地方粮食储备布局的要求。

四、综合库：以主要使用功能为主，兼顾其他功能要求。

第十二条 交通运输方式的选择，应根据粮库的功能、运量、运距和当地可能提供的运输条件等因素，经技术经济论证后确定，并应遵守下列规定：

一、铁路运输：

1. 一、二类粮库宜建铁路专用线；收纳库不宜建铁路专用线；

2. 铁路专用线从接轨点至入库点的引入长度：一类粮库不宜大于 1.5 km；二类粮库不宜大于 1 km。

二、水路运输：有水运条件的地区应优先采用水运，建设码头等配套设施。

三、公路运输：各类粮库必须具备公路运输条件，库外道路应短捷，并与国家公路或城镇道路连接。

第四章　工艺装备与配套工程

第十三条　粮库工艺作业应根据粮库功能、仓型、进出粮方式、粮食种类、储粮周期等条件确定，考虑装卸、输送、清理、除尘、计量、储存、打包、烘干、检化验、机械通风、粮情测控、熏蒸等作业需要，工艺流程应力求合理、简捷、灵活。

仓、厂结合的粮库，工艺作业应统一考虑，设备生产能力应协调匹配。

第十四条　粮库来粮接收和发放机械设备的选择与配套设施的建设，应根据粮库功能、进出粮运输方式，按下列原则确定。

一、散装粮作业：

1. 铁路、公路来粮接收可设卸粮坑、地下通廊或栈桥，配备相应的接收与输送设备；发放作业可采用输送设备及发放仓或移动式装车设备。

2. 水路来粮接收可设码头卸船设备、输送设备和栈桥；发放作业可采用栈桥、输送设备和装船设备。

二、包装粮作业：

1. 铁路、公路来粮接收和发放，可采用移动式输送设备或配备其他运输工具。

2. 水路来粮接收和发放均可设码头吊装设备、输送设备和栈桥，或配备运输工具。

第十五条　粮库机械设备的生产能力，按下列原则确定：

一、铁路来粮接收和发放设备的生产能力，应根据粮食日装卸作业量和火车车皮数量及允许车皮在库内的停留时间确定。

二、水路来粮接收和发放设备的生产能力，应根据粮食日装卸作业量和船舶吨位及允许船舶在码头的停靠时间确定。

第十六条　粮库库区的机械设备配置应根据安全可靠、技术先进、高效低耗、绿色环保的原则，按不同仓型选定。

平房仓：宜采用移动式机械设备。

楼房仓：宜采用固定式与移动式相配合的机械设备。

筒仓：应配置固定式机械设备。

浅圆仓：宜采用固定式与移动式相配合的机械设备。

24 m 以上高度的工作塔可设电梯。

第十七条　粮库应设检化验设备和通风装置。熏蒸装置、粮情测控系统及计算机信息管理系统，根据粮库功能和仓型按下列原则设置：

一、用于储备的粮仓应设熏蒸装置、粮情测控及其他保粮设施。

二、用于中转的筒仓及浅圆仓应设除尘系统、粮情测控和自动控制系统。

三、国家储备库和中转库还应设置计算机信息管理系统等现代化设施。

第十八条　经常接收高水分粮地区的收纳库应设烘干设施。

第十九条　粮库铁路专用线等级应采用工业企业铁路三级标准。库内线路布置和装卸线的有效长度，应根据库区地形、最大日装卸作业量及当地铁路编组站的编组能力等条件综合确定。

第二十条　粮食专用码头的形式、泊位数、装卸作业区面积等，应根据粮食最大日装卸作业量、航道、港池及船型等条件综合确定。

第二十一条　粮库道路工程应符合下列要求。

一、库外道路：按厂矿道路三级标准执行。路面宜采用水泥混凝土或沥青混凝土；当库外道路较短时，可采用与库内主干道相同的标准。

二、库内道路：路面应采用水泥混凝土。主干道路面宽为 9×7 m；次干道路面宽为 7×4.5 m；交通运输繁忙的库内主干道可设人行道，人行道宽可为 1.5 m。

第二十二条　粮库电力负荷等级应按三级；港口、交通枢纽等中转量大的粮库可按二级。

第二十三条　粮库的给水应利用城市供水，城市供水系统尚未敷设到的库区，可自备水源。库区应采用有组织排水系统，废水经处理后宜排入城市污水排放系统。

第二十四条　粮库应设消防给水系统，消防给水的水源应可靠。消防设施的配置及防火间距等，应结合粮库特点按国家和粮食行业现行标准、规范确定。粮库不设专职消防队。

第二十五条　粮库的粉尘治理应遵循以防为主、综合治理的原则。对释放粉尘的作业过程及设备，应采取有效的除尘措施。经通风除尘后排放的粉尘浓度不得超过国家规定的标准。

粮库释放粉尘作业区内的电气装置，应按国家有关粉尘防爆的规定执行。

第五章　建筑与建设用地

第二十六条　粮库各类建筑应满足科学储粮、方便生产与生活的要求，做到安全适用、经济合理。建设标准应根据建筑物用途和建设地区条件等因素合理确定。

仓房应采取防水、防潮、防火、防虫、防鼠、防雀等措施。

储备仓尚应采取气密、通风、隔热等措施，满足长期储粮要求。

第二十七条　各类仓房的仓容量可按下列规定计算。

一、散装平房仓：

仓容量 = 仓房建筑面积 × 平面利用率 × 装粮高度 × 粮食密度

注：①平面利用率：粮堆实际占地面积与仓房建筑面积之比，取 93%；

　　②国家储备库装粮高度宜取 6 m。

二、包装平房仓：

仓容量 = 仓房建筑面积 × 平面利用率 × 堆包层数 × 单层粮包面密度

注：①平面利用率取值为：70%；

　　②单层粮包面密度按本条条文说明中"粮食密度及单层粮包面密度表"取值。

三、浅圆仓：

仓容量 = 装粮体积 × 粮食密度

注：①用于储备的浅圆仓，装粮体积按平堆计算，装粮高度为仓内地面至仓壁顶面的高度；

　　②用于中转的浅圆仓，可计入粮食以自然休止角形成的锥体粮堆体积。

四、筒仓：

仓容量 = 装粮体积 × 粮食密度

注：①当为锥底筒仓时，装粮体积可按圆柱体计算，装粮高度为仓壁与锥斗交线至仓顶板底的高度；

　　②当为平底筒仓时，装粮体积计算应考虑粮食以自然休止角形成的锥体粮堆体积；

　　③当为连体筒仓群时，星仓仓容可按每四个星仓相当于一个筒仓的仓容计算。

第二十八条　平房仓、楼房仓吨粮建筑面积宜按下列规定确定：

一、平房仓吨粮建筑面积指标不宜超过表 1 的规定。

表1 平房仓吨粮建筑面积指标 （单位：m²/t）

堆粮方工		粮食种类	
		小麦	稻谷
散装	堆高5.0 m	0.29	0.39
	堆高5.5 m	0.26	0.36
	堆高6.0 m	0.24	0.33
包装	堆高20包	0.41	0.55
	堆高22包	0.37	0.50
	堆高24包	0.34	0.46

二、楼房仓吨粮建筑面积指标不宜超过表2的规定。

表2 楼房仓吨粮建筑面积指标 （单位：m²/t）

总楼层数	粮食种类			
	小麦	稻谷	面粉	大米
2层	¨D	¨D	0.61	0.50
3层	0.57	0.76	0.63	0.54
4层、5层	0.58	0.78	0.64	0.55

第二十九条 粮库的辅助生产设施应尽可能利用邻近粮库或企业可提供的专业化协作条件。当新建库区无外协条件可供利用时，新建设施的建筑面积不应超过表3的规定。

表3 辅助生产设施建筑面积指标 （单位：m²）

粮库规模	一类	二类	三类
建筑面积	1 200×1 800	1 000×1 200	800×1 000
机械罩棚（库）	1 000×1 500	600×1 000	
铁路罩棚	10 000×15 000	4 000×10 000	—

注：①表中建筑面积所含子项为检化验室、中心控制室、变配电室、地磅房、机修间、器材库、药品库、消防泵房、门卫等。
②总仓容为15万t时，建筑面积不应大于1 200 m²；总仓容大于15万t时，建筑面积可根据需要在1 200 m²的基础上适当增加，但总建筑面积不应大于1 800 m²。
③总仓容为15万t时，铁路罩棚面积不应大于10 000 m²；总仓容大于15万t时，铁路罩棚面积可根据需要在10 000 m²的基础上适当增加，但总面积不应超过15 000 m²。

第三十条 粮库的办公生活设施应尽可能利用邻近粮库及当地可提供的社会化服务条件。当新建库区无外协条件可供利用时，新建设施的建筑面积不应超过表4的规定。

表4　办公生活设施建筑面积指标　　　　　　（单位：m²）

粮库规模	一类	二类	三类
建筑面积	1 200～1 800	1 000～1 200	650～1 000

注：①建筑面积所含子项为办公业务用房（含计算机房）、食堂、锅炉房、浴室、值班宿舍、水泵房、库区厕所等。

　　②总仓容为15万t时，建筑面积不应大于1 200 m²；总仓容大于15万t时，建筑面积可根据需要在1 200 m²的基础上适当增加，但总建筑面积不应超过1 800 m²。

第三十一条　粮库主要建筑结构型式，可按下列规定选择：

一、平房仓宜采用钢筋混凝土排架结构或其他结构形式。

二、楼房仓宜采用钢筋混凝土框架结构。楼盖为梁板结构或无梁楼盖。

三、筒仓应按功能需要采用钢筋混凝土结构、钢结构或其他结构形式。

四、工作塔宜采用钢筋混凝土框架结构或其他结构形式。

五、浅圆仓宜采用钢筋混凝土结构或钢结构。

六、机械罩棚、铁路罩棚宜采用轻钢结构。

第三十二条　粮库建设必须坚持科学、合理、节约用地的原则。在满足使用功能的前提下，使用性质相近的建筑应合并建设。扩建工程应充分利用原有用地。

粮库的建筑系数不宜低于30%。

第三十三条　粮库总平面布置应做到功能分区明确、工艺流程简捷、布局紧凑合理。库区可划分为仓储区、辅助生产区、办公生活区等。仓储区与辅助生产区、办公生活区之间宜用绿化带分隔；仓储区绿化面积，可在满足安全储粮和进出仓作业的条件下，根据场地实际情况适当布置；办公生活区绿化面积应符合当地城市有关基地绿化面积指标的规定。

第三十四条　粮库建设用地应按下列指标控制：

一、粮库仓型均采用平房仓时，粮库吨粮建设用地综合指标宜控制在1.07～1.47 m²/t。

注：①用地综合指标为粮库围墙内用地；

　　②建设铁路专用线、港池或潮粮堆场的库，用地指标可取高值；

　　③仓房跨度大，组合长度长，用地指标可取低值。

二、散装平房仓仓储区吨粮建设用地指标宜控制在0.40～0.70 m²/t；

注：①本指标按储存小麦计，储存稻谷时，用地指标应除以0.75；

　　②仓房跨度大、组合长度长时，可取低值。

三、筒库区吨粮建设用地指标宜控制在0.15～0.30 m²/t。

注：①本指标按储存小麦计，储存稻谷时，用地指标应除以 0.75；

　　②本指标适用于装粮高度不小于 21 m，仓容量 1 万～10 万 t 的筒库；

　　③装粮高度高、组群总储量大时，可取低值。

四、浅圆仓仓储区吨粮建设用地指标宜控制在 0.20～0.40 m²/t。

注：①本指标按储存小麦计，储存稻谷时，用地指标应除以 0.75；

　　②本指标适用于直径 25～30 m 单仓仓容 0.5 万～1 万 t 的浅圆仓群；

　　③装粮高度高、单仓仓容大、组群总储量大时，可取低值。

第六章　主要技术经济指标

第三十五条　粮库工程投资估算指标宜按下列标准控制：

一、生产设施、辅助生产设施和办公生活设施投资估算指标可参照表 5 所列指标选用。

表5　生产、辅助生产和办公生活设施投资估算指标

序号	估算指标		单位工程估算指标		含12%其他费用估算指标
			单位	指标	
1	生产设施	平房仓	元/t	270～430	300～480
2		楼房仓	元/t	680～950	760～1 100
3		筒库	元/t	770～1 150	870～1 288
4		浅圆仓	元/t	290～450	325～504
5		砖圆仓	元/t	310～450	350～504
6	辅助生产设施		元/t	40～80	45～90
7			元/m²	800～1 350	1 000～1 500
8	办公生活设施		元/t	10～25	11～28
9			元/m²	600～950	672～1 064

注：①表中指标为 2000 年上半年的平均价格，使用时应按当年以及建设期末与 2000 年上半年的平均价格差进行调整；

　　②表中单位工程估算指标含建筑工程、工艺装备与电气设备费用；序号 4、5 指标中含工作塔费用；

　　③其他费用主要包括建设单位管理费、勘察设计费、工程监理费、电贴费及国家或地方应征收的与工程建设有关的费用。不含建设期贷款利息和预备费；

　　④仓房按储存散装小麦考虑；

　　⑤序号 1、2、3、4、5、7、9 的取值为：预算定额取费高的地区可取高值；序号 6、8 的取值为：扩建粮库或预算定额取费低的地区取低值。

二、室外工程所需费用可控制在建设项目工程投资的 7% ~ 18%。

注：①建设项目工程投资不含独立费；

②粮库仓房均为平房仓时取高值，配建筒仓、浅圆仓时可取低值。

三、征地、铁路专用线、码头、港池、库外道路、库外水电管线等独立工程费用，应根据建库地点的实际情况确定。

第三十六条 各类仓房单位建筑工程造价指标可参照表 6 指标选用。

表 6 仓房单位建筑工程造价指标

仓型		吨粮造价（元/t）	每平方米造价（元/m²）
平房仓		250 ~ 350	850 ~ 1 400
楼房仓		580 ~ 810	1 000 ~ 180
筒仓	钢筋混凝土	450 ~ 650	—
	钢板	350 ~ 500	—
浅圆仓		180 ~ 340	—
砖圆仓		260 ~ 370	—
工作塔		"D	1 300 ~ 1 800

注：①建筑工程造价包括水和照明电；

②表中指标为 2000 年上半年的平均价格，使用时应按当年以及建设期末与 2000 年上半年的平均价格差进行调整；

③地质条件复杂，地基处理费用特别高时，处理费用可单列；

④仓房按储存散装小麦考虑，若储存稻谷，吨粮造价指标应除以 0.75。

第三十七条 粮库的生产设施、辅助生产设施、办公生活设施和室外工程各占建设项目工程投资的比例，可按表 7 数值控制。

表 7 各类设施投资比例 （单位:%）

设施名称	均为平房仓的粮库	有筒仓、浅圆仓、砖圆仓、楼房仓的粮库
生产设施	68 ~ 80	70 ~ 85
辅助生产设施	9 ~ 12	6 ~ 10
办公生活设施	2 ~ 5	2 ~ 5
室外工程	9 ~ 18	7 ~ 15

注：建设项目工程投资系按第八条所列项目内容（不含独立工程）建设所需的工程投资。

第三十八条 粮库的生产设施投资中各专业的投资比例可按表 8 控制。

表 8　生产设施各专业的投资比例　　　　　（单位:%）

仓型	专业		
	建筑工程	工艺装（设）备	电气
平房仓	75 ~ 95	7 ~ 12	3 ~ 8
楼房仓	80 ~ 90	10 ~ 20	
简库	60 ~ 70	20 ~ 30	5 ~ 15
浅圆仓	65 ~ 80	15 ~ 25	5 ~ 10
砖圆仓	70 ~ 85	10 ~ 20	5 ~ 10

注：①生产设施投资包括同时建设的常规进出粮设备、通风、熏蒸、粮情检测、计算机信息管理系统等费用，不包括海港码头大型装卸设备；

②建筑工程费用包括水和照明电；

③工艺、电气装备要求高的，建筑所占比例取低值，反之取高值。

第三十九条　粮库的建设工期，不宜超过表 9 的规定。

表 9　建设工期（月）

施工地区	粮库规模		
	一类	二类	三类
Ⅰ类地区	18	15 ~ 18	13 ~ 15
Ⅱ类地区	20	16 ~ 20	14 ~ 16
Ⅲ类地区	24	18 ~ 24	16 ~ 18

注：①建设含 1.5 万 t 以上简库或 3.0 万 t 以上浅圆仓的粮库，工期可适当增加，但增加值不宜超过总工期的 30%；

②地质条件复杂，地基处理工作量大时，工期可适当增加；

③铁路专用线、码头工程的施工应与粮库建设同步进行，特殊情况下工期另计；

④表中建设工期不包括试装粮压仓时间。

第四十条　粮库的职工人数，可由粮库企业自行确定。国家储备粮库和其他直属粮库，可由国家有关部门提出劳动定员指导标准。各类粮库的全员劳动生产率及劳动定员可参照表 10、表 11 确定。

表 10　储备库全员劳动生产率及劳动定员

粮库规模	人均储存定额（t/人）	劳动定员（人）
一类	2 100 及以上	70 及以上
二类	1 000 ~ 2 100	50 ~ 70
三类	850 ~ 1 000	30 ~ 50

表 11　中转库全员劳动生产率及劳动定员

年中转量（万 t）	人均中转定额（t/人）	劳动定员（人）
150 及以上	15 000 及以上	100 及以上
50 ~ 150	8 500 ~ 15 000	60 ~ 100
25 ~ 50	6 000 ~ 8 500	40 ~ 60

注：①表 10、表 11 中劳动定员指全体人员（不包括装卸、搬运工）；

②行政管理及服务人员不宜超过全员的 15%；

③表 10 中，总仓容量大于 15 万 t 的储备库，可按人均保管定额指标 5 000 t 计算所增加的劳动定员数；

④表 11 中，年中转量大于 150 万 t 的中转库，可按人均中转定额指标 25 000 t 计算所增加的劳动定员数；

⑤粮库规模大的，劳动生产率应取上限，劳动定员相应取下限；粮库规模小的，劳动生产率可取下限，劳动定员可取上限；

⑥收纳库劳动定员可参照储备库定员取值。

第四十一条　各类仓房吨粮与单位建筑面积基建三材指标可参照表 12、表 13 所列指标选用。

表 12　吨粮基建三材指标

仓型		材料		
		钢材（kg/t）	水泥（kg/t）	木材（m³/t）
平房仓		20 ~ 9	110 ~ 50	0.010 ~ 0.004
楼房仓		65 ~ 40	210 ~ 140	0.030 ~ 0.014
筒库	钢筋混凝土	50 ~ 35	220 ~ 180	0.042 ~ 0.014
	钢板	65 ~ 40	160 ~ 23	0.020 ~ 0.005
钢筋混凝土浅圆仓		28 ~ 12	90 ~ 35	0.008 ~ 0.001
砖圆仓		26 ~ 16	120 ~ 60	0.015 ~ 0.008

表 13　单位建筑面积基建三材指标

仓型	材料		
	钢材（kg/t）	水泥（kg/t）	木材（m³/t）
平房仓	84 ~ 18	450 ~ 150	0.030 ~ 0.009
楼房仓	160 ~ 90	380 ~ 250	0.057 ~ 0.022
工作塔	150 ~ 80	350 ~ 200	0.040 ~ 0.020

附录：名词解释

附录

名 词 解 释

1. 粮库："粮食仓库"的简称,是储存大宗粮食的建筑物、构筑物(或场所)及为粮食进出、储存功能服务的所有配套设施的总称;主要包括仓房、辅助生产设施、办公生活设施、运输与输送、装卸、堆场、水电等配套设备。

本标准中"粮库"有两层含义,本意是指具有上述内容的工程项目,引申含义是指从事粮食储存、中转等业务的企业或事业单位。

2. 仓房:具有一定体量的内部空间、供储存粮食使用的单栋建(构)筑物。

一个粮库内可以有一栋或多栋仓房;"仓房"可简称为"仓",例如:"粮食仓房"可简称为"粮仓"。按仓房的形式可分为平房仓、楼房仓、浅圆仓、(立)筒仓等;按存粮方式可分为包装仓和散装仓;按仓内储粮温度可分为常温仓、准低温仓和低温仓。

3. 平房仓:外形与平房相似的单层粮仓。

4. 楼房仓:建筑与楼房相似的多层粮仓。

5. 浅圆仓:仓壁高度与仓内径之比小于1.5的圆筒式粮仓。

浅圆仓一般独立布置。

6. 筒仓:也称"立筒仓",储存粮食散料的直立容器。其平面为圆形、方形、矩形、多边形或其他的几何形状。

筒仓一般群体布置,也可单独布置。

7. 星仓:三个及多于三个联为整体的筒仓间形成的封闭空间。

8. 散装仓:按存放散粮设计的粮仓。

散粮直接作用于仓房墙体,仓房必须能承受散粮作用产生的各种效应,同时满足储存散粮的要求。

9. 包装仓:按存放袋装粮食设计的粮仓。

包装仓结构不能承受散粮作用产生的各种效应;除非另行采取措施,否则不能直接存放散粮。

10. 筒库:也称"立筒库"。是筒仓群、工作塔等建(构)筑物以及相应的工艺电气等设备、设施构成的完整体系；应能够完成粮食接收、发放、储存、清理、称重和自动控制等各种功能要求的作业。

11. 储粮周期：将粮食调入粮库至按计划正常调出的存放粮食时间。

确定储粮周期时不应考虑偶然因素引起的倒仓与非正常调出。

12. 仓容量：按装粮体积与粮食密度计算得到的仓内粮食重量。

粮食密度有时又称粮食容重，单位 kg/m^3 或 t/m^3。仓容量计算时不得采用结构计算时使用的粮食重力密度，粮食重力密度有时也称粮食比重，单位为 kN/m^3。

13. 收纳库：位于产粮区，其功能是以直接接收产区农民粮食入库并适时转运为主要任务的粮库。

收纳库接收的粮食通常不经其他粮库周转；仓型一般为平房仓、简易仓和露天堆垛。

14. 中转库：其功能是以转运从其他粮库（或进口）运来的粮食为主要任务的粮库。

库址应位于铁路、水路、公路干线等交通枢纽，仓型一般为筒仓、浅圆仓，应具有与中转量相应的接收、发放能力。

15. 储备库：用于储存粮食，以备自然灾害等突发事件、政府宏观调控等紧急需要为主要任务的粮库。

储备库的储粮周期一般不低于 1 年，目前储备库的储粮周期按小麦存 3 年，玉米、稻谷存 2 年设计。仓型主要为平房仓、浅圆仓，也可采用楼房仓、筒仓。

16. 综合库：兼有两种或两种以上使用功能的粮库；如收纳中转库、中转储备库等。

17. 中转量：粮库在一定时期（年、季、月）内，各种粮食调入量与调出量的总和；我国常用单位：（吨或斤）／（年、季、月）。

18. 装粮高度：设计装粮高度的简称；设计仓房时综合考虑结构可靠、作业方便、储粮安全等因素确定的允许存放粮食的最大高度。

当为平房仓时，存放粮食的高度从仓内地面算起；当为其他仓型时，应按有关的规定执行。实际存粮时，不得超过装粮高度，否则可能会造成结构破坏、设施损坏等后果。

19. 粮情测控系统：用电子装置对仓内温度和湿度、粮食温度和湿度、仓外温度和湿度进行测量、记录、存储、打印，并对保粮设施进行自动控制的设施。

20. 自动控制系统：是以计算机（包括可编程序控制器）为核心的，将被控对象（工艺设备）、控制电器、执行机构、检测传感器件，按照一定工艺流程要求构成的一个综合系统。该系统在预先编制的应用程序控制下，自动完成进粮、入仓、发放、装车（船）、计量、通风除尘、流程变换、设备运行状况安全检测等散粮作业的各项操作。

21. 计算机信息管理系统：用计算机对办公、财务、仓储、粮情、营运等方面进行信息采集并实施管理的设施。

22. 粮食工艺：粮食输送工艺与储粮工艺的总称。

粮食工艺应根据粮库的功能、规模、仓型以及粮库所在地区等条件确定。

23. 输送工艺：接收粮食、入仓储存、出仓发放全过程中的各种作业方式与设施；例如：取样、检化验、清理、计量、输送、发放等。

24. 储粮工艺：为保证所储存粮食的品质与数量而采取的各种作业方式与设施；例如：干燥降水、通风降温、熏蒸灭虫、低温保质等。

植物油库建设标准

（建标 118—2009）

第一节　总　　则

第一条　为规范植物油库建设，提高植物油库项目决策与管理的水平，充分发挥投资，推动行业技术进步，制定本建设标准。

第二条　本建设标准适用于储存闪点大于 120 ℃的植物油及其制品，库容量为 5 000m³ 及以上的新建植物油库项目。植物油库的改、扩建工程可根据实际情况参照执行。

第三条　本建设标准是植物油库项目决策和建设的全国统一标准，是审批、核准植物油库项目的重要依据，是审查初步设计和对项目建设全过程监督检查的尺度。

第四条　植物油库的建设应遵循下列基本原则：

一、应遵守国家有关经济建设的法律、法规，贯彻执行国家有关技术经济政策，体现落实科学发展观的思想，节约土地资源，节约投资，节能降耗，保护环境。

二、应根据当地建设规划的要求，科学规划。以项目环境、自然条件为基础，合理去定项目的建设规模及内容，并适当考虑发展的需要，可以一次规划，分期实施。

三、应符合现代物流的需要，采用散装储运技术，配备先进、可靠的作业及管理系统，做到技术先进、经济合理、安全可靠。

四、应充分利用当地现有的社会协作条件，提高植物油库专业化协作和社会化服务的水平；改、扩建项目应充分利用原有设施，力求节约投资、降低费用，安全环保。

第五条　植物油库建设除应符合本建设标准外，尚应符合国家现行有关经济、参数标准和指标、定额的规定。

第二节　建设规模与项目构成

第六条　植物油库建设规模，按表 1 规定划分为四个等级。

表 1　植物油库建设规模的等级划分　　　　（单位：m³）

等级	植物油库总容量
一级	≥100 000
二级	50 000 ~ 100 000
三级	20 000 ~ 50 000
四级	5 000 ~ 20 000

注：二、三、四级植物油库建设规模均含下限值。

第七条　植物油库按使用功能分为中转油库、储备油库。不同功能植物油库的建设规模宜按下列规定确定。

一、中转油库：宜按年中转次数不低于 3 次确定。设有专用码头的中转油库不宜小于二级。

二、储备油库：主要依据中央和地方储备油规划确定。

第八条　植物油库可有生产设施、辅助生产设施、办公生活设施构成。

一、生产设施：包括钢板油罐及输油管线、油泵站、接发油设施、控制室、计量设施、油罐区地坪、护油堤、管道清扫装置等。

二、辅助生产设施：包括化验室、锅炉房（供热系统）、变配电间、空压机房、给排水及消防设施、污水处理设施、停车场、道路、围墙等。

三、办公生活设施：包括办公业务用房、传达室、食堂、浴室等。

第九条　植物油库建设应根据使用功能、建设规模及当地已有基础设施条件，合理确定项目的建设内容。对于三、四级库应避免小而全，不建或少建非生产性设施。对于库、厂合建的项目，各类设施应统一规划，统筹建设。

第三节　选址与建设条件

第十条　植物油库的选址与建设应具备下列基本条件：

一、应符合当地城乡规划、环境保护的要求。

二、应有便利的交通运输条件。

三、库区地形宜平坦，并具有良好的工程水文地质条件；防洪标准不应低于 50 年一遇；不应选在雷暴区、地震基本烈度大于 8 度的地区。

四、给排水、供电等外部协作条件应可靠，并能满足生产、生活、消防的需要。

五、应远离污染源及易燃、易爆区，且应位于其全年最小频率风向的下风侧。

第十一条 不同功能的植物油库选址与建设应符合下列条件：

一、中转油库建设应在交通运输设施发达地带。

二、储备油库的选址应根据中央和地方植物油储备的总体布局和流向确定。宜建在大型植物油厂集中地区或主销区。

三、在港口码头、铁路沿线建设的植物油库，规模等级宜为一、二级。一、二级植物油库宜配套铁路专用线。铁路专用线引入长度不宜大于 1.5 km。

四、港口码头区建设的植物油库，距离码头装卸点不宜超过 5 km。

第四节　工艺设备与配套工程

第十二条 植物油库作业工艺应根据植物油库使用功能、油品接收和发放方式、储油品种、储油周期、库址地形等条件确定。

第十三条 库、厂结合的植物油库，作业工艺应统一考虑，设备生产能力协调匹配。

第十四条 根据实际需要和库址条件，植物油库的主要工艺设施应配有油品接收和发放设施，以及油泵站、管道清扫装置、计量装置、保温装置等。

第十五条 根据码头的设施条件，油品接收和发放设施应选用输油臂和连接软管；铁路和汽车的油品接收和发放设施应选用装卸鹤管或软管。

第十六条 油品的计量设施应根据具体情况，采用国家认可的计量设备及方法。

第十七条 输油设备及管线的选用应考虑油品品种、流量、输送距离等，做到运行可靠、经济合理。

第十八条 油罐的清扫应根据具体情况选用管道清扫器、压缩空气等方法进行吹扫。

第十九条　对于高熔点的油脂或位于寒冷地区的植物油库，输油管道和储油罐应采取保温及伴热措施，以防止油脂的凝固。

第二十条　根据不同工艺需要，输油泵宜选用螺杆泵、齿轮泵和离心泵等。

第二十一条　储油罐宜采用固定顶的立式圆筒形钢制焊接钢板罐，数量的配置应该根据植物油库总容量、油罐容量规格及油脂品种确定。在满足作业工艺的情况下，应尽可能减少油罐的规格和数量，以节约投资。

第二十二条　植物油库应配置检化验设备，用于监测储存油品温度和数量的监控系统；一、二级植物油库宜配置计算机信息管理系统。

第二十三条　植物油库电力负荷等级应为三级，位于港口、交通枢纽地带的一、二级中转油库可为二级。

第二十四条　钢板油罐可利用罐体做接闪器，不单独设避雷针。

第二十五条　植物油库的给水应利用城市供水。城市供水系统尚未敷设到的植物油库，可自备水源。油罐区内应设置完善的雨水排放系统。生产与生活污水应达到污水排放标准后排放。

第二十六条　植物油库应设消防给水系统，消防给水的水源必须可靠。消防设施的配置应结合植物油库特点按国家现行规范确定。

第二十七条　植物油库使用的蒸汽应优先采用市政集中热源。若自建锅炉房，锅炉房的配置应考虑建设地区气温条件、贮存油品品种等因素，按照生产和采暖需要的用汽量确定其规模。冷凝水可考虑集中回收。

第二十八条　植物油库的道路工程应符合下列要求：

一、库外道路：按厂矿道路四级标准执行。路面宜采用水泥混凝土或沥青混凝土；当库外道路较短时，可采用与库外主干道相同的标准。

二、库内道路：主干道宽度宜为 7～9 m；次干道为 4.5～7 m；车流量大的库内主干道可设人行道，人行道宽度为 1.5 m。

第五节　建筑与建设用地

第二十九条　植物油库各类建筑应本着满足生产需要的原则，做到经济合理、安全适用。建筑标准应根据油库规模、建筑物用途和建设场地条件等因素合理确定。

第三十条　植物油库总平面布置应坚持科学、合理、节约用地的原则，做到总体布置紧凑、功能分区明确、工艺流向合理、道路管线短捷、人流货运协调。植物油库一般由装卸区、储油区、辅助生产区及办公生活区组成。

　　第三十一条　植物油库活在危险性属丙类。房屋建筑耐火等级不应低于二级。

　　第三十二条　油罐区内相邻油罐间距应根据施工安装、管道布置及消防等要求确定。

　　第三十三条　植物油库用房宜采用砌体结构。使用性质相近的建筑应集中建设。

　　第三十四条　植物油库每立方米库容建设用地指标、油罐区每立方米库容建设用地指标、辅助生产设施建筑面积指标和办公生活设施建筑面积指标宜根据油库规模按表2~表5进行控制。办公生活设施应尽可能利用邻近企业及当地可提供的社会化服务条件。

表2　植物油库每立方米库容建设用地指标　　　（单位：m^2/m^3）

等级	一	二	三	四
建设用地指标	≤0.50	0.50~0.55	0.55~0.60	0.60~0.70

注： 表中幅度值按单罐区计算，有多个罐区时应适当加大；同时应考虑油罐高径比，高径比大的取下限，高径比小的取上限。

表3　油罐区每立方米库容建设用地指标　　　（单位：m^2/m^3）

等级	一	二	三	四
建设用地指标	≤0.20	0.20~0.25	0.25~0.30	0.30~0.40

注： ①表中幅度值按油罐高径比控制：高径比大的取下限，高径比小的取上限。
②油罐区的占地面积指护油堤内的面积。

表4　辅助生产设施建筑面积指标　　　（单位：m^2）

等级	一	二	三	四
建筑面积	600	500~600	400~500	300~400

注： ①表中指标—第二章第八条所列辅助生产与配套设施为依据，只计算化验室、变配电闸、空压机房和水（消防）泵房的建筑面积。
②表中幅度值按规模大小分别控制；规模大的取上限，规模小的取下限。一级库随着库总容量的增大，建筑面积可酌情增加。

表5　办公生活设施建筑面积指标　　　　（单位: m²）

等级	一	二	三	四
建设用地指标	670	550 ~ 670	500 ~ 550	450 ~ 500

注：①表中建筑面积指标包括办公业务用房（含计算机房）、食堂、浴室、值班室、库区厕所等。
　　②表中幅度值按规模大小分别控制；规模大的取上限，规模小的取下限。

第六节　环境保护与劳动定员

第三十五条　植物油库建设应符合环保要求，并经当地环保部门批准。

第三十六条　油罐区四周应设置护油堤。护油堤内应采用水泥地面。

第三十七条　油罐区内护油堤内的雨水排放系统应设置隔油施设。

第三十八条　植物油库如设置锅炉房，应优先选用清洁能源。若条件不具备，采用燃煤锅炉，对其产生的烟尘需经处理，达到国家锅炉烟尘排放标准后排放。

第三十九条　油泵、空压机等设备应采取减振降噪措施。

第四十条　植物油库的绿化应满足规划要求。

第四十一条　植物油库宜采用两班制。

第四十二条　中转油库的劳动定员可参照表6确定，储备油库的劳动定员可参照表7确定。

表6　中转油库劳动定员　　　　（单位：人）

人员类别	等级			
	一	二	三	四
全库人员	17 ~ 19	16 ~ 18	12 ~ 15	9 ~ 11
其中管理人员	6 ~ 8	5 ~ 7	4 ~ 5	4 ~ 5

注：表中全库人员中不包括营销人员、保安、临时工及锅炉房操作人员等。

表7　储备油库劳动定员　　　　（单位：人）

人员类别	等级			
	一	二	三	四
全库人员	8 ~ 10			
其中管理人员	4 ~ 5			

注：表中全库人员中不包括营销人员、保安、临时工及锅炉房操作人员等。

第七节　主要技术经济指标

第四十三条　植物油库工程投资估算应根据当地工程价格变化的实际情况，按照动态管理的原则进行调整。

第四十四条　植物油库的容量为油库中所有油罐公称容量之和，油罐的公称容量可按下式确定：

$$V = \frac{\pi}{4}D^2 \cdot H \cdot f$$

式中：V——储油罐公称容量（取整），m^3；

　　　D——储油罐的内径，m；

　　　H——储油罐壁板的总高度，m；

　　　f——储油罐的溶剂系数，$f=0.9$。

第四十五条　植物油库单位库容投资估算指标可参照表8进行控制。

表8　植物油库投资估算表

投资项目	单位	估算指标
生产设施（不含特殊地基处理费用）	元/m²	250 ~ 400
辅助生产设施、办公生活设施	元/m²	600 ~ 1 000

第四十六条　植物油库的生产设施、辅助生产设施、办公生活设施占建筑项目投资比例可参照表9进行控制。

表9　植物油库各类设施投资比例

设施分类	投资比例（%）
生产设施（不含特殊地基处理费用）	75 ~ 82
辅助生产设施	15 ~ 20
办公生活设施	3 ~ 5

第四十七条　植物油库油罐单位容积的钢材耗量可按 25 ~ 35 kg/m³ 进行估算，单位工程的建材指标可参照表10进行估算。

表 10　植物油库建材指标　　　　　　　　　（单位：m³）

等级	一	二	三	四
钢材	≤4.5	6.0~7.0	8.7~9.5	10.7~11.7
水泥	≤1.5	24.1~29.6	50~53.3	57.9~63.8

注：表中数据不包括储油罐本体的用材量。

第四十八条　植物油库的建设工期可参照表 11 进行控制。

表 11　植物油库建设工期　　　　　　　　（单位：月）

等级	一	二	三	四
工期	12~18	8~12	6~8	4~6

粮食仓房维修改造技术规程

（LS/T 8004—2009）

1　总　　则

1.0.1　为加强粮食仓房维修改造的管理，配合粮食物流体系建设，充分利用现有设施、节约土地、减少投资，完善与提升仓房功能、提高利用率，做到安全适用、经济合理、技术先进，特制定本规程。

1.0.2　本规程适用于未到使用年限或已到使用年限但经鉴定主体结构仍可继续使用的粮食房式仓、浅圆仓与筒仓的维修或改造。

1.0.3　仓房的维修部分应与原有仓房功能相匹配。

1.0.4　仓房改造前应进行评判或鉴定；改造方案宜进行可行性与性价比分析；改造完成后应按照国家相关规定进行验收。

1.0.5　由于仓房使用功能发生改变，需部分拆除或加固时，应另行设计与施工。

1.0.6　涉及安全的维修改造应由具有相应资质的单位设计与施工。

1.0.7　安全措施应符合下列要求：

1　应先确认结构安全后再进行改造与维修。

2　可能出现倾斜、失稳等不安全因素的结构，应先采取安全措施再维修改造。

3　电气系统的维修改造应在断电的情况下进行。

4　在易燃、易爆环境中进行维修改造，应先停止生产作业，采取有效的预防措施，严禁带电作业。

1.0.8　粮食仓房维修改造除应符合本规程外，尚应符合国家现行有关强制性标准的规定。

2　术　　语

2.0.1　维修

仓房整体结构完好，满足储粮安全要求，仅局部的损伤影响正常使用，仓房功能不变，对损伤部位进行的修缮。

2.0.2 改造

为改善仓房的既有功能、新增功能，对仓房建筑、结构、工艺、电气等使用功能的局部改变。

2.0.3 房式仓

用于储存粮食且满足储粮功能要求的单层或多层的房屋式粮仓。

2.0.4 平房仓

用于储存粮食且满足储粮功能要求的单层房式粮仓。

2.0.5 楼房仓

用于储存粮食且满足储粮功能要求、建筑与楼房相似的多层粮仓。

2.0.6 筒仓

平面为圆形、矩形、多角形及其他几何图形的储存散料的直立容器，其容纳储料的部分为仓体。

2.0.7 浅圆仓

平面圆形储存散料的直立容器，其容纳贮料的部分为仓体，设计贮料高度与仓内径之比小于1.5。

2.0.8 粮情测控系统

利用现代计算机和电子技术对粮情进行检测、数据存储与分析，对储粮技术设施进行适时控制的系统。

2.0.9 防火分区

在建筑内部用防火墙、耐火楼板及其他防火设施分隔，能在一定时间内阻止火灾向其余空间蔓延的区域。

2.0.10 灭火级别

表示灭火器能够扑灭不同种类火灾的效能。由表示灭火效能的数字和灭火种类的字母组成。

3 维修改造评定标准及范围

3.1 维修改造评定标准

3.1.1 设计使用年限以内的仓房可维修改造；已到设计使用年限但经鉴定主体结构仍可继续使用的仓房可维修；当仓房出现影响安全储粮的问题时应维修。

3.1.2 维修或改造结构之前宜先进行可靠性与可使用年限的鉴定或评

判，维修与改造部分使用年限应不低于原结构剩余使用寿命。

3.1.3　改造工艺与电气之前宜先进行现有设施的评判，维修与改造部分宜与现保留部分相匹配。

3.1.4　改造工程一次费用不宜超过该地区同仓容、同类型新建仓房总造价的40%。

3.2　维修改造范围

3.2.1　仓房本身建筑、结构、工艺、电等功能范围内的维修与改造。

3.2.2　维修与改造工程分为：总体维修与改造，单项功能维修与改造。

3.2.3　包装仓改为散装仓时，仓房主体结构改造不在本规程范围之内。

4　房　式　仓

4.1　建筑

4.1.1　房式仓的维修改造应满足下列基本要求：

1　确定仓房维修改造方案前，应充分了解仓房的原设计、施工及使用后的基本情况；检查其结构、基层的牢固、平整等情况，凡有缺陷，应先补强后维修。

2　建筑维修改造措施的选择，应考虑对结构安全的影响；当需局部改变结构或因改造增加荷载时，应进行结构验算。

3　查明渗漏、返潮、漏气的部位和原因，应根据仓房受损程度及储粮要求制定维修或改造方案。

4　仓房维修改造宜在充分考虑到与原有建筑物用材相容的前提下尽量采用新型、环保型建筑材料和新技术。外立面修缮形式及用料、色彩等选择宜与周围环境相协调。

4.1.2　屋面的维修改造应满足下列要求：

1　屋面维修改造时，储备仓屋面防水等级不应低于Ⅱ级，其他使用功能的屋面防水等级不应低于Ⅰ级；局部维修时，屋面防水不应低于原设计防水等级。

2　屋面防水维修可根据具体情况，选择局部修补、大面积翻修及重新增设防水层等措施。局部修补及新增防水层应选择与原有防水层相容的防水材料。

3　瓦屋面的维修改造除应满足4.1.2中第1、2款的要求外，还应符合下列规定：

1）瓦屋面局部渗漏或损坏，可局部维修或更换受损构件。渗漏或损坏严重时，应予翻修或改造。

2）屋面坡度小于26°时，应铺设卷材防水层。屋面坡度大于30°或位于大风区和地震区（大于或等于Ⅶ度时），应用双股铜丝将瓦片与挂瓦条绑扎牢固。

3）当瓦屋面的卧瓦（找平）层位于保温层之上时，则应与保温层下的钢筋混凝土基层有可靠的连接措施。

4）芦席油毡、石棉瓦或白铁屋面修缮时，宜改用彩钢板或屋面板及卷材防水层；冷摊瓦屋面修缮时，宜增加卷材防水层。

4 柔性防水层屋面的维修改造除应满足4.1.2中第1、2款的要求外，还应符合下列规定：

1）混凝土屋面渗漏，应根据仓房的结构、防水等级和使用要求等，采用防水卷材、防水涂料或增设彩钢板进行修缮。

2）混凝土屋面基层出现起砂、空鼓、酥松等情况时，应将其清除干净，采用高标号细石混凝土修补平整。

3）混凝土屋面基层出现裂缝，可采用聚氯乙烯、聚氨酯、氯丁水泥等材料进行填嵌密封。

4）原有卷材、涂膜防水层有起鼓、褶皱、脱空、龟裂等局部损坏，可采取切割、钻眼或挖补等方法修补。

5）涂膜防水层的最小厚度：高聚物改性沥青不应小于3 mm，合成高分子不应小于1.5 mm，均应分遍涂刷。

6）保温或隔热层宜设置排气孔。

5 刚性防水层屋面的维修改造除应满足4.1.2中第1、2款的要求外，还应符合下列规定：

1）刚性防水层屋面严重渗漏，经结构验算，在其承载力许可的情况下，可采用钢丝网细石混凝土、补偿收缩混凝土和钢纤维混凝土等刚性材料进行修缮。

2）重铺刚性防水层前，应将基层起砂、空鼓、酥松等部分清除干净，并用补偿收缩水泥砂浆修补平整。

3）细石混凝土和补偿收缩混凝土防水层应设分格缝，其间距不应大于6 m（严寒地区分格缝间距酌情减小），分格缝应用柔性防水膏嵌实。

4）细石混凝土防水层的厚度不应小于40 mm，并应配置钢筋直径4～6 mm、间距不大于200 mm的双向钢筋网片；钢筋网片在分格缝处应断开，其保护层厚度不应小于 10 mm。

　　5）刚性防水层的细石混凝土中宜掺微膨胀剂、减水剂、合成纤维等。

　　6）刚性防水层局部裂缝和女儿墙、山墙、檐沟、天沟、管道等处的渗漏，可采用填嵌柔性防水膏、铺贴防水卷材或防水涂膜等方法修缮。

　　7）刚性防水层宜与柔性防水层组成两道或两道以上的复合设防。刚性防水层宜设在柔性防水层的上面；两者之间应设隔离层。

　　6　屋面保温隔热改造除应满足 4.1.2 中第 1 款的要求外，还应符合下列规定：

　　1）在屋面上刷防晒隔热涂料。防晒隔热涂料的技术要求应满足《建筑外表面用热反射隔热涂料》（JC/T 1040—2007）的相关规定。

　　2）当承载力许可时，在屋面上增加保温隔热层或在屋面板下批无机保温腻子等。屋面保温材料宜采用板（块）状材料；屋面保温材料应具有吸水率低、表观密度和导热系数较小，并有一定的抗压强度的性能。

　　3）瓦屋面可在瓦下增设热反射材料。

　　4）拱板屋盖平房仓在承载力许可情况下增设保温隔热层时，宜优先设在拱板下弦板上。拱脚处宜采取保温措施。

　　4.1.3　吊顶的维修改造宜满足下列要求：

　　1　仓房屋顶结构承载力许可情况下，可增设吊顶，吊顶上宜设通风口。

　　2　吊顶设计及其材料选用应注重保温隔热效果，兼顾美观；并应具有保障其安全使用的可靠措施。

　　3　吊顶内填充的保温隔热材料不应受温湿度影响而改变物理与化学性能。

　　4　吊顶材料不得使用石棉制品，如石棉水泥板等。

　　5　吊顶材料应满足防火安全的要求，采用不燃烧体或难燃烧体材料。

　　6　顶棚内填充材料的燃烧性能不应低于 B2 级；耐火等级不应低于三级。

　　4.1.4　地面和楼面的维修改造应满足下列要求：

　　1　仓房地面应满足防水、防潮、防冻害、耐磨、抗压等功能要求。

　　2　混凝土地坪面层出现起砂、空鼓、酥松等情况时，应清除干净，并采用细石混凝土修补平整。

　　3　对于地面沉降变形严重、防潮层失去防潮效果的地面维修，应铲除原有防潮层，加固处理地坪地基，修补混凝土垫层后，重做防潮层及混凝土面层。

　　4　防潮层、变形缝的弹性填充材料不应直接接触粮食，宜用水泥砂浆或混凝土材料保护。

　　5　地下沟槽裂缝维修改造除应满足4.1.4中第1~4款的要求外，还应符合下列规定：

　　1）结构性裂缝渗漏，应首先进行结构维修处理，待基层稳定后进行建筑修缮。

　　2）地下沟槽渗漏修缮，微小裂缝、水压不大时，可采用速凝材料堵漏。孔洞较大、水压较大时，可采用埋管导引法堵漏。

　　3）维修前应将基层及周围清理干净，打毛，以保证结合面的可靠黏结。维修用的防水混凝土抗渗等级应高于原设计的要求，其配合比应通过试验确定。

　　6　防潮层维修改造除应满足4.1.4中第1~4款的要求外，还应符合下列规定：

　　1）防潮层宜采用延性较好的卷材或涂膜防水材料，与墙体接头位置应高于地面，其高度不小于300 mm 墙体垂直防潮层应有可靠的搭接，墙体与室内地坪交接处应设置沉降缝并应留有变形的余量。

　　2）当采用地槽通风时，防潮层遇地槽处不得断开。

　　3）原有卷材、涂膜防水层有起鼓、褶皱、脱空、龟裂等局部损坏，可采取切割、钻眼或挖补等方法修补。

　　4）仓内楼地面出现起壳、碎裂等损坏，可采用局部修补；地面垫层厚度应与原垫层相同，但地面垫层最小厚度应符合表4.1.4的规定。

表4.1.4　地面垫层最小厚度　　　　　　　　（单位：mm）

名称	灰土	砂	碎（卵）石	碎砖	三合土	混凝土
厚度	300	100	100	200	200	100

　　4.1.5　墙面的维修改造宜满足下列要求：

　　1　墙面裂缝，可采用与墙面同色的合成高分子材料或密封材料嵌填，做到粘牢、密封；也可采用高压注浆方法修缮。

　　2　外墙面局部渗水，可采用表面涂刷防水胶或合成高分子防水涂料。

　　3　外墙面大面积渗水，可采用无色透明的防水剂等材料涂刷。

　　4　门窗框渗漏，可将渗漏处凿开并用密封材料嵌填。

　　5　墙体变形缝处渗水，可采用防水胶水泥嵌缝。

6　修后外墙色泽应与原外墙协调一致。

7　内墙面防潮层破坏，可重铺卷材防潮层。

8　仓内外装饰抹灰损坏，可按原规格材料和原式样进行修缮，当原规格材料停止使用时，可根据其使用要求和所处环境改用其他材料。

9　外墙抹灰时，对窗台、窗楣、雨篷、阳台、压顶腰线等修缮，应做流水坡度和滴水处理。

10　两种不同结构相连接处，其基层表面的抹灰，应作防止裂缝处理。

11　抹灰用的材料不得使用熟化时间少于 15 d 的石灰膏，也不得含有未熟化的颗粒和其他杂物。

12　油漆、涂料等应选择有省、市级以上批准认可的无毒、环保材料。

13　墙体保温隔热的维修改造宜满足下列规定：

1）在外墙面上刷防晒隔热涂料。防晒隔热涂料的技术要求应满足《建筑外表面用热反射隔热涂料》（JC/T 1040—2007）的相关规定。

2）在外墙面增加聚苯板保温隔热层，聚苯板密度不宜低于 20 kg/m³；采用粘贴法施工时，需注意黏结剂及聚苯板表面所抹树脂胶泥的质量。采用钢丝网架固定聚苯板做保温层时，固定件的强度及其间距，应满足保温层抗剥离的要求。

3）在墙面外侧增设轻质隔热架空板墙，架空板墙上下端宜开口或留有通风孔，通风孔应横向均布，形成竖向流动空气间层；空气间层以 200 mm 左右为宜。架空板墙应与墙体有可靠的连接。

4.1.6　门窗的维修改造宜满足下列要求：

1　木门窗修缮宜用木质较好的材料，其含水率不得大于 15%。

2　钢门窗修缮的钢材宜用 Q235 级钢。

3　塑钢等新型材料的门窗损坏，应按原样修复或更换。

4　所有门窗的修复均不应降低门窗的气密、保温性能。

5　具体部位的修缮方法可参照《民用建筑修缮工程查勘与设计规程》（JGJ 117—1998）

4.1.7　需增设粮情检测钢梯时，可在山墙上加设钢平台及钢梯，钢平台宜加设在圈梁处。粮情检测门应加设在设计装粮线以上的圈梁上面，门宽不宜大于 800 mm，且门四周应有可靠的加固措施。若需在檐墙上增设粮情检测钢梯时，可利用雨篷作为平台，但需进行荷载复核，粮情检测门要求同上。

4.1.8　钢结构维修改造后宜除锈，并刷防锈漆。

4.2 结构

4.2.1 结构维修改造应满足下列基本要求：

1 结构维修的主要内容为混凝土、砌体等结构构件表层的裂缝及局部缺陷等。

2 结构改造的主要内容如下：

1）增加储粮高度对仓房的地基、基础、梁、柱、屋架、墙体的加固改造。

2）仓房因其他方面的改造，墙体需增加检测门、进出粮洞口、通风洞口等。

3）因仓房结构构件部分出现损坏而对其进行的加固。

4）为满足结构抗震要求对仓房结构进行的加固。

3 维修改造后不得减少仓房原来的设计使用年限。

4 根据仓房的使用要求，改造部分改造以后的结构安全等级应达到二级。

5 经可靠性鉴定需要加固时，则应进行加固；加固内容及范围根据可靠性鉴定结论并结合实际需要确定，可为整体房屋，也可为区段或特定的构件。

6 加固结构可按下列原则进行承载力验算：

1）结构计算简图应根据结构上的实际情况确定。

2）构件计算截面积应采用实际有效截面积，应考虑构件加固时的实际受力、应变滞后等实际情况，加固部分应与原结构协同工作。

3）进行结构承载力验算时，应考虑作用偏心、结构变形、温度变化等引起的附加内力；加固使结构重量增大时，应对相关结构及基础进行验算。

4）施工过程中若发现原结构或相关隐蔽部位的构件有严重缺陷时应停止施工，应采取措施保证安全再继续施工；对于可能出现倾斜、开裂或失稳等隐患的仓房，加固施工前应采取措施保证安全。

7 平房仓增加储粮高度进行结构改造时还应符合：

1）先对结构进行可靠性鉴定，再根据现行规范对仓房地基、基础、梁、柱，屋架、墙体等受力构件进行验算。

2）对于已需淘汰的屋盖体系的仓房，可更换屋盖体系。

3）对基础、梁、柱、墙体应根据所采用结构体系及验算结果进行改造。

4）当按原地质报告进行地基验算不满足规范要求时，可根据仓房的使用时间、地基土的固结特性等因素，结合当地经验，考虑适当提高地基承载力；如地基承载力仍不能满足要求，可考虑扩大基础或进行地基加固。

4.2.2 钢筋混凝土结构的维修改造需满足下列要求：

1 混凝土强度等级应按现行国家标准《混凝土结构设计规范》（GB 50010—2002）中 4.1.2 至 4.1.7 执行，并且原混凝土强度设计值取 0.8 的系数进行折减。

2 钢筋强度应按现行国家标准《混凝土结构设计规范》（GB 50010—2002）中 4.2.1 至 4.2.5 执行，且原钢筋强度设计值取 0.9 的系数进行折减。

3 用于结构修缮的混凝土强度等级，应比原混凝土强度等级提高一级，且不应低于 C20，混凝土中不应掺加粉煤灰等混合材料；并应采取有效措施防止修缮的混凝土的收缩，保证修缮的混凝土与原结构连接可靠、协同工作。

4 混凝土结构修缮所采用的连接材料，应符合下列要求：

混凝土用化学浆液与混凝土黏结固化后，其抗拉和抗剪强度应高于被黏结混凝土的强度。

采用焊接的焊条质量应符合现行国家标准《碳素钢焊条》（GB/T 5117—1995）或《低合金钢焊条》（GB/T 5118—1995）的规定。

焊条型号应与被焊钢材的强度相适应。

采用螺栓连接时，螺栓应采用 HPB235 级钢制作。

5 钢筋混凝土结构维修改造还需满足下列基本要求：

1）混凝土构件维修改造时，应查明下列情况；

混凝土的强度等级、风化、酥松、碳化、剥落以及钢筋数量和锈蚀程度等；柱、梁、板中部、端部、悬臂构件和板根部的裂缝程度，以及裂缝的种类及产生裂缝的原因；构件挠曲、位移程度。

2）混凝土受弯构件，新旧混凝土可靠结合时，宜按叠合式受弯构件计算其承载力，并应符合现行国家标准《混凝土结构设计规范》（GB 50010—2002）中 10.6.1 至 10.6.15 的规定。新旧混凝土结合不可靠时，可按下列公式分别计算其承载力的分配系数：

$$a_1 = \frac{E_1 I_1}{E_1 I_1 + E_2 I_2} \qquad (4.2.2\text{-}1)$$

$$a_2 = \frac{E_2 I_2}{E_1 I_1 + E_2 I_2} \qquad (4.2.2\text{-}2)$$

式中：a_1——原混凝土受弯构件承载力分配系数；

a_2——新增混凝土受弯构件承载力分配系数；

E_1——原混凝土构件的弹性模量，MPa；

E_2——新增混凝土构件的弹性模量，MPa；

I_1——原混凝土受弯构件惯性矩，mm^4；

I_2——新增混凝土受弯构件惯性矩，mm^4。

3）混凝土结构修缮的钢筋宜采用 HPB235 级钢或 HRB335 级钢。

4）混凝土结构修缮的水泥宜采用硅酸盐水泥或微膨胀水泥，标号不宜低于42.5级。

5）混凝土用的砂、石应符合现行行业标准《普通混凝土用砂、石质量标准及检验方法标准》（JGJ 52—2006）和《普通混凝土用碎石或卵石质量标准及检验方法》（JGJ 53—1992）的规定。

6 维修改造的主要方法。

1）加大构件截面加固法：采用植筋的方法增大混凝土结构或构筑物的构件截面面积。

2）外包钢加固法：在混凝土构件四周包以型钢（干式、湿式）。

3）预应力加固法：采用外加预应力的钢拉杆（水平拉杆、下撑式拉杆和组合式拉杆）或撑杆。

4）改变结构传力途径加固法，主要可分为两种：

——增设支点法。该法以减小结构的计算跨度和变形来提高其承载力。按支承结构的受力性能分为刚性支点和弹性支点。

——托梁拔柱法。在不拆或少拆上部结构的情况下拆除、更换、接长柱子的一种加固方法。按其施工方法的不同可分为有支撑托梁拔柱、无支撑托梁拔柱及双托梁反牛腿托梁拔柱等方案。

5）外部粘钢加固法：在混凝土构件外部粘贴钢板。

6）碳纤维加固法：将碳纤维布黏结在混凝土表面，起到传力作用，使碳纤维布与被加固构件共同受力。

7）其他加固方法，如增设支撑体系或增加剪力墙等。

8）当混凝土结构加固前的裂缝需要处理时，其方法参见《混凝土结构加固设计规范》（GB 50367—2006）中的第 14 章。

4.2.3 砌体结构的维修改造需满足下列要求：

1 重砌的砌体材料强度指标，应符合现行国家标准《砌体结构设计规范》（GB 50003—2001）第 2 章中"材料强度等级"和"砌体的计算指标"

的有关规定。

2　砌体维修改造时，砌筑砂浆的强度等级，应比原砂浆强度提高一级。

3　砌体结构维修改造还需满足下列基本要求：

1）砌体结构维修改造时，宜充分利用原有块材，并对原有块材强度测试后再利用。

2）选用旧砌块作为承重构件，在复算时应根据使用年限、完损状况等因素，其强度设计值取折减系数为 0.6～1.0。

4　砌体裂缝修补

宜根据砌体构件的受力状态和裂缝的特征等因素，明确形成砌体裂缝的原因，确定裂缝修补方法。主要有：填缝密封修补法和水泥灌缝修补法。

5　砌体结构的加固

砌体结构加固分为直接加固、间接加固及构造性加固三类，可根据实际条件和使用要求选择适宜的方法。

1）直接加固法主要有钢筋混凝土外加层加固、钢筋水泥砂浆外加层加固、增设扶壁柱加固。

2）间接加固法主要有无黏结外包型钢加固、预应力撑杆加固。

3）砌体结构构造性加固与修补

——增设圈梁加固：当圈梁设置不符合现行设计规范要求，或纵横墙交接处咬槎有明显缺陷，或仓房的整体性较差时，应增设圈梁进行加固。

——增设梁垫加固：当大梁下砖砌体被局部压碎或大梁下墙体出现局部竖直裂缝时，宜增设梁垫加固。

——砌体局部拆砌：当仓房局部破裂但破裂尚未影响承重及安全时，在增设可靠的临时支撑体系后，可将破裂墙体局部拆除，并用高一级的砂浆与砌块填砌。

4.2.4　钢结构的维修改造需满足下列要求：

1　钢结构的加固不应损伤原结构及构件，焊接钢结构加固时，原有构件或连接的实际名义应力值应小于 $0.55f_y$，且不得考虑加固构件的塑性变形发展；非焊接钢结构加固时，其实际名义应力值应小于 $0.7f_y$。当现有结构的名义应力值大于上述值时，则必须卸荷或减荷后进行加固。

2　钢构件修换或加固，采用的钢板厚度不应小于 4 mm，钢管壁厚度不应小于 3 mm，角钢不应小于 63 mm×40 mm×5 mm× 或 50 mm×5 mm，铆钉或螺栓不应小于 50 mm×5 mm（长×直径）。

3　钢结构加固施工时，应采取可靠措施，保证安全可靠。

4　钢结构维修改造还需满足下列基本要求

1）钢构件在正常使用情况下应定期检查与修缮，主要检查结构受力状况、构件及材料变形、结点连接可靠性、支撑系统完整及可靠性、深层脱落锈蚀等，发现问题及时处理，并定期除锈、涂刷防锈漆。

2）旧钢构件的截面净面积应以完好部分进行计算。

3）旧钢材强度设计值应据构件的部位、保养情况和使用条件等进行综合分析，分别乘以系数进行折减：构件取 0.80 ~ 0.90；铆接件取 0.80 ~ 0.90；单面连接构件取 0.75。

4）钢构件修换或加固宜采用 Q235 钢材。

5　加固方案选择

1）钢结构加固的方案主要有：加大原结构构件截面和连接强度、粘钢法、阻止裂纹扩展等。

2）钢结构加固宜采用焊缝连接、摩擦型高强度螺栓连接，可采用焊缝和摩擦型高强度螺栓的混合连接。

3）钢梁强度或稳定性不足时，可采用增设型钢、组合梁或支撑、系杆等措施进行加固。

4）钢柱损坏或稳定性不足时，可增设型钢柱或浇注混凝土等措施进行加固。

5）屋架强度、稳定性不足，或产生倾斜时，可采用增加加固弦杆、支撑、系杆和纠偏等措施进行加固。

6　钢结构加固施工的主要方案有：

1）梁式结构，下设临时支柱或组成撑杆式结构张紧其拉杆进行卸荷。此时应根据千斤顶或撑杆压力进行承载力验算，并应注意杆件内力的变化，当杆件或节点承载力不足时卸荷前应对其进行加固。

2）承重柱可采用临时支柱或"托梁换柱"；采用"托梁换柱"时，应对两侧相邻柱进行承载力验算。

7　钢构件修缮后应除锈，并刷防锈漆。采用混凝土或砂浆做保护层时，内层的钢构件应刷防锈漆。混凝土或砂浆保护层中，应配置由 Φ6 钢筋或钢丝网并与钢构件拉结。

4.2.5　地基与基础的加固需满足下列要求：

1　地基加固的主要方案如下：

1）锚杆静压桩法。适用于淤泥、淤泥质土、黏性土、粉土和人工填土等地基土。

2）高压喷射注浆法。适用于淤泥、淤泥质土、黏性土、粉土、黄土、砂土、人工填土和碎石土等地基。

3）灰土挤密桩法。适用于处理地下水位以上的湿陷性黄土、素填土和杂填土等地基。

4）深层搅拌法。适用于处理淤泥、淤泥质土、粉土和含水量较高的黏性土等地基。

5）树根桩法。适用于处理砂性土和含水量较高的黏性土等地基。

6）硅化法。可分双液硅化法和单液硅化法。当地基土为渗透系数大于 2.0 m/d 的粗颗粒土时，可采用双液硅化法（水玻璃和氯化钙）；当地基土为渗透系数为 0.1~2.0 m/d 的湿陷性黄土时，可采用单液硅化法（水玻璃）；对自重湿陷性黄土，宜采用无压力单液硅化法。

7）碱液法。适用于处理非自重湿陷性黄土地基。

8）高压喷射注浆法、灰土挤密桩法、深层搅拌法、硅化法和碱液法的设计和施工应按国家现行标准《建筑地基处理技术规范》（JGJ 79—2002）有关规定执行。

9）当需对原有建筑地基进行加固而采用上述方法，具体做法见《既有建筑地基基础加固技术规范》（JGJ 123—2000）。

2 基础补强注浆的基础加固方案

1）适用于基础因受大面积地面堆载、不均匀沉降、冻胀或其他原因引起的基础裂损加固。

2）注浆施工时，先在原基础裂损处钻孔，注浆管直径可为 25 mm，钻孔与水平面的倾角不应小于 30°，钻孔孔径应比注浆管的直径大 2~3 mm，孔距可为 0.5~1.0 m。

浆液材料可采用水泥浆等，注浆压力可取 0.1~0.3 MPa，如果浆液不下沉，则可逐渐加大压力至 0.6 MPa，浆液在 10~15 min 内再不下沉则可停止注浆，注浆的有效直径为 0.6~1.2 m。

对单独基础每边钻孔不应少于 2 个；对条形基础应沿基础纵向分段施工，每段长度可取 1.5~2.0 m。

3 加大基础底面积法的基础加固方案

1）既有建筑的地基承载力或基础底面积尺寸不满足设计要求时，可采用混凝土套或钢筋混凝土套加大基础底面积。加大基础底面积的设计和施工应符合下列规定：

——基础进行加固处理时，尚应考虑荷载偏心的影响。

　　——在灌注混凝土前应将原基础凿毛和刷洗干净后，铺一层高强度等级水泥浆或涂混凝土界面剂，以提高新老混凝土结合面的结合性能。

　　——对加宽部分，地基上应铺设厚度和材料均与原基础垫层相同的夯实垫层。

　　——当采用混凝土套加固时，基础每边加宽的宽度其外形尺寸应符合国家现行标准《建筑地基基础设计规范》（GB 50007—2002）中有关刚性基础台阶宽高比允许值的规定；沿基础高度隔一定距离应设置锚固钢筋。

　　——当采用钢筋混凝土套加固时，加宽部分的主筋应与原基础内主筋焊接。对条形基础加宽时，应按长度 1.5～2.0 m 划分成单独区段，分批、分段、间隔进行施工。

　　2）不宜采用混凝土套或钢筋混凝土套加大基础底面积时，可将原独立基础改成条形基础，将原条形基础改成十字交叉条形基础或筏形基础，将原筏形基础改成箱形基础。

　　3）加宽后的基础应进行抗弯，抗剪计算，并考虑新老混凝土结合面的抗剪，宜增加抗剪钢筋。

　　4　加深基础法的基础加固方案

　　1）适用于地基浅层有较好的土层可作为持力层且地下水位较低的情况；可将原基础埋置深度加深，使基础支承在较好的持力层上；当地下水位较高时，宜采取降水或排水措施，应考虑水位降低产生的附加变形。

　　2）基础加深的施工宜按下列步骤进行：

　　——先在贴近既有建筑基础的一侧分批、分段、间隔开挖长约 1.2 m，宽约 0.9 m 的竖坑，对坑壁不能直立的砂土或软弱地基要进行坑壁支护，竖坑底面可比原基础底面深 1.5 m。

　　——在原基础底面下沿横向开挖与基础同宽、深度达到设计持力层的基坑。

　　——基础下的坑体宜采用现浇混凝土灌注，并在距原基础底面 80 mm 处停止灌注，待养护一天后再用掺入膨胀剂和速凝剂的干稠水泥砂浆填入基底空隙，再用铁锤敲击木条，并挤实所填砂浆。

　　3）基础局部托换可采用树根桩法或锚杆静压桩法。

　　4.3　工艺

　　4.3.1　房式仓工艺设备维修改造应满足下列基本要求：

　　1　房式仓工艺设备维修与改造的内容主要为原有固定设备的损坏维修及设备更新。

2　平房仓进出粮作业，宜采用移动式输送、清理、计量等机械设备。

3　楼房仓宜配置固定式与移动式机械设备。

4　储粮期超过6个月的房式仓宜配置通风与熏蒸系统。

5　散装平房仓宜设置专用进仓粮情检查门及楼梯。

4.3.2　进出仓工艺设备维修改造宜符合下列要求：

1　房式仓原有的进出仓工艺设备如有下列情况之一，宜进行维修改造。

1）生产能力不满足进出粮作业要求。

2）原有系统配备功能不全。

3）设备已达到使用年限，陈旧老化、性能参数下降不能满足使用要求。

2　新增设备的生产能力、设备数量宜根据粮库全年的轮换作业量和接收及发放作业要求确定。

4.3.3　通风系统及设备维修改造宜符合下列要求：

1　原有的仓外通风口有下列情况之一，宜进行维修改造。

1）接口不密闭、不保温。

2）不方便通风管道连接。

2　粮面通风机不能满足通风熏蒸要求的宜进行改造。在通风机的仓外侧宜设便于开启的保温密闭窗。

3　通风口大小宜根据进风口风量和进风口风速确定，通风口风速不宜大于12 m/s，单位通风量宜根据当地的气候条件确定，宜采用6～12 m³/（h·t），通风途径比宜选择1.3～1.5。

4　新增通风道宜根据现有仓房的条件确定风道布置形式，风道宜均匀布置。

4.3.4　熏蒸系统及设备维修改造宜符合下列要求：

1　原有环流熏蒸系统有下列情况之一，宜进行维修改造。

1）熏蒸管道及阀门等部件因腐蚀不能满足密闭或强度要求。

2）环流风机腐蚀、泄露及风机性能不能满足作业要求。

2　与仓连接的固定外环流管道，宜采用局部保温隔热处理措施。

3　新增熏蒸系统应根据当地条件选择固定式或移动熏蒸方式。

4　原有仓房气密性差宜采用膜下熏蒸的形式。

4.3.5　低温储粮维修改造宜符合下列要求：

1　原配置的机械制冷降温装置有下列情况之一，宜进行维修改造。

1）装置性能不满足系统要求。

2）管道及阀门已经腐蚀，不能满足保温与密闭要求。

2 新增低温储粮设施宜根据当地自然条件、仓房条件等因素，经技术经济比较后确定技术方案。

3 后改造成为低温储粮的房式仓宜进行保温密闭处理，应满足低温储粮仓房的相应要求。

4.4 电气

4.4.1 房式仓电气系统的维修改造应符合下列基本要求：

1 电气维修改造除应遵守本规程外，尚应符合《粮食平房仓设计规范》（GB 50320—2001）《爆炸和火灾危险环境电力装置设计规范》（GB 50058—1992）和《粮食加工、储运系统粉尘防爆安全规程》（GB 17440—1998）的相关规定。

2 电气系统维修改造时，应查明下列情况：

1）原有线路走向，负载容量。

2）原有配电系统的型式。

3）原有接地系统型式及接地电阻。

4.4.2 配电设备的维修改造应符合下列要求：

1 应根据工艺设备的配备进行负荷计算，确定现有设备容量能否满足要求，如不满足，则按现有设备容量重新确定配电设备的型号规格。

2 配电设备如有下列情况之一，应予以更换：

1）国家有关部门明确淘汰的产品。

2）电气设备损坏，不能继续使用。

3）电气设备容量小于负载装接容量。

3 原末端配电箱无漏电保护开关的，维修改造时应增设。

4 安装在不当部位的配电设备，维修改造时应移装至安全且便于操作的部位。

4.4.3 配电线路的维修改造应符合下列要求：

1 应根据工艺设备的配备进行负荷计算，确定现有线路能否满足要求，如不满足，则按现有设备容量重新确定线路的型号规格。

2 现有线路有下列情况之一，应予以更换：

1）线路的安全载流量小于该线路上的负载电流。

2）线路绝缘层损坏。

3）线路敷设未达到施工规范要求。

3 室内配电线路的改造宜采用铜芯绝缘导线穿钢管敷设。导线截面不应小于 1.5 mm²，其额定电压不应低于工作电压，且不低于 500 V。

4　室外配电线路的改造宜采用铠装电缆（无机械损伤的场所，可采用塑料护套电缆）埋地敷设。

5　局部更换的线路，同一回路中应采用同种材质线路。

6　保护管有下列情况之一，应予以更换：

1）金属线管锈蚀、穿孔失去保护功能。

2）不符合所在场所使用要求。

4.4.4　照明装置的维修改造应符合下列要求：

1　陈旧老化，外壳破损或带电部分裸露的灯具，应予以更换；更换灯具的防护等级应符合其安装场所的要求。

2　应采用高效节能光源，实施绿色照明。

4.4.5　防雷与接地的维修改造应符合下列要求：

1　为配合土建维修改造而影响的防雷装置，应按原设计要求修复，并保证其电气连续。

2　接地电阻应符合《建筑物防雷设计规范》（GB 50057—1994）的要求。经测试接地电阻不能满足要求时，应增加接地极数量，或增设接地装置。

3　房式仓的维修改造宜做等电位联结。将电气系统的工作接地、保护接地及防雷接地等接地装置连接在一起，共用接地装置的接地电阻应满足其中最小值。

4　配电系统接地故障保护系统如有损坏，在维修改造时应按原设计修复，不应随意改动。

5　原配电系统无接地故障保护的，在维修改造时必须增设接地故障保护，并应符合《低压配电设计规范》（GB 50054—1995）中有关规定。

4.4.6　粮情测控系统的维修改造应符合下列要求：

1　粮情测控系统部分部件损坏，但不影响系统其他部件运行时，应对损坏部件维修。

2　粮情测控系统主要部件损坏严重且性能指标严重下降，影响安全储粮要求，应对该系统进行改造。

3　粮食储存期在 6 个月以上且原未设此系统的仓房，宜根据实际情况增设粮情测控系统。

4　粮情测控系统维修改造的具体要求应符合《粮情测控系统》（LS/T 1203—2002）的有关规定。

4.5　给排水及消防

4.5.1　仓房给排水及消防设施的维修改造应满足以下要求：

1　仓房原有消防设施不能满足现行国家规范要求或原仓房无消防设施时，可对消防设施进行维修改造或增设。

2　消防设施的维修改造除满足本规程外，尚应符合《建筑设计防火规范》（GB 50016—2006）、《建筑灭火器配置设计规范》（GB 50140—2005）等国家现行相关规范、标准的要求。

4.5.2　消防给水系统的维修改造应遵循以下要求：

1　仓内不宜设消防给水设施。设在非储粮部位的室内消火栓及配件，如有损坏时应维修；无维修价值或规格与现通用规格 SN65 不符时，应予以更换。

2　原有给水管管径不能满足现行规范规定的流量时应予以更换。

3　更换消防给水配件时，同类仓房宜选用相同规格的消火栓、水枪和水带。

4　严寒和寒冷地区非采暖仓房的室内消火栓系统，可采用干式系统，但在进水管上应设置快速启闭装置，管道最高处应设置自动排气阀。

4.5.3　灭火器的配置应符合以下要求：

1　粮食房式仓火灾危险性分类为中危险级。

2　没有配置灭火器或配置的灭火器不符合规范要求的，应按现行《建筑灭火器配置设计规范》（GB 50140—2005）的要求配置灭火器。散装平房仓宜在每个仓门口外分组设置灭火器，并应有保护措施。

3　灭火器应设置在位置明显和便于取用的地点，且不影响安全疏散。

5　浅　圆　仓

5.1　建筑

5.1.1　浅圆仓的维修改造应满足下列基本要求：

1　确定浅圆仓的维修改造方案前，应充分了解浅圆仓的原设计、施工及使用后的基本情况，检查其结构、基层的牢固、平整等情况，凡有缺陷，应先补强后维修。

2　建筑维修改造措施的选择，应考虑对结构安全的影响。当需局部改变结构时应进行必要的结构验算。

3　防水、密闭功能维修时，应查明渗漏、返潮、漏气的部位和原因，根据仓房受损程度及储粮要求制定维修或改造方案。

4　在充分考虑与原有建筑物用材相容的条件下，浅圆仓维修改造宜采用新型、环保型建筑材料和新技术；外观修缮形式、用料及色彩等宜与周围环境相协调。

5.1.2　屋面的维修改造应满足下列要求：

1　屋面维修改造时，屋面防水等级不应低于原设计防水等级，且浅圆仓屋面防水等级不应低于Ⅱ级。

2　屋面防水维修可根据具体情况，选择局部修补、大面积翻修及重新增设防水层等措施。

3　局部修补及新增防水层应选择与原有防水层相容的防水材料。

4　屋面防水维修宜根据原屋顶结构和防水情况，可采用防水卷材、防水涂料或增设彩钢板进行修缮。

5　当混凝土基层出现起砂、空鼓、酥松等情况时，应将其清除干净，再修补平整牢固。混凝土基层出现微小裂缝，可采用聚氯乙烯、聚氨酯、氯丁水泥等材料进行填嵌密封。

6　屋面防水维修时不得再采用合成高分子卷材或合成高分子涂抹防水层上直接铺设热熔型卷材。

7　屋面防水维修时原有卷材、涂膜防水层有起鼓、褶皱、脱空、龟裂、张口等局部损坏，可采取切割、钻眼或挖补等法修补。

8　涂膜防水层的最小厚度：高聚物改性沥青不应小于 3 mm，合成高分子不应小于 1.5 mm，均应分遍涂刷。

9　卷材或涂膜防水层表面应做保护层。保护层可采用粘岩粒面、刷浅色反光涂料等。如仓体结构安全允许，也可采用水泥砂浆或细石混凝土保护层，保护层应设置分格缝，且与防水层之间应做隔离层。

10　现场喷涂发泡聚氨酯保温层不得作为屋面的一道防水设防。

11　钢板屋面接缝处渗漏，应将渗漏处进行除锈处理，以弹性材料封堵，并以结构胶粘牢。

12　屋面保温维修改造除应满足 4.1.2 中第 1 款的要求外，还应符合下列规定：

1）在屋面上刷防晒隔热涂料。防晒隔热涂料的技术要求应满足《建筑外表面用热反射隔热涂料》（JC/T 1040—2007）的相关规定。

2）当承载力许可时，可在屋面上增加保温隔热层或在屋面板下批无机保温腻子等。屋面保温材料宜采用板（块）状材料或在清理干净的原有屋面表层喷涂发泡聚氨酯。屋面保温材料应具有吸水率低、表观密度和导热系数较小的性能，并有一定强度。

3）增设保温层时，应将基层清理干净，修补平整。保温层应与基层有可靠的黏结。

4）保温层不得外露，其外表面应有防护层。

5）当敷设保温层时，应保护原有屋面防水层。

6）禁止在浅圆仓屋面铺设散粒状保温材料，

5.1.3　地面的维修改造应满足下列要求：

1　浅圆仓地面应满足防水、防潮、防冻害、耐磨、抗压等功能要求。

2　混凝土地坪面层出现起砂、空鼓、酥松等情况时，应清除干净，并修补平整、牢固。

3　对于地面沉降变形严重、防潮层失去防潮效果的地面维修，应铲除原有防潮层，加固处理地坪地基，修补混凝土垫层后，重做防潮层及混凝土面层。

4　防潮层、变形缝的弹性填充材料不应直接接触粮食，宜用水泥砂浆或混凝土材料作为保护层。

5　地下沟槽裂缝的维修除满足 5.1.3 中第 1~4 款的要求外，还应符合下列规定：

1）结构性裂缝渗漏，应首先进行结构维修处理，待基层稳定后修缮。

2）地下沟槽渗漏修缮，微小裂缝、水压不大时，可采用速凝材料堵漏；孔洞较大、水压较大时，可采用埋管导引法堵漏。

3）维修前应将基层及周围清理干净，打毛，以保证结合面的可靠黏结。维修用的防水混凝土抗渗等级应高于原设计的要求，其配合比应通过试验确定。

6　防潮层的维修改造除满足 5.1.3 中第 1~4 款的要求外，还应符合下列规定：

1）防潮层应采用延性较好的卷材或涂膜防水材料，与墙体接头位置应高于地面，其高度不应小于 300 mm。墙体垂直防潮层应有可靠的搭接，墙体与室内地坪交接处应设置沉降缝，并应留有变形的余量。

2）当采用出粮地沟和通风地槽时，防潮层遇地沟、地槽处不得断开。

3）原有卷材、涂膜防水层有起鼓、褶皱、脱空、龟裂等局部损坏，可采取切割、钻眼或挖补等方法修补。

4）仓内地面出现起壳、碎裂等损坏，可采用局部修补；地面垫层厚度应与原垫层相同，但地面垫层最小厚度应符合表4.1.4的规定。

5.1.4 墙面的维修改造应符合下列要求：

1 混凝土仓壁外墙面维修时应符合下列规定：

1）外墙面裂缝，可采用与墙面同色的合成高分子材料或密封材料嵌填，做到粘牢、密封；也可采用高压注浆方法修缮。

2）外墙面局部渗水，可采用表面涂刷防水胶或合成高分子防水涂料。

3）外墙面大面积渗水，可采用无色透明的抗水剂等材料涂刷。

4）门框渗漏，可将渗漏处凿开并用密封材料嵌填。

5）修后外墙色泽应与原外墙协调一致。

2 钢板浅圆仓墙面维修时应符合下列规定：

1）应按要求对墙体涂刷油漆，涂刷油漆前应先除锈。

2）装配式墙体螺丝松动脱落应及时更换和补设。

3）非结构原因装配式墙体裂缝可用结构胶补牢。

3 室内外装饰的维修改造应满足下列规定：

1）抹灰损坏，可按原规格材料和原式样进行修缮；当原规格材料停止使用时，可根据其使用要求和所处环境改用其他材料。

2）外墙抹灰时，门楣、雨篷、檐口等部位，应做流水坡度和滴水处理。

3）抹灰用的材料不得使用熟化时间少于15 d的石灰膏，且不得含有未熟化的颗粒和其他杂物。

4）油漆、涂料等应选择有省、市级以上批准认可的无毒、环保材料。

4 墙体保温隔热的维修改造应符合下列规定：

1）在外墙面上刷防晒隔热涂料。防晒隔热涂料的技术要求应满足《建筑外表面用热反射隔热涂料》（JC/T 1040—2007）的相关规定。

2）在外墙面增加聚苯板保温隔热层。聚苯板密度不宜低于20 kg/m³；采用粘贴法施工时，需注意黏结剂及聚苯板表面所抹树脂胶泥的质量；采用钢丝网架固定聚苯板做保温层时，需注意固定件的强度及其间距，应满足保温层抗剥离的要求。

3）在墙面外侧增设轻质隔热架空板墙，架空板墙上下端宜开口或留有通风孔，通风孔应横向均布，形成竖向流动空气间层。空气间层以200 mm左右为宜。架空板墙应与墙体有可靠的连接，增加空气间层不应影响工艺操作。

5.1.5 仓门维修应满足下列要求：

1 对变形的仓门、挡粮门应进行平直度纠正。

2 对局部锈蚀或变形严重的面板应进行更换。

3 更换的密封条应采用耐老化性能好的材料，并应铺设平直，固定可靠。

4 及时涂刷防锈漆和面漆。

5.1.6 钢结构构件维修时应及时除锈刷漆，钢结构构件维修应注意对结构的保护。

5.2 结构

5.2.1 结构维修改造应满足下列基本要求：

1 结构维修改造的主要内容

根据建筑、工艺、电气、给排水的维修改造要求进行结构复核，可对各结构构件进行必要的维修改造。

2 维修改造后不得减少仓房原来的设计使用年限。

3 结构维修改造要遵循的其他基本原则：

1）根据仓房的使用要求，改造部分改造以后的结构安全等级应达到二级。

2）经可靠性鉴定需要加固时，则应进行加固；加固内容及范围根据可靠性鉴定结论并结合实际需要确定，可为整体房屋，也可为区段或特定的构件。

4 加固结构可按下列原则进行承载力验算：

1）结构计算简图应根据结构上的实际情况确定。

2）构件计算截面积应采用实际有效截面积，应考虑构件加固时的实际受力、应变滞后等实际情况，加固部分应与原结构协同工作。

3）进行结构承载力验算时，应考虑作用偏心、结构变形、温度变化等引起的附加内力；加固使结构重量增大时，应对相关结构及基础进行验算。

4）施工过程中若发现原结构或相关隐蔽部位的构件有严重缺陷时应停止施工，应采取措施保证安全再继续施工；对于可能出现倾斜、开裂或失稳等隐患的仓房，加固施工前应采取措施保证安全。

5.2.2 钢筋混凝土结构的维修改造应符合本规程 4.2.2 的规定。

5.2.3 砌体结构的维修改造应符合本规程 4.2.3 的规定。

5.2.4 钢结构的维修改造应符合本规程 4.2.4 的规定。

5.2.5 地基与基础的加固应符合本规程 4.2.5 的规定。

5.3 工艺

5.3.1　浅圆仓工艺设备维修改造宜满足下列基本要求：

1　宜根据现有设施条件及储粮要求进行技术及经济比较后确定维修改造方案。

2　原配置的通风及熏蒸设施不能满足储粮要求时宜进行维修改造。

3　清理（分级）设备形式及参数选择宜根据储粮品种与国家规定的入仓标准等确定。

4　设备达到使用年限、影响正常安全生产时宜进行维修改造。

5　新增设备和设施应满足国家现行规范要求，宜选用定型产品。

5.3.2　原有进出仓工艺与设备有下列情况之一，宜进行维修改造：

1　设备的生产能力不能满足粮食接收和发放作业要求。

2　原有系统进出仓设备配置不全，不能满足作业要求。

3　原有除尘系统配置不能满足环保要求。

4　原有系统设备及装置对粮食破碎较大。

5　进出仓气密闸门或装置经使用后变形不满足密闭要求。

6　原有设备布置不合理，操作空间小，影响安全生产操作。

5.3.3　原有通风系统及设备有下列情况之一，宜进行维修改造：

1　原配备通风系统参数选择不符合当地气候条件，运行效果不好。

2　通风设备选型不满足现有粮库作业功能要求。

3　设备已达到使用年限或陈旧老化，性能参数下降不能满足使用要求。

4　原通风道布置不合理、通风不均匀。

5　原地槽通风盖板变形。

6　通风道进风口未采用保温密闭处理。

7　通风口的形式不便于操作。

8　仓顶通风机无设备操作平台及爬梯。

5.3.4　熏蒸系统及设备维修改造应满足下列要求：

1　原有固定环流熏蒸系统有下列情况之一，宜进行维修改造：

1）熏蒸管道及阀门等部件因腐蚀不能满足密闭或强度要求。

2）环流风机腐蚀、泄露及风机性能不能满足作业要求。

2　与仓连接的固定外环流管道，宜采用局部保温隔热处理措施。

3　新增熏蒸系统可根据当地条件选择适宜的熏蒸方式。

5.3.5　低温储粮维修改造应满足下列要求：

1　原配置机械制冷降温装置有下列情况之一，应进行维修改造。

1）装置性能不满足系统要求。

2）管道及阀门已经腐蚀不满足保温与密闭要求。

2　新增低温储粮设施宜根据当地自然条件，仓房条件等因素，经技术经济比较后确定技术方案。

5.4　电气

5.4.1　浅圆仓电气系统的维修改造应符合下列基本要求：

1　电气维修改造除应遵守本规程外，尚应符合《粮食加工、储运系统粉尘防爆安全规程》（GB 17440—1998）和《爆炸和火灾危险环境电力装置设计规范》（GB 50058—1992）中有关规定。

2　维修改造不应使用产生高温的电气设备，选用电气设备应符合现行《可燃性粉尘环境用电气设备　第1部分：用外壳和限制表面温度保护的电气设备　第1节：电气设备的技术要求》（GB 12476.1—2000）的规定。

3　电气系统维修改造时，应查明下列情况：

1）原有线路走向，负载容量。

2）原有配电系统的型式。

3）原有接地系统型式及接地电阻。

5.4.2　配电设备的维修改造应符合下列要求：

1　应根据工艺设备的配备进行负荷计算，确定现有设备容量能否满足要求；如不满足，则按现有设备容量重新确定配电设备的型号规格。

2　配电设备如有下列情况之一，应予以更换：

1）国家有关部门明确淘汰的产品。

2）电气设备损坏，不能继续使用。

3）电气设备容量小于负载装接容量。

3　原末端配电箱无漏电保护开关的，维修改造时应增设。

4　安装在不当部位的配电设备，维修改造时应移装至安全且便于操作的部位。

5.4.3　配电线路的维修改造应符合下列要求：

1　应根据工艺设备的配备进行负荷计算，确定现有线路能否满足要求；如不满足，则按现有设备容量重新确定线路的型号规格。

2　线路有下列情况之一，应予以更换：

1）线路的安全载流量小于该线路上的负载电流。

2）线路绝缘层损坏。

3）线路敷设未达到施工规范要求。

3　室内配电线路的改造宜采用铜芯绝缘导线穿钢管敷设。线路截面不应小于：电力、照明线路 2.5 mm^2；控制线路 1.5 mm^2，其额定电压不应低于工作电压，且不低于 500 V。

4　室外配电线路的改造宜采用铠装电缆（无机械损伤的场所，可采用塑料护套电缆）。

5　室内新增电缆宜利用原有电缆桥架敷设，无桥架场所可采用穿钢管敷设。

6　局部更换的线路，同一回路中应采用同种材质线路。

7　配电线路的改造应采取防止蛇、鼠类小动物从线路进出建筑物及进人室内的设施。

8　电气管线、电缆桥架等穿越墙或楼板的孔洞无防火材料填塞的，或者原有防火材料填塞但破损时，维修改造时均应采用防火材料重新密实填塞。

9　浅圆仓的维修改造不得使用电气竖井兼作其他管道竖井。

10　保护管及电缆桥架有下列情况之一，应予以更换：

1）金属线管或电缆桥架锈蚀、穿孔失去保护功能的。

2）不符合所在场所使用要求的。

5.4.4　自动控制系统的维修改造应符合下列要求：

1　自动控制系统的维修改造应以可靠、适用、经济、先进为原则。

2　无自动控制系统的浅圆仓宜增设自动控制系统。

3　自动控制系统部分损坏，但不影响其他部分正常作业的，应对损坏部分更换维修。

4　自动控制系统损坏严重，无法进行正常作业的，应对系统进行改造。

5　维修改造后的自动控制系统应具有故障报警、紧急停车、符合工艺要求的联锁和流程的模拟显示等功能。

6　新增的配电室或控制室，应采用非燃烧体的隔墙与防爆区隔开；且房间出口应通向非防爆区，当必须与防爆区相通时，应对防爆区保持相对的正压。

5.4.5　照明装置的维修改造应符合下列要求：

1　陈旧老化、外壳破损或带电部分裸露的灯具，应予以更换，更换灯具的防护等级应符合其安装场所的要求。

2　应采用高效节能光源，实施绿色照明。

5.4.6　防雷与接地的维修改造应符合下列要求：

1　为配合土建维修改造而影响的防雷装置，应按原设计要求修复，并保证其电气连续。

2 接地电阻应符合《建筑物防雷设计规范》（GB 50057—1994）的要求。经测试接地电阻不能满足要求时，应增加接地极数量，或增设接地装置。

3 浅圆仓的维修改造宜做等电位联结。将电气系统的工作接地、保护接地、设备的防静电接地及防雷接地等接地装置连接在一起，共用接地装置的接地电阻应满足其中最小值。

4 配电系统接地故障保护系统如有损坏，在维修改造时应按原设计修复，不应随意改动。

5 如果原配电系统无接地故障保护，在维修改造时应增设接地故障保护，并应符合《低压配电设计规范》（GB 50054—1995）中有关规定。

5.4.7 粮情测控系统的维修改造应符合下列要求：

1 粮情测控系统部分部件损坏，但不影响系统其他部件运行，应对损坏部件维修。

2 粮情测控系统主要部件损坏严重且性能指标严重下降，影响安全储粮要求，应对该系统进行改造。

3 粮食储存期在 6 个月以上且原未设此系统的浅圆仓，宜根据实际情况增设粮情测控系统。

4 粮情测控系统维修改造的具体要求应符合《粮情测控系统》（LS/T 1203—2002）的有关规定。

5.5 给排水及消防

5.5.1 给排水及消防设施的维修改造应符合下列要求：

1 原有消防设施不能满足现行国家规范要求或无消防设施时，可以对消防设施进行维修改造或增设。

2 消防设施的维修改造除满足本规程外，尚应满足《建筑设计防火规范》（GB 50016—2006）等国家现行相关规范、标准。

5.5.2 消防给水系统的维修改造应符合以下要求：

1 占地面积大于 300 m^2 的封闭式工作塔应设有室内消火栓给水系统。

2 室内消火栓及配件，如有损坏时应维修；无维修价值或规格与现通用规格 SN65 不符时，应予以更换。

3 原有室内消防给水管道防锈层损坏时，应按要求补做防锈层，锈蚀严重不能维修的管段应予以更换。

4 原有给水管管径不能满足现行规范规定的流量时应予以更换。

5　更换消防给水配件时，同类仓房宜选用相同规格的消火栓、水枪和水带。

6　原有室内消火栓间距和数量不满足现行规范要求时，应增设室内消火栓和相应管道。

7　应设或已设消火栓给水系统的工作塔，当层数多于四层或建筑高度大于 24 m 且无水泵接合器时，应增设水泵接合器，水泵接合器有损坏的应予以维修。

5.5.3　灭火器的配置应符合下列要求：

1　浅圆仓、工作塔及地下通廊火灾危险性分类为中危险级。工作塔内除尘器间火灾危险性分类为严重危险级。

2　没有配置灭火器或配置的灭火器不符合规范要求的，应按现行《建筑灭火器配置设计规范》（GB 50140—2005）的要求合理配置灭火器。浅圆仓仓房部分宜在每个仓门口外分组设置灭火器，并应有保护措施。

3　灭火器应设置在位置明显和便于取用的地点，且不影响安全疏散。

6　筒　仓

6.1　建筑

6.1.1　筒仓的维修改造应满足下列基本要求：

1　确定筒仓的维修改造方案前，应充分了解筒仓的原设计、施工及使用后的基本情况；检查其结构、基层的牢固、平整等情况；凡有缺陷，应先补强后维修。

2　建筑维修改造措施的选择，应考虑对结构安全的影响；当需局部改变结构时应进行必要的结构验算。

3　查明渗漏、返潮、漏气的部位和原因，根据仓房受损程度及储粮要求制定维修或改造方案。

4　在充分考虑与原有建筑物用材相容的条件下，筒仓维修改造宜采用新型、环保型建筑材料和新技术；外观修缮形式及用料、色彩等选择宜与周围环境相协调。

5　筒仓内的通长检修钢梯应取消。

6.1.2　屋面的维修改造应满足下列要求：

1　屋面维修时，屋面防水等级不应低于原设计防水等级，筒仓的屋面防水等级不应低于Ⅱ级，筒仓上层的屋面防水等级不应低于Ⅲ级。

2 屋面防水维修可根据具体情况，选择局部修补、大面积翻修及重新增设防水层等措施。

3 局部修补及新增防水层材料应选择与原有防水层相容的卷材或涂膜。

4 屋面防水的维修改造除满足本条第1~3款的要求外，还应符合下列规定：

1）应根据筒仓结构、防水等级和使用要求等，采用防水卷材、防水涂料或增设彩钢板进行修缮。

2）混凝土基层出现起砂、空鼓、酥松等情况时，应将其清除干净，并修补平整、牢固，混凝土基层出现微小裂缝，可采用聚氯乙烯、聚氨酯、氯丁水泥等材料进行填嵌密封。

3）不得在采用合成高分子卷材或合成高分子涂抹防水层上直接铺设热熔型卷材。

4）原有卷材、涂膜防水层有起鼓、褶皱、脱空、龟裂等局部损坏，可采取切割、钻眼或挖补等方法修补。

5）涂膜防水层的最小厚度：高聚物改性沥青不应小于3 mm，合成高分子不应小于1.5 mm均应分遍涂刷。

6）卷材或涂膜防水层表面应做保护层。筒仓屋面采用细石混凝土保护层时，保护层应设置分格缝，且与防水层之间应做隔离层。筒上层保护层可采用粘岩粒面、刷浅色反光涂料等。

7）钢板筒仓屋面接缝处渗漏，应将渗漏处进行除锈处理，以弹性材料封堵，并以结构胶粘牢。

5 屋面保温的维修改造除满足本条第1~3款的要求外，还应符合下列规定：

1）屋面保温材料宜采用板（块）状材料；屋面保温材料应具有吸水率低、表观密度和导热系数较小的性能，并有一定强度。

2）增设保温层时，应将基层清理干净，修补平整。保温层应与基层有可靠的黏结。

3）保温层不得外露，其外表面应有防护层。

4）当敷设保温层时，应保护原有屋面防水层。

6.1.3 地面的维修改造应满足下列要求：

1 筒仓地面应满足防水、防潮、防冻害、耐磨、抗压等功能要求。

2 混凝土地坪面层出现起砂、空鼓、酥松等情况时，应清除干净，修补平整并牢固。

3　对于地面沉降变形严重、防潮层失去防潮效果的地面维修，应铲除原有防潮层，加固处理地坪地基，修补混凝土垫层后，重做混凝土面层。

4　地下沟槽裂缝的维修改造除满足本条第 1～3 款的要求外，还应符合下列规定：

1）结构性裂缝渗漏，应首先进行结构维修处理，待基层稳定后修缮。

2）地下沟槽渗漏修缮，微小裂缝、水压不大时，可采用速凝材料堵漏；孔洞较大、水压较大时，可采用埋管导引法堵漏。

3）维修前应将基层及周围清理干净、打毛，以保证结合面的可靠黏结。维修用的防水混凝土抗渗等级应高于原设计的要求，其配合比应通过试验确定。

5　防潮层的维修改造除满足本条第 1～3 款的要求外，还应符合下列规定：

1）利用地沟出粮的地沟与筒仓地面应设防潮层。

2）防潮层应采用延性较好的卷材或涂膜防水材料，与墙体接头位置应高于地面，其高度不小于 300 mm；墙体垂直防潮层应有可靠的搭接，墙体与室内地坪交接处应设置沉降缝，并应留有变形的余量。

3）当设有地沟或采用通风地槽流化出仓时，防潮层遇地沟、地槽处不得断开。

4）防潮层和变形缝的弹性填充材料不应直接接触粮食，宜用水泥砂浆或混凝土材料作为保护层。

6.1.4　墙面的维修改造应满足下列要求：

1　混凝土筒仓外墙面裂缝，可采用与墙面同色的合成高分子材料或密封材料嵌填，做到粘牢、密封；也可采用高压注浆方法修缮。

2　混凝土筒仓外墙面局部渗水，可采用表面涂刷防水胶或合成高分子防水涂料。

3　混凝土筒仓外墙面大面积渗水，可采用无色透明的抗水剂等材料涂刷。

4　混凝土筒仓检查口渗漏，可将渗漏处凿开并用密封材料嵌填。

5　修后外墙色泽应与原外墙协调一致。

6　钢板筒仓仓壁应按要求对墙体涂刷油漆，涂刷油漆前应先除锈。

7　装配式钢板筒仓仓壁螺丝松动脱落应及时更换和补设。

8　装配式钢板筒仓仓壁裂缝可用结构胶补牢。

9　砖圆仓仓外墙面维修按本规程 4.1.5 的规定采用。

10 抹灰损坏，可按原规格材料和原式样进行修缮，当原规格材料停止使用时，可根据其使用要求和所处环境改用其他材料。

11 外墙抹灰时，门楣、雨篷、檐口等部位，应做流水坡度和滴水处理。

12 抹灰用的材料不得使用熟化时间少于 15 d 的石灰膏，且不得含有未熟化的颗粒和其他杂物。

13 油漆、涂料等应选择有省、市级以上批准认可的无毒、环保材料。

6.1.5 门窗的维修改造应满足下列要求：

1 木门窗修缮宜用木质较好的材料，其含水率不得大于 15%。

2 钢门窗修缮的钢材宜用 Q235 级钢。

3 塑钢等新型材料的门窗损坏，应按原样修复或更换。

4 所有门窗的修复均不应降低门窗的气密、保温性能。

6.1.6 钢结构构件应及时除锈刷漆，钢结构构件维修应注意对结构的保护。

6.2 结构

筒仓部分的维修改造应符合本规程 5.2 的规定。

6.3 工艺

6.3.1 筒仓工艺设备维修改造应满足下列基本要求：

1 宜根据现有设施条件及储粮要求进行技术及经济比较后确定维修改造方案。

2 用于储备的筒仓应配置进出粮输送设备、通风、熏蒸等设施。

3 原有筒仓配置的储粮设施不满足现有国家相关标准规定要求宜进行维修改造。

4 清理（分级）设备形式宜根据储粮品种、国家规定的入仓标准等确定。

5 设备达到使用年限，影响正常安全生产应进行维修改造。

6 新增设备和设施应满足国家现行规范要求。

6.3.2 原有固定进出仓工艺与设备有下列情况之一，应进行维修改造：

1 设备的生产能力不满足现有库区粮食接收和发放作业要求。

2 原系统进出仓设备配置不全，不满足作业要求。

3 原配置设备性能参数不满足使用要求。

4 原除尘系统配置不满足环保要求。

5 原系统设备及装置对粮食破碎较大。

6　储备筒仓进出仓气密闸门或装置经使用后变形不满足密闭要求。

7　原设备布置不合理，操作空间小，影响安全生产操作。

6.3.3　原有通风系统及设备有下列情况之一，应进行维修改造：

1　原配备通风系统参数选择不符合当地气候条件，运行效果不好。

2　通风设备选型不满足现有粮库作业功能要求。

3　设备已达到使用年限或设备陈旧老化，性能参数下降不满足使用要求。

4　采用新技术与新工艺设备节能、增效明显时，宜对原设备进行维修改造。

5　原通风道布置不合理，通风不均匀；新增通风设施其强度应在装满粮食及出仓作业条件下受压不变形。

6　通风道进风口没有采用保温密闭处理或通风口的形式不便于操作。

6.3.4　熏蒸系统及设备维修改造应符合下列要求：

1　原有固定环流熏蒸系统有下列情况之一，宜进行维修改造。

1）熏蒸管道及阀门等部件因腐蚀不能满足密闭或强度要求。

2）环流风机腐蚀、泄露及风机性能不能满足作业要求。

2　与仓连接的固定外环流管道，宜采用局部保温隔热处理措施。

3　新增熏蒸系统可根据当地条件选择适宜的熏蒸方式。

6.4　电气

6.4.1　立筒库电气系统的维修改造应符合下列基本要求：

1　电气维修改造除应遵守本规程外，尚应符合《粮食立筒库设计规范》（LS 8001—2007）、《粮食加工、储运系统粉尘防爆安全规程》（GB 17440—1998）和《爆炸和火灾危险环境电力装置设计规范》（GB 50058—1992）中有关规定。

2　维修改造严禁使用产生高温的电气设备，选用电气设备应符合现行GB 12476.1—2000《可燃性粉尘环境用电气设备　第1部分：用外壳和限制表面温度保护的电气设备　第1节：电气设备的技术要求》的规定。

3　电气系统维修改造时，应查明下列情况：

1）原有线路走向，负载容量。

2）原有配电系统的型式。

3）原有接地系统型式及接地电阻。

6.4.2　配电设备的维修改造应符合下列要求：

1　应根据工艺设备的配备进行负荷计算，确定现有设备容量能否满足要求；如不满足，则按现有设备容量重新确定配电设备的型号规格。

2 配电设备如有下列情况之一，应予以更换：

1）国家有关部门明确淘汰的产品。

2）电气设备损坏，不能继续使用。

3）电气设备容量小于负载装接容量。

3 原末端配电箱无漏电保护开关的，维修改造时应增设。

4 安装在不适宜部位的配电设备，维修改造时应移装至安全且便于操作的部位。

6.4.3 配电线路的维修改造应符合下列要求：

1 应根据工艺设备的配备进行负荷计算，确定现有线路能否满足要求；如不满足，则按现有设备容量重新确定线路的型号规格。

2 线路有下列情况之一，应予以更换：

1）线路的安全载流量小于该线路上的负载电流。

2）线路绝缘层损坏。

3）线路敷设未达到施工规范要求。

3 室内配电线路的改造宜采用铜芯绝缘导线穿钢管敷设。线路截面不应小于：电力、照明线路 2.5 mm²；控制线路 1.5 mm²，其额定电压不应低于工作电压，且不低于 500 V。

4 室外配电线路的改造宜采用铠装电缆（无机械损伤的场所，可采用塑料护套电缆）。

5 室内新增电缆宜利用原有电缆桥架敷设，无桥架场所可采用穿钢管敷设。

6 局部更换的线路，同一回路中应采用同种材质线路。

7 配电线路的改造应采取防止蛇、鼠类小动物从线路进出建筑物及进入室内的设施。

8 电气管线、电缆桥架等穿越墙或楼板的孔洞无防火材料填塞的，或者原有防火材料填塞但破损时，维修改造时均应采用防火材料重新密实填塞。

9 立筒库的维修改造不得使用电气竖井兼作其他管道竖井。

10 保护管及电缆桥架有下列情况之一，应予以更换：

1）金属线管或电缆桥架锈蚀、穿孔失去保护功能的。

2）不符合所在场所使用要求的。

6.4.4 自动控制系统的维修改造应符合下列要求：

1 自动控制系统的维修改造应以可靠、适用、经济、先进为原则。

2 无自动控制系统的立筒库宜增设自动控制系统。

3 自动控制系统部分损坏，但不影响其他部分正常作业的，宜对损坏部分更换维修。

4 自动控制系统损坏严重，无法进行正常作业的，应对系统进行改造。

5 维修改造后的自动控制系统应具有故障报警、紧急停车、符合工艺要求的联锁和流程的模拟显示等功能。

6 新增的配电室或控制室，应采用非燃烧体的隔墙与防爆区隔开；且房间出口应通向非防爆区，当必须与防爆区相通时，应对防爆区保持相对的正压。

6.4.5 照明装置的维修改造应符合下列要求：

1 陈旧老化、外壳破损或带电部分裸露的灯具，应予以更换，更换灯具的防护等级应符合其安装场所的要求。

2 应采用高效节能光源，实施绿色照明。

6.4.6 防雷与接地的维修改造应符合下列要求：

1 为配合土建维修改造而影响的防雷装置，应按原设计要求修复，并保证其电气连续。

2 接地电阻应符合《建筑物防雷设计规范》（GB 50057—1994）的要求。经测试接地电阻不能满足要求时，应增加接地极数量，或增设接地装置。

3 立筒库的维修改造宜做等电位联结。将电气系统的工作接地、保护接地、设备的防静电接地及防雷接地等接地装置连接在一起，共用接地装置的接地电阻应满足其中最小值。

4 配电系统接地故障保护系统如有损坏，在维修改造时应按原设计修复，不应随意改动。

5 原配电系统无接地故障保护的，在维修改造时必须增设接地故障保护，并应符合《低压配电设计规范》（GB 50054—1995）中有关规定。

6.4.7 粮情测控系统的维修改造应符合下列要求：

1 粮情测控系统部分部件损坏时，但不影响系统其他部件运行，宜对损坏部件更换维修。

2 粮情测控系统主要部件损坏严重且性能指标严重下降，影响安全储粮要求，应对该系统进行改造。

3 立筒库维修改造中，粮食储存期在 6 个月以上且原未设此系统的立筒库，宜根据实际情况增设粮情测控系统。

4 粮情测控系统维修改造的具体要求应符合《粮情测控系统》（LS/T 1203—2002）的有关规定。

6.5 给排水及消防

6.5.1 给排水及消防设施的维修改造应符合以下规定：

1 原有消防设施不能满足现行国家规范要求或无消防设施时，应对消防设施进行维修改造或增设。

2 消防设施的维修改造除满足本规程外，尚应符合《建筑设计防火规范》（GB 50016—2006）等国家现行相关规范的要求。

6.5.2 消防给水系统的维修改造应符合以下要求：

1 占地面积大于 300 m² 的工作塔、筒仓上层（封闭式）和下层应设有室内消火栓给水系统。

2 室内消火栓及配件，如有损坏时应维修；无维修价值或规格与现通用规格 SN65 不符时，应予以更换。

3 原有室内消防给水管道防锈层损坏时，应按要求补做防锈层，锈蚀严重不能维修的管段应予以更换。

4 原有给水管管径不能满足现行规范规定的流量时应予以更换。

5 更换消防给水配件时，同类仓房宜选用相同规格的消火栓、水枪和水带。

6 原有室内消火栓间距和数量不能满足现行规范要求时，应增设室内消火栓和相应管道。

7 应设或已设消火栓给水系统的工作塔，当层数多于四层或建筑高度大于 24 m 且无水泵接合器时，应增设水泵接合器，水泵接合器有损坏的应予以维修。

6.5.3 灭火器的配置应符合以下要求：

1 立筒库火灾危险性分类为中危险级，除尘间部位火灾危险性分类为严重危险级。

2 没有配置灭火器或配置的灭火器不符合规范要求的，应按现行《建筑灭火器配置设计规范》（GB 50140—2005）的要求合理配置灭火器。灭火器宜分组设置，并应有保护措施。

3 灭火器应设置在位置明显和便于取用的地点，且不影响安全疏散。

粮油仓库工程验收规程

（LS/T 8008—2010）

第一节　总　　则

1.0.1　为了加强粮油仓库工程项目建设质量管理，指导和规范粮油仓库项目建设工程验收，保证工程质量和安全，制定本规程。

1.0.2　本规程适用于粮食平房仓、筒仓、浅圆仓、楼房仓、储罐及辅助生产、办公生活设施等粮油仓库项目新建、扩建、改建的建设工程验收。

1.0.3　本规程不适用于粮油仓库工程中的铁路专用线、专用码头等独立工程的验收。

1.0.4　粮油仓库工程验收必须以批准文件、设计文件、合同、技术说明书和国家现行有关标准、规范、法规等为依据。

1.0.5　规划、环保、劳动安全、卫生、消防、供电、防雷、供水、计量、档案必须经过国家相关管理部门验收，并取得合格证明。

1.0.6　建设单位可根据本标准要求，结合本地区、本工程的实际情况，制定工程验收大纲。

1.0.7　粮油仓库工程验收除符合本规程的规定外，尚应符合国家现行有关标准的规定。

第二节　术　　语

2.0.1　平房仓
用于储存散装或包装粮食且满足储粮功能要求的单层房式建筑物。
2.0.2　筒仓
用于储存粮食散料的立式筒形构筑物，容纳粮食散料的部分为仓体。
2.0.3　浅圆仓
仓壁高度和仓径之比小于1.5，用于储存粮食散料的立式筒形构筑物。
2.0.4　楼房仓
用于储存散装或包装粮食且满足储粮功能要求的多层房式建筑物。

2.0.5 储罐

用于储存液态植物油的钢板焊接立式圆筒形容器，也成油罐。

2.0.6 仓壁

与粮食散料直接接触且承受粮食散料侧压力的仓体竖壁。

2.0.7 单位工程

具有单独设计、可以独立组织施工，是单项工程的组成部分。

2.0.8 单项工程

具有独立地设计文件，建成后可以独立发挥生产能力或工程效益的工程项目。

2.0.9 空载联动试车

工程设备、工艺管线、电气、控制等专业安装调试进行完且分项验收合格后，在不带料的情况下，对整个系统进行联合试车，实验性开动装置或系统，调整系统的安全性和完整性，达到或符合设计要求。

2.0.10 负荷联动试车

空载联动试车达到或符合设计要求后，对系统进行定量、分阶段带料试车，进行各方面参数的监测与控制，调整在满负荷的情况下，系统的工艺性、安全性和完整性达到或符合设计要求。

2.0.11 观感质量

通过现场观察和必要的量测所反映的工程外在质量。

2.0.12 验收

在施工单位自行质量检查评定的基础上，参与建设活动的有关单位共同对检验批、分项、分部、单位工程的质量和工艺设备参数进行抽样复验，根据相关标准以书面形式对工程质量达到合格与否作出确认。

2.0.13 进场验收

对进入施工现场的材料、构配件、设备等按相关标准规定要求进行检验，对产品达到合格与否作出确认。

2.0.14 预验收

建设单位、施工单位和项目预验收委员会，以项目批准的设计任务书、设计文件和国家颁发的施工验收、质量检验标准为依据，按照一定的程序和手续，在项目建成并经生产设备空载联动试车合格后，对项目的总体进行检查的活动。

2.0.15 竣工验收

建设单位、施工单位和项目竣工验收委员会，以项目有关批复、设计文件和国家颁发的施工验收、质量检验标准为依据，按照一定的程序和手续，在项目建成并试生产合格后，对项目的总体进行检查和认证的活动。

第三节　工程验收阶段和验收程序

3.1.1　在粮油仓库项目建设规程中，各施工阶段应根据国家有关规定进行自检、互检和专业检查，对关键工序及隐蔽工程的每道工序必须进行检验和记录。

3.1.2　各阶段工程的施工和验收，必须在前一阶段工程自检验收和各专业、各工种交接检验全部合格，并通过验收后方可进行。

3.1.3　单项工程所含单位工程全部验收合格后，建设单位应在规定时间内将单项工程的各单位工程竣工验收报告和有关文件报项目主管部门和建设行政管理部门备案。

3.2.1　粮油仓库建设项目应根据规模大小和复杂程度，工程验收分为单位工程验收、建设项目工程竣工预验收和建设项目工程竣工验收三个阶段。规模较大、较复杂的建设项目应先进行工程预验收，然后进行建设项目工程竣工验收；规模较小、较简单的项目，可以一次进行全部项目的竣工验收。

3.2.2　建筑工程质量验收应根据《建筑工程施工质量验收统一标准》（GB 50300）规定，划分为单位工程、分部工程、分项工程和检验批。

3.2.3　建设项目基本符合竣工验收标准，只是零星土建工程和少数非主要设备未按设计规定的内容全部建成，但不影响正常生产，亦可办理工程竣工验收手续。对剩余工程，应按设计留足投资，限期完成，完成后另行组织验收。

3.3.1　单位工程验收应符合下列程序：

1　单位工程完工，经施工单位与有关人员自行检查评定合格后，向建设单位提交工程验收报告；

2　建设单位收到工程验收报告后，应由建设单位负责组建单位工程验收组，对单位（子单位）工程进行验收；

3　单位工程验收可按下列规定进行：

1）单项工程的各单位工程宜同时验收；

2）同类单位工程可按完工日期同时或先后验收。

4　工艺设备安装调试验收可按下列程序进行：

1）单机设备安装调试验收；

2）工艺设备空载联动试车检验评定；

3）工艺设备负荷联动试车检验评定与验收；

4）当具备条件时，空载、负荷联动试车可连续进行。

3.3.2 工程预验收应符合下列程序：

1 单位工程全部验收合格后，施工单位按照国家有关规定，整理好文件、技术资料，向建设单位提出交工报告；

2 建设单位收到施工单位的交工报告后，向项目主管单位提出工程预验收申请报告，并组建工程预验收委员会，成立验收小组；

3 项目主管单位收到工程预验收申请后，批复并确定工程预验收时间；

4 召开工程竣工预验收会议。

3.3.3 工程竣工验收应符合下列程序：

1 工程竣工预验收合格后，建设单位按照国家有关规定，整理好文件、归档资料，向项目主管单位提交工程竣工验收申请报告；

2 项目主管单位收到工程竣工验收申请报告后向负责验收的主持单位提出工程竣工验收申请报告，并组建工程竣工验收委员会；

3 负责验收的主持单位收到工程竣工验收申请报告后，批复并确定工程竣工验收时间；

4 建设单位通知建设工程质量监督机构进行工程竣工验收；

5 召开工程竣工验收会议；

6 签发工程竣工验收鉴定书。

第四节　验收组织机构组成及职责

4.1.1 单位工程验收组织机构组成应符合下列规定：

1 单位工程验收组由建设单位组建，建设单位代表任组长，并主持单位工程验收工作；

2 单位工程验收组由建设、设计、施工、设备制造（供应）、安装调试、监理等有关单位负责人和有关专业技术人员组成。

4.1.2 单位工程验收组职责应包括下列主要内容：

1 负责指挥、协调各单位工程、各专业的检查验收工作；

2 负责对各单位工程作出是否符合设计要求和总体质量水平评价；

3 对验收中发现的问题提出处理意见。

4.2.1　工程竣工预验收委员会组织机构组成应符合下列规定：

1　工程竣工预验收委员会由建设单位组建；

2　工程竣工预验收委员会设主任委员 1 名、副主任委员及委员若干名，主任委员应由项目主管单位代表担任，并主持工程竣工预验收。工程竣工预验收委员会由项目主管单位、政府相关部门、投资方的代表和专家组成；

3　建设单位与设计、施工、设备制造（供应）、安装调试、监理等参建单位代表作为被验收单位应列席预验收委员会会议，负责解答专家提出的质疑；

4　工程竣工预验收委员会宜下设工程组、设备组、财务组和资料组；各组组长与组员由工程竣工预验收委员会确定。

4.2.2　工程预验收委员会职责应包括下列主要内容：

1　审查工程建设的各个环节是否按批准的设计文件所规定的内容进行建设；

2　负责组织各验收小组对建设项目进行全面复查；

3　审议各专业组验收检查结果，对工程作出总体评价；

4　对工程竣工预验收中发现的问题提出处理意见。

4.2.3　工程组职责应包括下列主要内容：

1　实地察验建设项目，核查单位工程验收记录；

2　检查单位工程验收提出问题的整改情况；

3　负责单位工程质量验收检查与评定；

4　对发现的问题、缺陷提出整改意见。

4.2.4　设备组职责应包括下列主要内容：

1　实地察验工艺设备，核查工艺设备单位工程验收记录；

2　核查设备、材料、备品备件、专用仪器、专用工器具使用和配置情况；

3　核查有关设备合格证、技术性能指标及技术说明书等有关材料；

4　核查单机设备试运行情况和工艺设备联动试运行情况；

5　负责工艺设备验收检查与评定；

6　对发现的问题、缺陷提出整改意见。

4.2.5　财务组职责应包括下列主要内容：

1　审查工程投资概预算执行情况，检查工程投资财务决算编制情况；

2　对发现的问题提出整改意见。

4.2.6　资料组职责应包括下列主要内容：

1　核查归档技术文件资料；

2　对发现的问题、缺陷提出整改意见。

4.3.1　工程竣工验收委员会组成应符合下列规定：

1　工程竣工验收委员会由建设单位负责筹建。

2　工程竣工验收委员会设主任委员 1 名，副主任委员及委员若干名，主任委员应由工程竣工验收主持单位代表担任。工程竣工验收委员会由政府相关主管部门、粮食行业相关主管部门、项目主管单位、银行（贷款项目）、审计、环境保护、消防、质量监督等行政主管部门及投资等单位代表和专家组成。专家组人员名单由项目主管单位与相关单位协商确定。

3　工程竣工验收主持单位，按以下原则确定：

1）中央政府投资的项目由国家相关主管部门或其授权部门主持；

2）中央政府和地方政府合资建设的项目，由中央和地方政府共同主持，或协商确定主持单位；

3）地方政府投资的项目，由地方政府相关主管单位或其授权单位主持；

4）非政府投资项目，原则上由主要投资方主持。

4　建设单位与设计、施工、设备制造（供应）、安装调试、监理等参建单位代表作为被验收单位应列席验收委员会会议，负责解答验收委员会的质疑；

5　工程竣工验收委员会下设工程组、设备组、财务组和资料组。各组组长与组员由工程竣工验收委员会确定。

4.3.2　工程竣工验收委员会职责应包括下列主要内容：

1　主持工程竣工验收，听取有关单位的工程总结报告；

2　在工程预验收的基础上，负责对建设项目进行全面复查；

3　审查工程建设的各个环节是否按批准的设计文件所规定的内容进行建设；

4　审议各专业组验收检查结果；

5　实地察验建筑工程和工艺设备安装、运转情况；

6　核查工程预验收提出的问题的处理情况；

7　对工程遗留问题提出处理意见；

8　对工程作出综合评价，对合格工程签发工程竣工验收鉴定书。

4.3.3　工程组职责应包括下列主要内容：

1　实地察验建筑工程建设情况，进一步审查工程质量，对已评定的工程等级进行认定；

2　检查工程竣工预验收提出问题的处理情况，核查工程竣工预验收抽查的重要项目情况；

3　对发现的问题、缺陷提出整改意见。

4.3.4　设备组职责应包括下列主要内容：

1　实地察验各类设备质量、安装情况，核查设备负荷联动运转情况，对是否达到设计要求作出评价；

2　对发现的问题、缺陷提出整改意见。

4.3.5　财务组职责应包括下列主要内容：

1　审查工程投资竣工决算，核查工程投资预算执行情况，并作出评价；

2　对发现的问题提出整改意见。

4.3.6　资料组职责应包括下列主要内容：

1　审查建设工程文件，对工程档案文件资料是否完整齐全作出评价；

2　对发现的问题、缺陷提出整改意见。

4.4.1　建设单位职责应包括下列主要内容：

1　应做好各阶段验收及验收过程中的组织管理工作，做好文秘、资料和后勤服务工作，配合有关部门做好保卫、消防等现场安全工作；

2　参加各阶段、各专业组的检查、协调工作；

3　协调解决合同执行中的问题和外部联系等；

4　负责解决压仓所需的粮源；

5　协调有关单位对验收中发现的问题进行整改；

6　为工程竣工验收提供工程竣工报告、工程概预算执行情况报告；

7　配合有关单位做好工程竣工决算及审计工作；

8　为工程验收提供工程建设总结。

4.4.2　设计单位职责应包括下列主要内容：

1　按设计合同提供设计文件，对设计质量负责；

2　负责技术交底和处理施工中有关设计的技术问题，负责必要的设计修改；

3　为工程验收提供设计总结。

4.4.3　施工单位职责应包括下列主要内容：

1　完成合同规定的建设内容，对施工质量负责；

2　提交完整的施工记录、试验记录、竣工图纸、文件、资料、施工总结等；

3 协同建设单位做好设备安装调试等工作；

4 解决处理验收中发现的问题、缺陷。

4.4.4 监理单位职责应包括下列主要内容：

1 完成合同规定的工程监理工作；

2 按规定提供项目监理规划、监理实施细则、监理月报、重要专题会议记录、质量事故报告与处理报告等相关文件资料；

3 提供工程监理总结；

4 对工程质量进行评估。

4.4.5 设备制造单位职责应包括下列主要内容：

1 应按合同要求提供设备，保证设备质量和性能，提供技术服务和指导；

2 及时消除设备缺陷，处理制造厂应负责解决的问题；

3 协助处理非责任性的设备问题等；

4 配合安装调试单位做好设备调试工作；

5 提交设备安装图及产品使用说明书等资料。

4.4.6 安装调试单位职责应包括下列主要内容：

1 完成合同规定的安装调试工程；

2 负责编写调试大纲；

3 解决处理验收、试运行中出现的问题、缺陷；

4 对设备安装质量、调试安全负责；

5 提交完整的设备安装调试记录、调试报告和调试工作总结及竣工图纸等资料。

第五节　单位工程验收

5.1 一般规定

5.1.1 粮油仓库工程验收项目包括：生产设施、辅助生产设施、办公生活设施和室外工程等建设内容，各类设施由多个单项工程组成。

5.1.2 各类设施单项工程主要包括下列内容：

1 生产设施单项工程主要包括平房仓、楼房仓、筒仓、浅圆仓、工作塔（地上、地下输送通廊）、储罐（管道、护油堤）、接发油房、粮食接收发放站（转运塔、输送栈桥）等；

2 辅助生产设施单项工程主要包括中心控制室、检化验室、药品库、变配电房、锅炉房、器材库、地磅房（地磅基础）、机修车间、机械罩棚、门房、铁路罩棚、加压泵房（消防水池、水塔）等；

3　办公及生活设施单项工程主要包括办公楼、倒班宿舍、食堂、浴室等；

4　室外工程主要包括道路、地坪、堆场、大门、围墙、挡土墙、排水沟、场地绿化等。

5.1.3　单位工程由建筑（室外）工程、工艺设备、电气工程、自动控制系统工程、安全防范工程、信息系统工程、粮情检测系统、给水排水工程、消防工程等单位工程组成。

5.2　建筑工程验收

5.2.1　建筑（室外）工程主要由地基与基础、主体结构、建筑装饰装修、建筑屋面等分部工程组成。

5.2.2　建筑（室外）工程验收具备的条件，应符合下列要求：

1　建筑（室外）工程所含分部工程的质量均应验收合格，且有监理工程师签署的验收意见；

2　隐蔽工程验收记录、分部工程完工验收记录、缺陷整改情况报告和有关设备与材料的试验、测试、检验报告等质量控制资料应齐全完整，并已分类整理完毕；

3　施工单位提交了竣工验收报告。

5.2.3　建筑（室外）工程验收检查的项目应包括下列内容：

1　材料产品的质量证明材料和抽样检测报告；

2　工程观感质量；

3　仓房、储罐沉降观测点的设置；

4　仓房的气密性；

5　分部、分项工程验收记录和质量评定记录。

5.2.4　建筑（室外）工程验收工作主要包括下列内容：

1　检查工程是否符合设计文件和施工技术要求；

2　检查各阶段工程施工质量是否按《建筑工程施工质量验收统一标准》GB 50300 的要求进行验收；

3　检查隐蔽工程验收记录、分部工程完工验收记录，检查有关设备和材料进场的试验、测试、检测报告、合格证等质量控制资料；

4　核查分部工程有关安全及功能的检测和主要工程抽检项目的检测记录；

5 检查已发现问题处理情况；

6 按本规程 5.2.3 条的要求检查工程施工质量；

7 对发现的问题、缺陷提出处理意见；

8 对工程进行质量评价；

9 做好单位工程质量竣工验收记录。

5.3 工艺设备验收

5.3.1 工艺设备主要包括：机械设备、检化验设备、油库设备等。

5.3.2 机械设备验收应符合下列规定：

1 机械设备主要包括：输送设备、清理设备、除尘设备、机修设备、计量设备、通风设备、熏蒸设备、打包设备、非标设备、装卸车（船）设备等。

2 机械设备验收具备的条件，应符合下列要求：

1）设备规格、性能、材质、技术指标符合相关规定；

2）单机设备安装调试和工艺设备空载联动试车均应验收合格，且有监理工程师签署的验收意见；

3）单机设备安装调试和工艺设备空载联动试车完工验收记录，缺陷整改情况报告及有关设备检验报告和有关材料的试验、测试、检验报告等质量控制资料应齐全完整，并已分类整理完毕；

4）熏蒸设备气密性试验完成；

5）计量设备经过国家相关管理部门验收，并取得合格证明；

6）施工单位提交了竣工验收报告。

3 机械设备验收检查的项目，主要包括下列内容：

1）机械设备及材料生产合格证明材料；

2）机械设备观感质量；

3）设备安装调试验收记录。

4 机械设备验收工作主要包括下列内容：

1）检查机械设备的规格型号、技术参数是否符合设计文件要求；

2）设备、材料生产合格证和试验、测试、检验报告等质量控制资料；

3）检查单机设备安装调试验收记录、工艺设备空载联动试车验收记录；

4）检查熏蒸设备气密性验收记录；

5）查验已发现问题处理情况；

6）检查机械设备观感质量是否符合要求；

7）对发现的问题、缺陷提出处理意见；

8）对工程作出评价；

9）做好机械设备验收记录。

5.3.3　检化验设备验收应符合下列规定：

1　检化验设备主要包括：取样设备、检验设备、化验设备等。

2　检化验设备验收具备的条件，应符合下列要求：

1）检化验设备必须取得国家计量部门型式许可；

2）检化验设备安装调试、技术指标测试应全部验收合格，且有监理工程师签署的验收意见；

3）检化验设备验收记录、有关检测报告及缺陷整改情况报告等资料应齐全完整，并已分类整理完毕。

3　检化验设备验收应检查的项目，主要包括下列内容：

1）检化验设备生产合格证明材料；

2）检化验设备观感质量；

3）检化验设备安装调试验收记录。

4　检化验设备验收工作，主要包括下列内容：

1）检查检化验设备规格型号、技术参数是否符合设计文件要求；

2）查验检化验设备型式检验报告、合格证书和安装调试、技术指标测试验收记录；

3）查验已发现问题处理情况；

4）检查检化验设备观感质量是否符合要求；

5）对发现的问题、缺陷提出处理意见；

6）对检化验设备及安装做出评价；

7）做好检化验设备验收记录。

5.3.4　油库设备验收应符合下列规定：

1　油库设备主要包括：立式钢制储罐、管道、进/出油泵、计量设备、接发油设施、压缩空气站、加热设备等。

2　油库设备验收具备的条件，应符合下列要求：

1）各分部工程应全部验收合格，且有监理工程师签署的验收意见；

2）施工主要工序和隐蔽工程检查签证记录、分部工程完工验收记录、缺陷整改情况报告及有关设备检验报告等资料应齐全完整，并已分类整理完毕。

3　油库设备验收应检查的项目，主要包括下列内容：

1）设备、配件、材料质量证明材料及材料复检报告等资料；

2）设备观感质量；

3）设备安装调试验收记录和分部工程完工验收记录。

4 油库设备验收工作，主要包括下列内容：

1）检查设备规格型号、技术参数是否符合设计要求；

2）查验各分部工程验收记录、设备生产合格证、配件合格证、材料合格证等资料；

3）查验储罐焊缝无损伤检测记录、罐底板真空试验报告、罐体严密性试验报告、储罐沉降观测记录等验收资料；

4）核查设备有关安全及功能的检测和主要功能抽检项目的检测记录；

5）检查已发现问题处理情况；

6）检查油库设备观感质量是否符合要求；

7）对发现的问题、缺陷提出处理意见；

8）对工程作出评价；

9）做好油库设备验收记录。

5.4 电气工程验收

5.4.1 电气工程主要由下列内容组成：

1 库区电缆线路工程主要包括电缆沟制作、电缆保护管加工与敷设、电缆支架配制与安装、电缆敷设、电缆终端和接头制作等；

2 变配电设施工程主要包括变压器、高低压电器设施、仓库动力配线等；

3 照明工程主要包括库区道路照明和粮油仓库的生产、辅助生产、办公生活设施照明等；

4 安全保护工程主要包括防雷装置、接零和接地设施等。

5.4.2 电气工程验收具备的条件，应符合下列要求：

1 各分部、分项工程全部验收合格，且有监理工程师签署的验收意见；

2 隐蔽工程验收记录、分部工程完工验收记录、变配电设备安装调试记录、缺陷整改情况报告和设备、材料、配件的测试及检验报告等质量控制资料应齐全完整，并已分类整理完毕；

3 工程所含分部工程有关安全及功能的检测和主要功能抽检项目的检测资料应完整，并已分类整理完毕；

4 施工单位提交了竣工验收报告。

5.4.3 验收检查的项目，应包括下列内容：

1　设备、材料产品的质量证明材料；

2　产品、设备的观感质量；

3　工程各阶段分部、分项工程验收情况和质量评定情况。

5.4.4　验收工作主要包括下列内容：

1　检查电气工程是否符合设计文件及施工技术要求；

2　查验设备、材料生产合格证、防爆产品生产资质证书、材料进场复验报告、试验报告等资料；

3　检查各分部工程验收记录、隐蔽工程验收记录、质量评定记录；

4　核查设备有关安全保护、防护措施和主要功能抽检的检测记录；

5　检查已发现问题处理情况；

6　检查电气工程观感质量是否符合要求；

7　对发现的问题、缺陷提出处理要求；

8　对工程作出评价；

9　做好电气工程验收记录。

5.5　自动控制系统工程验收

5.5.1　自动控制系统工程主要包括现场设备（现场操作箱、现场监测装置）、控制室设备（MCC 柜、PLC 柜、操作控制台）及线缆敷设等。

5.5.2　自动控制系统工程验收具备的条件，应符合下列要求：

1　各分部、分项工程全部验收合格，且有监理工程师签署的验收意见；

2　隐蔽工程验收记录、分部工程完工验收记录、调试记录、缺陷整改情况报告和设备、材料、配件的测试及检验报告等质量控制资料应齐全完整，并已分类整理完毕；

3　工程所含分部工程有关安全项目的检测和主要功能抽检项目的检测资料应完整；

4　施工单位提交了竣工验收报告。

5.5.3　自动控制系统工程验收检查的项目，应包括下列内容：

1　设备、配件、材料的质量证明材料；

2　设备、安装工程的观感质量；

3　工程各阶段分部、分项工程验收情况和质量评定情况。

5.5.4　自动控制系统工程验收工作，应包括下列内容：

1　检查自动控制系统工程是否符合设计文件、合同文件及施工技术要求；

2　查验设备、配件、材料生产合格证、防爆产品生产资质证书、材料进场复验记录、试验报告等资料；

3 检查各工艺设备路径试运行验收记录；

4 检查各分部工程验收记录、隐蔽工程验收记录、质量评定记录、抽检项目的检测记录等；

5 检查已发现问题处理情况；

6 检查设备、安装工程的观感质量是否符合要求；

7 对发现的问题、缺陷提出处理意见；

8 对工程作出评价；

9 做好自动控制系统工程验收记录。

5.6 安全防范工程验收

5.6.1 安全防范工程主要包括入侵报警系统、视频安防监控系统、出入口控制系统等。

5.6.2 安全防范工程验收具备的条件，应符合下列要求：

1 各分部、分项工程全部验收合格，安防系统调试、试运行达到设计要求，且有监理工程师签署的验收意见；

2 隐蔽工程验收记录、分部工程完工验收记录、调试记录、缺陷整改情况报告和设备、材料、配件的测试、检验报告、有关安全和主要功能抽检项目的检测报告等质量控制资料应齐全完整，并已分类整理完毕；

3 施工单位提交了竣工验收报告。

5.6.3 安全防范工程验收检查的项目，应包括下列内容：

1 设备、配件、材料的质量证明材料；

2 设备、安装工程的观感质量；

3 工程各阶段分部、分项工程验收情况和质量评定情况。

5.6.4 安全防范工程验收工作，应包括下列内容：

1 检查安全防范工程是否符合设计文件、合同文件及施工技术要求；

2 查验设备、配件、材料生产合格证、防爆产品生产资质证书、材料进场复验报告、试验技告等资料；

3 检查各分部工程验收记录、隐蔽工程验收记录、质量评定记录；

4 核查主要功能抽检项目的检测记录；

5 检查已发现问题处理情况；

6 检查设备、安装工程的观感质量是否符合要求；

7 对发现的问题、缺陷提出处理意见；

8 对工程作出评价；

9　做好安全防范工程验收记录。

5.7　信息系统工程验收

5.7.1　信息系统工程主要包括计算机硬件平台和信息管理软件系统等。

5.7.2　信息系统工程验收具备的条件，应符合下列要求：

1　规划和集成符合信息系统总体设计、合同文件的要求；

2　各分部、分项工程全部验收合格，且有监理工程师签署的验收意见；

3　信息管理软件系统及硬件平台调试、试运行达到设计、合同要求；

4　软硬件系统测试报告、使用说明书、操作系统及设备驱动软件、办公及应用系统软件、网络信息端口编号对应表等资料齐全完整；

5　隐蔽工程验收记录、分部工程完工验收记录、调试与试运行记录、缺陷整改情况报告和设备、材料、配件的测试、检验报告等质量控制资料应齐全完整，并已分类整理完毕；

6　施工单位提交了竣工验收报告。

5.7.3　信息系统工程验收检查的项目，应包括下列内容：

1　设备、配件、材料的质量证明材料；

2　设备、安装工程的观感质量；

3　工程各阶段分部、分项工程验收情况和质量评定情况。

5.7.4　信息系统工程验收工作，应包括下列内容：

1　检查信息系统工程是否符合设计文件及施工技术要求；

2　查验设备、配件、材料生产合格证、材料进场复验报告、试验报告等资料；

3　检查各分部工程验收记录、隐蔽工程验收记录、质量评定记录及工程缺陷整改情况报告等资料；

4　检查已发现问题处理情况；

5　检查设备、安装工程的观感质量是否符合要求；

6　对发现的问题、缺陷提出处理意见；

7　对工程作出评价；

8　做好信息系统工程验收记录。

5.8　粮情测控系统工程验收

5.8.1　粮情测控系统主要包括现场前端设备（测温电缆、温湿传感器、测控分机等）、监控中心终端设备（测控主机、测控计算机及测控软件等）及线缆敷设等。

5.8.2　粮情测控系统工程验收具备的条件，应符合下列要求：

1 粮情测控系统调试、试运行达到设计、合同要求；

2 各分部、分项工程全部验收合格，且有监理工程师签署的验收意见；

3 隐蔽工程验收记录、分部工程完工验收记录、调试记录、抽检项目的检测资料、缺陷整改情况报告和设备、材料、配件的测试、检验报告等质量控制资料应齐全完整，并已分类整理完毕；

4 施工单位提交了竣工验收报告。

5.8.3 粮情测控系统工程验收检查的项目，应包括下列内容：

1 设备、配件、材料的质量证明材料；

2 设备、安装工程的观感质量；

3 工程各阶段分部、分项工程验收情况和质量评定情况。

5.8.4 粮情测控系统工程验收工作，应包括下列内容：

1 检查粮情测控系统工程是否符合设计文件、合同文件及施工技术要求；

2 查验设备、配件、材料生产合格证、防护等级证书、材料进场复验报告及试验报告等资料；

3 检查各分部工程验收记录、隐蔽工程验收记录、测试调试报告、质量评定记录、主要功能抽检项目的检测记录及工程缺陷整改情况报告等资料；

4 检查已发现问题处理情况；

5 检查设备、安装工程的观感质量是否符合要求；

6 对发现的问题、缺陷提出处理意见；

7 对工程作出评价；

8 做好粮情测控系统验收记录。

5.9 给水排水工程验收

5.9.1 给水排水工程由给水工程和排水工程组成。

5.9.2 给水排水工程验收具备的条件，应符合下列要求：

1 各分部、分项工程全部验收合格，且有监理工程师签署的验收意见；

2 隐蔽工程验收记录、分部工程完工验收记录、给水管道水压试验及冲洗记录、排水管通水试验记录、缺陷整改情况报告设备、材料、配件的试验、测试、检验报告、调试记录等质量控制资料应齐全完整，并已分类整理完毕；

3 施工单位提交了竣工验收报告。

5.9.3 给水排水工程验收检查的项目，应包括下列内容：

1　设备、配件、材料的质量证明材料；

2　设备、安装工程的观感质量；

3　工程各阶段分部、分项工程验收情况和质量评定情况。

5.9.4　给水排水工程验收工作，应包括下列内容：

1　检查给水排水工程是否符合设计文件、合同文件及施工技术要求；

2　查验设备、配件、材料生产合格证、防护等级证书、材料进场复验报告及试验报告等资料；

3　检查各分部工程验收记录、隐蔽工程验收记录、测试报告、抽检项目的检测记录、质量评定记录等资料；

4　检查设备、安装工程的观感质量是否符合要求；

5　检查已发现问题处理情况；

6　对发现的问题、缺陷提出处理意见；

7　对工程作出评价；

8　做好给水排水工程验收记录。

5.10　消防工程验收

5.10.1　消防工程由室内消防系统、室外消防系统组成。

5.10.2　消防工程验收具备的条件，应符合下列要求：

1　各分部、分项工程全部验收合格，且有监理工程师签署的验收意见；

2　隐蔽工程验收记录、分部工程完工验收记录、消防管道水压试验及冲洗记录、消防水泵调试记录、缺陷整改情况报告设备、材料、配件的测试、检验报告等质量控制资料应齐全完整，并已分类整理完毕；

3　施工单位提交了竣工验收报告。

5.10.3　消防工程验收检查的项目，应包括下列内容：

1　当地消防主管部门的验收意见；

2　设备、配件、材料的质量证明材料；

3　设备、安装工程的观感质量；

4　工程各阶段分部、分项工程验收情况和质量评定情况。

5.10.4　主要验收工作

1　检查消防工程是否符合施工设计文件、施工技术要求和消防部门审核意见；

2　查验设备、配件、材料生产合格证、材料进场复验报告、试验报告等资料；

3　检查各分部工程验收记录、隐蔽工程验收记录、测试报告、主要功能抽检项目的检测记录、质量评定记录等资料；

　　4　检查已发现问题处理情况；

　　5　检查设备、安装工程的观感质量是否符合要求；

　　6　对发现的问题、缺陷提出处理意见；

　　7　对工程作出评价；

　　8　做好消防工程验收记录。

第六节　工程竣工预验收

6.0.1　工程竣工预验收应具备以下条件：

　　1　各单项工程的各单位工程已按设计要求建成并通过验收，验收合格，能够满足生产和作业要求；

　　2　质监部门已对预验收工程进行质量检查；

　　3　设备安装完毕，空载联动试运行验收合格，测定记录和技术指标数据完整，符合负荷联动试车条件；

　　4　规划、环保、劳动安全、卫生、消防、供电、防雷、供水、计量、档案等分别通过了有关部门的专项验收；

　　5　历次验收发现的问题已整改完毕；

　　6　竣工财务决算报告编制基本完成；

　　7　仓房气密性达到规定要求；

　　8　有完整的工程档案和施工管理资料，已按《建设工程文件归档整理规范》GB/T 50328 规定整理并归档完毕；

　　9　建设单位提出工程竣工预验收申请报告。

6.0.2　工程竣工预验收应提供的工程总结报告包括以下内容：

　　1　建设单位的建设总结报告；

　　2　监理单位的工程质量评估报告；

　　3　设计单位的质量检查报告；

　　4　施工单位的施工自评报告和工程竣工报告；

　　5　安装调试单位的设备调试报告。

6.0.3　工程竣工预验收应提供的备查文件与资料主要包括以下内容：

　　1　工程项目批复与设计审批文件；

　　2　国家行政主管部门对土地使用、规划、环保、劳动安全、卫生、消防、供电、防雷、供水、计量、档案等项目批复或认可文件；

3　设计文件及有关资料等；

4　施工合同、设备订货合同、监理合同等文件；

5　设备与材料合格证、产品技术说明书、使用手册等；

6　施工记录，有关设备、材料、配件的合格证和试验、测试、检验报告等；

7　质监部门对桩基、地基与基础、主体结构的验收督察意见等；

8　监理检查记录和签证等；

9　各单位工程完工与设备单机安装调试、工艺设备联动调试试运行验收记录等文件；

10　历次验收所发现的问题整改消缺记录与报告；

11　工程设计与施工协调会议纪要等资料；

12　工程建设大事记；

13　施工单位签署的工程质量保修书；

14　工程概预算执行情况报告。

6.0.4　工程竣工预验收检查项目主要包括以下内容：

1　按本规程6.0.2和6.0.3的要求核查竣工资料，提供的资料应齐全完整，符合档案管理规定；

2　检查历次验收记录与报告；

3　实地察验工程项目，组织相关专业，对主要使用功能、主要隐蔽工程和涉及结构安全的重点部位进行抽样检查；

4　实地察验设备安装情况，检查工艺设备联动试运转情况；

5　检查中央监控与远程监控工作情况；

6　检查历次验收所提出的问题处理情况；

7　审查工程概预算执行情况，检查竣工财务决算报告编制情况。

6.0.5　工程竣工预验收工作程序应符合下列规定：

1　召开预备会，会议应包括下列主要内容：

1）审议工程预验收会议准备情况；

2）确定验收委员会成员名单及分组名单；

3）审议会议日程安排及有关注意事项；

4）协调工程预验收的外部联系。

2　召开第一次大会，会议应包括下列主要内容：

1）宣布预验收会议议程；

2）宣布预验收委员会委员名单及分组名单；

3）建设单位做工程建设总结报告；

4）设计单位做设计总结报告；

5）施工单位做施工总结报告；

6）设备调试单位做设备调试总结报告；

7）监理单位做工程监理总结报告。

3 专业组分组检查，主要检查下列内容：

1）检查有关文件、资料；

2）现场核查工程完成情况、工程质量和工程概预算执行情况。

4 召开验收委员会会议，会议应包括下列主要内容：

1）各专业检查组汇报检查结果；

2）项目单位、设计单位、监理单位、施工单位、安装调试单位接受验收委员会的质询；

3）各专业检查组形成小组意见；

4）验收委员会评议主持验收项目，讨论并通过工程竣工预验收会议纪要。

5 召开第二次大会，会议应包括下列主要内容：

1）听取各检查组汇报；

2）宣读工程竣工预验收会议纪要；

3）工程预验收委员会成员在工程竣工预验收会议纪要上签字；

4）被验收单位代表在工程竣工预验收会议纪要上签字。

6.0.6 工程竣工预验收工作，主要包括下列内容：

1 审议工程建设总结报告和设计、施工、安装、监理等总结报告；

2 按本规程6.0.4的要求分组进行检查；

3 协调处理预验收中有关问题，对重大缺陷与问题提出处理意见；

4 对工程作出总体评价；

5 签发工程竣工预验收会议纪要。

第七节 工程竣工验收

7.0.1 一般规定

1 工程竣工验收应在完成设备联动试运行验收、工程竣工预验收、粮食筒仓压仓和储罐冲水试验验收、工程竣工图和财务决算通过审计后进行；

2 当完成工程财务决算审查后，建设单位应及时上报工程竣工验收主持单位审批，并申请工程竣工验收；

　　3　对于非政府投资的粮油仓库建设项目，财务决算可在工程竣工验收后进行。

　　7.0.2　工程竣工验收应具备以下条件：

　　1　工程已按批准的设计内容全部建成且通过工程竣工预验收；

　　2　粮食筒仓和储罐按有关要求完成压仓和冲水验收；

　　3　设备经负荷试车能够达到工艺生产技术指标，符合设计要求；

　　4　工程竣工图已完成；

　　5　已按要求对工程预验收提出的问题进行整改；

　　6　资料符合《建设工程文件归档整理规范》（GB/T 50328）规定；

　　7　财务决算已全部通过财政部门或其委托机构的审查，以及审计部门的审计，并经有关部门批准。

　　7.0.3　工程竣工验收应提供以下资料：

　　1　按本规程6.0.2和6.0.3的要求提供资料；

　　2　工程竣工预验收报告；

　　3　工程竣工预验收会议纪要；

　　4　粮食筒仓压仓和储罐充水沉降观测记录和验收报告、评价记录；

　　5　工程竣工图；

　　6　工程竣工财务决算报告及其审计报告；

　　7　工程竣工报告。

　　7.0.4　工程竣工验收应检查项目主要包括以下内容：

　　1　按本规程7.3.1的要求核查工程竣工材料，提供的资料应齐全完整，符合档案管理规定；

　　2　检查历次验收结果，必要时进行现场复核；

　　3　检查工程缺陷整改情况，必要时进行现场复核；

　　4　审查工程概预算执行情况；

　　5　审查竣工财务决算报告及其审计报告。

　　7.0.5　工程竣工验收工作程序应符合下列规定：

　　1　召开预备会，项目法人单位汇报竣工验收会准备情况，确定工程竣工验收委员会委员名单；

　　2　召开第一次验收大会，会议应包括下列主要内容：

　　1）宣布验收会会议议程；

　　2）宣布工程竣工验收委员会委员名单及各专业检查组名单；

3）建设单位做工程建设情况、压仓使用情况和工程竣工总结报告；

4）勘察、设计单位做设计总结报告；

5）施工单位做施工总结报告；

6）设备调试单位做设备调试总结报告；

7）监理单位做工程监理总结报告；

8）审计单位做竣工财务决算报告；

9）观看工程声像资料、文字资料。

3　专业组分组检查，主要检查下列内容：

1）审阅有关文件、资料；

2）现场核查工程完成情况、工程质量和工程财务决算情况。

4　召开工程竣工验收委员会会议，会议应包括下列主要内容：

1）专业检查组汇报检查结果；

2）建设单位、设计单位、施工单位、安装调试单位、监理单位接受验收委员会的质询；

3）验收委员会评议主持验收项目，讨论并通过"粮油仓库工程竣工验收鉴定书"（粮油仓库工程竣工验收鉴定书内容与格式见附录A）；

4）形成会议纪要。

5　召开第二次大会，会议应包括下列主要内容：

1）各检查组宣读检查结果；

2）工程竣工验收主任委员宣读"工程竣工验收鉴定书"；

3）验收委员会委员在"工程竣工验收鉴定书"上签字；

4）被验收单位代表在"工程竣工验收鉴定书"上签字。

7.0.6　工程竣工验收主要验收工作，包括下列主要内容：

1　按本规程7.0.4条的要求全面检查工程建设质量和工程概预算执行情况；

2　如果在验收过程中发现重大问题，验收委员会可采取停止验收或部分验收等措施，对工程竣工验收遗留问题提出处理意见，并责成建设单位限期处理遗留问题，处理结果及时报告项目主管单位；

3　对工程作出总体评价；

4　签发"工程竣工验收鉴定书"，并自鉴定书签字之日起28天内，由验收主持单位行文发送有关单位。

廉政法规

加强政府采购管理工作

近年来，各地区、各部门认真贯彻落实《中华人民共和国政府采购法》（以下简称《政府采购法》），不断加强制度建设、规范采购行为，政府采购在提高资金使用效益，维护国家和社会公益，以及防范腐败、支持节能环保和促进自主创新等方面取得了显著成效。但是，个别单位规避政府采购，操作执行环节不规范，运行机制不完善，监督处罚不到位，部分政府采购效率低价格高等问题仍然比较突出，一些违反法纪、贪污腐败的现象时有发生，造成财政资金损失浪费。为切实解决这些问题，全面深化政府采购制度改革，经国务院同意，现就进一步加强政府采购管理工作提出以下意见：

一、坚持应采尽采，进一步强化和实现依法采购

财政部门要依据政府采购需要和集中采购机构能力，研究完善政府集中采购目录和产品分类。各地区、各部门要加大推进政府采购工作的力度，扩大政府采购管理实施范围，对列入政府采购的项目应全部依法实施政府采购。尤其是要加强对部门和单位使用纳入财政管理的其他资金或使用以财政性资金作为还款来源的借（贷）款进行采购的管理；要加强工程项目的政府采购管理，政府采购工程项目除招标投标外均按《政府采购法》规定执行。

各部门、各单位要认真执行政府采购法律制度规定的工作程序和操作标准，合理确定采购需求，及时签订合同、履约验收和支付资金，不得以任何方式干预和影响采购活动。属政府集中采购目录项目要委托集中采购机构实施；达到公开招标限额标准的采购项目，未经财政部门批准不得采取其他采购方式，并严格按规定向社会公开发布采购信息，实现采购活动的公开透明。

二、坚持管采分离，进一步完善监管和运行机制

加强政府采购监督管理与操作执行相分离的体制建设，进一步完善财政部门监督管理和集中采购机构独立操作运行的机制。

财政部门要严格采购文件编制、信息公告、采购评审、采购合同格式和产品验收等环节的具体标准和程序要求；要建立统一的专家库、供应商产品信息库，逐步实现动态管理和加强违规行为的处罚；要会同国家保密部门制定保密项目采购的具体标准、范围和工作要求，防止借采购项目保密而逃避或简化政府采购的行为。

集中采购机构要严格按照《政府采购法》规定组织采购活动，规范集中采购操作行为，增强集中采购目录执行的严肃性、科学性和有效性。在组织实施中不得违反国家规定收取采购代理费用和其他费用，也不得将采购单位委托的集中采购项目再委托给社会代理机构组织实施采购。要建立健全内部监督管理制度，实现采购活动不同环节之间权责明确、岗位分离。要重视和加强专业化建设，优化集中采购实施方式和内部操作程序，实现采购价格低于市场平均价格、采购效率更高、采购质量优良和服务良好。

在集中采购业务代理活动中要适当引入竞争机制，打破现有集中采购机构完全按行政隶属关系接受委托业务的格局，允许采购单位在所在区域内择优选择集中采购机构，实现集中采购活动的良性竞争。

三、坚持预算约束，进一步提高政府采购效率和质量

各部门、各单位要按照《政府采购法》的规定和财政部门预算管理的要求，将政府采购项目全部编入部门预算，做好政府采购预算和采购计划编报的相互衔接工作，确保采购计划严格按政府采购预算的项目和数额执行。

要采取有效措施，加强监管部门、采购单位和采购代理机构间的相互衔接，通过改进管理水平和操作执行质量，不断提高采购效率。财政部门要改进管理方式，提高审批效率，整合优化采购环节，制定标准化工作程序，建立各种采购方式下的政府采购价格监测机制和采购结果社会公开披露制度，实现对采购活动及采购结果的有效监控。集中采购机构要提高业务技能和专业化操作水平，通过优化采购组织形式，科学制定价格参数和评价标准，完善评审程序，缩短采购操作时间，建立政府采购价格与市场价格的联动机制，实现采购价格和采购质量最优。

四、坚持政策功能，进一步服务好经济和社会发展大局

政府采购应当有助于实现国家的经济和社会发展政策目标。强化政府采购的政策功能作用，是建立科学政府采购制度的客观要求。各地区、各部门要从政府采购政策功能上支持国家宏观调控，贯彻好扩大内需、调整结构等

经济政策，认真落实节能环保、自主创新、进口产品审核等政府采购政策；进一步扩大政府采购政策功能范围，积极研究支持促进中小企业发展等政府采购政策。加大强制采购节能产品和优先购买环保产品的力度，凡采购产品涉及节能环保和自主创新产品的，必须执行财政部会同有关部门发布的节能环保和自主创新产品政府采购清单（目录）。要严格审核进口产品的采购，凡国内产品能够满足需求的都要采购国内产品。财政部门要加强政策实施的监督，跟踪政策实施情况，建立采购效果评价体系，保证政策规定落到实处。

五、坚持依法处罚，进一步严肃法律制度约束

各级财政、监察、审计、预防腐败部门要加强对政府采购的监督管理，严格执法检查，对违法违规行为要依法追究责任并以适当方式向社会公布，对情节严重的要依法予以处罚。

要通过动态监控体系及时发现、纠正和处理采购单位逃避政府采购和其他违反政府采购制度规定的行为，追究相关单位及人员的责任。要完善评审专家责任处罚办法，对评审专家违反政府采购制度规定、评审程序和评审标准，以及在评审工作中敷衍塞责或故意影响评标结果等行为，要严肃处理。要加快供应商诚信体系建设，对供应商围标、串标和欺诈等行为依法予以处罚并向社会公布。要加快建立对采购单位、评审专家、供应商、集中采购机构和社会代理机构的考核评价制度和不良行为公告制度，引入公开评议和社会监督机制。严格对集中采购机构的考核，考核结果要向同级人民政府报告。加强对集中采购机构整改情况的跟踪监管，对集中采购机构的违法违规行为，要严格按照法律规定予以处理。

六、坚持体系建设，进一步推进电子化政府采购

加强政府采购信息化建设，是深化政府采购制度改革的重要内容，也是实现政府采购科学化、精细化管理的手段。各地区要积极推进政府采购信息化建设，利用现代电子信息技术，实现政府采购管理和操作执行各个环节的协调联动。财政部门要切实加强对政府采购信息化建设工作的统一领导和组织，科学制订电子化政府采购体系发展建设规划，以管理功能完善、交易公开透明、操作规范统一、网络安全可靠为目标，建设全国统一的电子化政府采购管理交易平台，逐步实现政府采购业务交易信息共享和全流程电子化操作。要抓好信息系统推广运行的组织工作，制定由点到面、协调推进的实施

计划。

七、坚持考核培训，进一步加强政府采购队伍建设

各地区、各部门要继续加强政府采购从业人员的职业教育、法制教育和技能培训，增强政府采购从业人员依法行政和依法采购的观念，建立系统的教育培训制度。财政部要会同有关部门研究建立政府采购从业人员执业资格制度，对采购单位、集中采购机构、社会代理机构和评审专家等从业人员实行持证上岗和执业考核，推动政府采购从业人员职业化的进程。集中采购机构要建立内部岗位标准和考核办法，形成优胜劣汰的良性机制，不断提高集中采购机构专业化操作水平。

各地区、各部门要全面把握新时期、新形势下完善政府采购制度的新要求，进一步提高对深化政府采购制度改革重要性的认识，切实加大推进政府采购管理工作的力度，加强对政府采购工作的组织领导，着力协调和解决政府采购管理中存在的突出问题，推进政府采购工作健康发展。

加强工程建设领域物资采购和
资金安排使用管理工作

　　根据《关于开展工程建设领域突出问题专项治理工作的意见》（中办发〔2009〕27号）和《工程建设领域突出问题专项治理工作实施方案》（中治工发〔2009〕2号）精神，现就加强工程建设领域物资采购和资金安排使用管理工作，提出如下意见。

一、工作目标

　　以政府投资和使用国有资金项目特别是扩大内需项目为重点，用2年左右的时间，对2008年以来规模以上的工程建设项目进行全面排查。坚持集中治理与加强日常监管工作相结合，着重解决工程建设项目物资采购监管薄弱、资金使用管理混乱以及严重超概算等突出问题，规范物资采购活动，促进工程建设资金规范、高效、安全、廉洁使用，并结合业务发展需要，不断完善制度，创新机制，切实从源头上预防和治理工程建设领域的突出问题。

二、具体措施和责任单位

　　（一）要严格按照招标投标法和政府采购法的有关规定，加强对工程建设重要设备、材料采购的监管（国家发展改革委、财政部、国资委、商务部）

　　1. 规范工程建设项目招标投标活动

　　一是严格执行招标制度。单项合同估算价在200万元人民币（适用于中央单位）以上的重要设备、材料等货物的采购，是否严格执行招标制；具体招标事项该审批、公告的，是否履行报批核准和公告手续；是否存在要挟、暗示投标人在中标后分包部分工程给本地区、本系统供货商问题；投标人是否有弄虚作假，骗取投标资格问题。

　　二是保证评标活动公正性。评标委员会的组建是否符合法定条件，是否严格执行回避制度；评标标准和方法是否在招标文件中公开载明，在评标过程中是否随意改变评标标准和方法；是否采取抽签、摇号等博彩性方式确定中标人；对评标专家在评标活动中的违法违规行为是否依法给予查处。

三是规范招标代理机构。招标代理机构是否与行政主管部门脱钩，是否存在隶属关系或者其他利益关系；是否存在违反招标投标法等规定，设立和认定招标代理机构资格的行为；对违法违规的招标代理机构是否依法给予处理。

2. 工程建设项目执行政府采购法的有关情况

对工程建设投资在政府采购限额标准（目前中央预算的政府采购项目采购限额标准是 60 万元）以上、工程招标标准（《工程建设项目招标范围和规模标准》规定是 200 万元，各地有所不同）以下的项目，是否执行政府采购制度规定；工程招标标准以上的工程建设项目，在招标投标外是否执行政府采购制度规定；对工程建设领域适用政府采购法的物资采购，是否执行政府采购制度规定。要做好招标投标法与政府采购法的衔接，执行中的具体问题，由国家发展改革委、财政部协商解决办法。

（二）要加强工程建设项目资金监管，深化国库集中支付制度改革，严格概预算管理，控制建设成本，确保财政拨款和银行贷款等项目建设资金的安全（财政部、国家发展改革委、人民银行、国资委）

1. 强化财政监督，建立覆盖资金运行全过程的监管机制

一是加强项目资金预算下达审核把关。项目资金预算是否按照预算管理程序规定审核下达，具体项目安排是否符合国家确定的投向和范围；是否存在超概算，擅自提高建设标准和增加建设内容问题；是否挪用其他专项资金；对没有履行基本建设程序、前期准备不足、不符合规定要求的项目，以及概算明显偏高、不合理的项目，是否下达了项目资金预算。

二是加强项目资金预算执行审核把关。项目建设资金支付，不仅要依据预算文件，还要根据项目建设进度、供货合同以及国库集中支付管理规定等进行审核把关。在确保资金及时拨付的同时，要重点审核是否符合预算要求；是否具备拨款条件；是否符合工程进度需要；是否按照国库集中支付要求拨付资金；是否存在执行偏慢或超量预拨；是否按照规定的用途安排使用资金；是否存在截留建设资金问题。

三是督促地方落实好配套资金。地方配套资金的落实，直接关系到当前推动扩大内需促进经济增长战略目标的实现。为此，要重点检查地方是否按规定、按承诺落实配套资金，尤其是地方政府是否按照规定安排使用地方政府债券资金。

为解决地方政府配套资金不足问题，中央采取了代理发行地方政府债券

的办法，并明确规定了具体用途。按照有关规定，地方政府债券资金要首先用于中央投资项目地方政府配套，尤其是公益性项目配套。在满足中央投资项目地方配套后，方可用于地方公益性建设项目，严禁用于经常性支出以及楼堂馆所建设。对未按规定使用地方政府债券资金且又存在配套资金缺口的地区，将限期整改，并对拒不改正的，采取暂缓下达后续基建投资和资金预算等政策措施。

四是加强监督检查。重点审查项目预算是否按规定执行；工程结算是否按合同、协议支持工程款，各类取费标准和支付凭证是否合规；是否按照规定的时间要求及时编制竣工财务决算；是否按规定及时办理资产移交；对发现存在的问题是否及时整改。同时，还要重点监督地方是否把地方政府债券列入本级预算管理，是否已采取加强地方债券还本付息和防范债务风险的措施。

2. 严格概预算执行管理，控制建设成本

一是控制投资概算。有关批复部门是否严格把关，科学合理地确定项目建设投资规模，严格执行有关工程造价和标准的规定；工程项目设计是否按照批准的建设内容、规模、标准、总投资概算等控制指标严格执行；工程监理单位是否依法、依规对承担施工单位在施工质量、建设工期和建设资金使用等实施监督；对未及时制止和报告的监理单位，是否给予相应处罚。

二是强化预算约束。工程建设项目预算是否严格执行，是否存在擅自调整建设内容、规模或提高建设标准，是否存在超概算、超规模、超标准问题；是否按工程进度、合同、协议和规定程序申请支付工程款；项目配套资金是否落实，能否及时足额到位；是否存在拖欠工程款问题。确需调整的项目，是否按规定履行相关报批手续；对没有履行报批手续的，是否按规定采取相应的惩戒措施。

三是加强财务管理。包括基本建设投资项目预（结）算、决算审核及其跟踪问效，对重点项目实施全过程管理。项目建设单位财务管理基础工作是否规范，内控机制是否健全；财务管理和会计核算是否严格执行基本建设财务制度；项目建设资金是否按照规定的范围和标准使用，是否存在转移、侵占或者挪用问题；已完工项目是否按照规定的时间要求，及时编报项目竣工财务决算；项目净结余资金，是否按照有关规定及时处理；是否开展政府投资项目预算绩效评价工作。

3. 推行国库集中支付制度，对工程项目建设和物资采购资金实行动态监控管理工程项目建设和物资采购资金是否采取国库集中支付直接支付到商品劳务供应者；是否纳入财政国库动态监控范围，实行动态监控管理。

4. 严格商业银行支付清算行为，确保资金安全。

工程项目建设和物资采购资金经批准实行财政专户管理的，是否按照相关规定开立账户；账户设立、变更、撤销是否履行报备手续；资金到达商业银行后，是否按照规定的用途安排使用，资金汇划清算是否及时、准确、安全。

（三）要对国家重大投资项目、严重超概算项目进行跟踪审计（审计署、国资委）

对使用国有资金较多，项目严重超概算、群众反映强烈和社会影响较大的工程建设项目进行重点审计。重点审查项目决策、招标投标、资金安排使用、土地获取、工程建设实施、工程质量管理、物资采购、环境保护等方面的突出问题。重点审查工程项目概算管理是否严格、建设成本控制是否有效、银行贷款等建设资金是否安全、环境影响评价制度是否履行，招标代理、工程监理、造价审计等中介机构的行为是否规范，以及是否严格贯彻执行国家有关法律法规等。

附：加强工程建设领域物资采购和资金安排使用管理工作的主要依据

附：

加强工程建设领域物资采购和资金
安排使用管理工作的主要依据

一、工程物资采购管理

1. 中华人民共和国招标投标法

2. 中华人民共和国政府采购法

3. 关于印发贯彻落实扩大内需促进经济增长决策部署进一步加强工程建设招标投标监管工作意见的通知（发改法规〔2009〕1361 号）

4. 工程建设项目招标范围和规模标准规定（经国务院批准原国家计委令 2000 年第 3 号）

5. 国务院办公厅印发国务院有关部门实施招标投标活动行政监督的职责分工意见的通知（国办发〔2000〕34 号）

6. 国务院办公厅关于进一步规范招标投标活动的若干意见（国办发〔2004〕56 号）

7. 国家发展计划委员会关于指定发布依法必须招标项目招标公告的媒介的通知（计政策〔2000〕868 号）

8. 国家发展改革委办公厅印发关于我委办理工程建设项目审批（核准）时核准招标内容的意见的通知（发改办法规〔2005〕824 号）

9. 招标投标违法行为记录公告暂行办法（发改法规〔2008〕1531 号）

10. 招标公告发布暂行办法（原国家计委令 2000 年第 4 号）

11. 工程建设项目自行招标试行办法（原国家计委令 2000 年第 5 号）

12. 工程建设项目可行性研究报告增加招标内容和核准招标事项暂行规定（原国家计委令 2001 年第 9 号）

13. 评标委员会和评标办法暂行规定（原国家计委令 2001 年第 12 号）

14. 国家重大建设项目招标投标监督暂行办法（原国家计委令 2002 年第 18 号）

15. 评标专家和评标专家库管理暂行办法（原国家计委令 2003 年第 29 号）

16. 工程建设项目招标投标活动投诉处理办法（原国家计委令 2004 年第 11 号）

17. 工程建设项目货物招标投标办法（国家发改委令 2005 年第 27 号）

18. 中央投资项目招标代理机构资格认定管理办法（国家发改委令 2005 年第 36 号）

19. 《标准施工招标资格预审文件》和《标准施工招标文件》试行规定（国家发展改革委令第 56 号）

20. 关于做好标准施工招标资格预审文件和标准施工招标文件贯彻实施工作的通知（发改法规〔2007〕3419 号）

21. 政府采购货物和服务招标投标管理办法（财政部第 18 号令）

22. 政府采购进口产品管理办法（财库〔2007〕119 号）

23. 机电产品国际招标投标实施办法（商务部令〔2004〕第 13 号）

二、资金管理

1. 中华人民共和国预算法、中华人民共和国预算法实施条例

2. 中华人民共和国会计法

3. 中华人民共和国国家金库条例

4. 基本建设财务管理规定（财建〔2002〕394 号）

5. 财政部关于解释《基本建设财务管理规定》执行中有关问题的通知（财建〔2003〕724 号）

6. 建设工程价款结算暂行办法（财建〔2004〕369 号）

7. 财政部关于发布《中央预算资金拨付管理暂行办法》的通知（财库〔2000〕18 号）

8. 财政部　中国人民银行关于印发《财政国库管理制度改革试点方案》的通知（财库〔2001〕24 号）

9. 财政部　中国人民银行关于印发《中央单位财政国库管理制度改革试点资金支付管理办法》的通知（财库〔2002〕28 号）

10. 财政部关于印发《财政国库管理制度改革年终预算结余资金管理暂行规定》的通知（财库〔2003〕125 号）

11. 财政部关于中央单位 2009 年深化国库集中支付改革若干问题的通知（财库〔2008〕83 号）

12. 关于做好扩大内需财政资金国库集中支付工作的通知（财办库〔2008〕339 号）

13. 财政部关于部门预算批复前支付项目支出资金的通知（财库〔2009〕9 号）

14. 国家发展改革委关于加强中央预算内投资项目概算调整管理的通知（发改投资〔2009〕1550 号）

15. 中央预算内固定资产投资贴息资金财政财务管理暂行办法（财建〔2005〕354 号）

16. 中央预算内固定资产投资补助资金财政财务管理暂行办法（财建〔2005〕355 号）

17. 中央固定资产投资项目预算调整管理暂行办法（财建〔2007〕216 号）

18. 财政部关于中央级大、中型基本建设项目竣工财务决算签署审核意见有关问题的函（财建〔2000〕69 号）

19. 财政部关于切实加强政府投资项目代建制财政财务管理有关问题的指导意见（财建〔2004〕300 号）

20. 财政部关于开展中央政府投资项目预算绩效评价工作的指导意见（财建〔2004〕729 号）

21. 中央预算内基建投资项目前期工作经费管理暂行办法（财建〔2006〕689 号）

22. 财政部关于加强国债专项资金财政财务管理与监督的通知（财基字〔1998〕619 号）

23. 财政部关于加强国债专项资金拨款管理的通知（财基字〔1999〕457 号）

24. 财政部关于加强扩大内需投资财政财务管理有关问题的通知（财建〔2009〕133 号）

25. 财政部关于印发《行政事业单位资产清查暂行办法》的通知（财办〔2006〕52 号）

26. 财政部关于印发行政事业单位资产清查报表及编制说明的通知（财办〔2006〕56 号）

27. 中央企业投资监督管理暂行办法（国资委令 16 号）

28. 中央企业资产损失责任追究暂行办法（国资委令 20 号）

29. 中央单位财政国库管理制度改革试点资金银行支付清算办法（银发〔2002〕216 号）

规范招标投标活动

为进一步规范全省招标投标（以下简称招投标）活动，营造公开、公平、公正的市场竞争环境，根据《中华人民共和国招标投标法》、《中华人民共和国政府采购法》、《中华人民共和国行政许可法》、《国务院办公厅关于进一步规范招投标活动的若干意见》（国办发〔2004〕56 号）、《河南省实施〈中华人民共和国招标投标法〉办法》等法律、法规和相关规定，结合我省实际，提出以下意见。

一、充分认识进一步规范招投标活动的意义

进一步规范招投标活动，是社会主义市场经济体制下通过竞争择优方式优化资源配置的重要途径，是深化投资体制改革、提高国有资产使用效益和工程质量的有效手段，是加强反腐倡廉建设、从源头上预防和治理腐败的重要环节。近年来，随着我省经济持续快速发展，招投标活动日趋普及，招投标领域不断扩大，招投标已成为市场经济活动的重要内容。从总的情况看，我省招投标市场发展较好。但是，仍存在一些不容忽视的问题：有的地方和部门人为分割招投标市场，实行行业垄断和地区封锁；有的项目业主以各种名义规避招标、虚假招标，人为干预评标和定标；有的投标人串通投标、围标，以出具假资质、假保函、假业绩、假信贷证明等不正当手段骗取中标，之后擅自转包和违法分包；一些行政监督部门监管乏力，对违法行为查处不力；有的领导干部直接介入或非法干预招投标活动，行贿受贿、贪污腐败问题时有发生。因此，各地、各部门一定要从大局出发，提高认识，采取切实可行措施，改进招投标办法，进一步规范招投标活动。

二、进一步放开招投标市场，促进招投标市场有序竞争

全省各地、各部门要进一步清理有关招投标工作的规范性文件，修改或废止与《中华人民共和国招标投标法》、《河南省实施〈中华人民共和国招标投标法〉办法》、《中华人民共和国行政许可法》和国办发〔2004〕56 号文件相抵触的规定，并向社会公布。坚决禁止行业垄断和地区封锁行为，不

得制定限制性条件阻碍或者排斥其他地方、其他系统投标人进入本地、本系统市场；严格禁止以获得本地、本系统奖项等歧视性要求作为评标加分条件或者中标条件；不得要挟、暗示投标人在中标后分包部分工程给本地、本系统的承包商、供货商。

要进一步拓展招投标领域，严格按照《河南省实施〈中华人民共和国招标投标法〉办法》规定的范围和规模标准进行招标。大型基础设施、公用事业等关系社会公共利益、公众安全的项目，全部或者部分使用国有资金投资或者国家融资的项目，使用国际组织或者外国政府贷款、援助资金的项目等三类项目必须依法进行招投标。规范政府采购、科研课题、特许经营权、药品采购、物业管理等领域的招投标活动。

三、改进资格预审办法，强化资格预审作用

资格预审阶段要严格审查投标人的资质业绩和信誉。要调整资格预审内容，将投标阶段对投标人技术能力、管理水平、财务能力、企业信用报告、信用评级报告、以往业绩信誉和有无不良记录等的审查工作前移到资格预审阶段，评标阶段不再对上述内容进行评审。为防止潜在投标人围标或串通投标，资格预审一般应当采用合格制；对于技术复杂、施工难度大的工程，经行政主管部门批准后可实行打分制。只要满足资格预审条件，通过符合性审查、强制性标准审查的潜在投标人均应通过资格预审，不得限制通过预审投标人的数量。为保证充分竞争，通过资格预审的投标人不得少于5家。

为切实保证资格预审工作的公开、公平、公正，资格评审工作由招标人依法组织的专家审查委员会负责。资格评审专家从全省统一的专家库内相关专业跨省专家名单中采取随机抽取方式确定，专家的数量不少于资格预审委员会成员总数的2/3。评审专家要对照资格预审文件的符合性条件、强制性标准，独立对投标人递交的资格预审申请文件作出是否通过审查的结论，并对审查结论负责。招标人辅助工作人员不得参与具体评审工作。招标人要依法公示资格预审结果，并向未通过资格预审的投标人书面说明理由，接受社会监督。

四、改进评标办法，克服人为因素影响

为最大限度地减少人为因素影响，保证评标工作科学、合理、公正、透明，积极推行合理低价评标法，恰当实行最低价评标法，限制采用综合评分法。

凡具有通用技术、性能标准或对技术、性能没有特殊要求的工程项目，均采用经评审的合理低价评标法。采用合理低价评标法时，在评标阶段仅对投标要件是否存在重大偏差进行审查，主要对投标人报价进行评审。

对于技术含量较低、规模较小的工程项目，或具有通用技术、性能标准的设备、材料及服务采购项目，采用最低价评标法，但要通过提高履约保函额度或者保证金的形式防止恶意低价抢标。

对于技术复杂、性能标准特殊的工程项目，可实行综合评分法。

五、改进开标、定标方式，实行"阳光运作"

要按照法定程序在规范严密的场所公开进行开标、定标。采用合理低价评标法的招标项目，应采取开标现场随机抽取调整系数的方式形成标底，现场公布中标候选人。采用最低价评标法的招标项目，招标人应依据投标人报价确定中标人，无正当理由不得取消第一中标候选人优先中标资格，不得在中标候选人之外另行选择中标人。评标结果要及时公布，并进行公示。

创新招标方式，积极探索网络招标、电子招标等多种招标形式，逐步实现无纸化投标和计算机辅助评标。建立招投标活动网上监察系统和预警机制，全过程监控开标、评标、定标。

六、规范招投标主体行为，促进招投标活动健康开展

加强对招标人的监督管理。凡依法必须进行招标的项目，招标人要公开招标信息，按要求在指定的媒介发布招标公告，使潜在投标人能够了解项目情况、招标时间及地点、评标标准和方法，并有充足时间做投标准备。任何单位和个人不得将依法必须进行招标的项目化整为零或者以其他任何方式规避招标，不得违法指定或者限制招标公告的发布地点和发布范围。要采用国家统一标准的资格预审文件或招标文件，不得在文件中含有倾向或排斥潜在投标人的内容，不得含有地区或行业性限制条款，不得含有违反法律、法规和规章的规定。对超出国家范本增加的废标条件、有特殊要求的通用条款或专用条款，应在资格预审文件或招标文件的显著位置以黑体字标出。在订立合同时，招标人不得向中标人提出超出资格预审文件或招标文件规定的违背中标人意愿的要求，不得背离资格预审文件或招标文件的实质性条款再行订立其他协议。

加强对评标专家和评标专家库的监督管理。建立跨地区、跨部门的全省统一评标专家库并实行动态管理，吸收一定比例的省外优秀评标专家进入专

家库。评标专家在评标过程中违法违纪的，依据有关规定，暂停或者取消其资格，不得再参加本省项目的评标活动，同时建议主管部门给予相应的政纪处分；涉嫌犯罪的，移交司法机关处理。

加强对招标代理机构的监督管理。建立健全招标代理市场准入和退出制度，招标代理机构必须与行政机关、事业单位脱钩，不得存在任何隶属关系或者其他利益关系。招标代理机构应当依法经营、平等竞争。对违法违规的招标代理机构，一经查实要严肃处理；情节严重的，取消其招标代理资格。

七、强化招投标活动行政监督工作，依法监管招投标行为

加强对招投标全过程的监督。建立统一规范的公共资源交易平台，完善招投标投诉处理机制，实行实名举报制度。重点加强对招投标过程中泄露保密资料、串通招标、串通投标、歧视和排斥投标等违法违规行为的监管，加大对转包、违法分包行为的查处力度。对挂靠有资质或高资质单位并以其名义投标，或者从其他单位租借资质证书进行投标等行为，由相关行政主管部门依法处理。加快建立从业单位的信用评价指标体系。有关部门要对从业单位的信用情况进行准确、公正的评价，定期向社会公布相关信息。建立河南省工程建设领域信用体系和廉洁准入制度，将招投标活动中违法违规的从业单位和人员记入"黑名单"，并向社会公布；情节严重的，要依法追究责任。

各级纪检监察机关要建立电子监察系统，变"人盯人"为"计算机盯事"。严厉查处招投标活动中的腐败和不正之风。重点查处领导干部和国家工作人员以权谋私，采取暗示、授意、打招呼、递条子、指定、强令等方式干预和插手招投标活动的违纪违法行为。在严厉惩处受贿行为的同时严厉惩处行贿行为，依法受理诬告陷害、打击报复他人的投诉，营造公开、公平、公正的市场竞争环境。

各级政府要切实加强对招投标工作的组织领导，及时总结经验，不断完善制度，切实解决招投标工作中出现的新矛盾、新问题，推动我省招投标工作健康有序开展。

严格禁止违反规定干预和插手
公共资源交易的若干规定

第一条 为贯彻落实标本兼治、综合治理、惩防并举、注重预防的反腐倡廉方针，进一步促进国家工作人员特别是各级领导干部依法从政、廉洁从政，根据《中国共产党党内监督条例（试行）》、《中共中央纪委、监察部关于领导干部利用职权违反规定干预和插手建设工程招标投标、经营性土地使用权出让、房地产开发与经营等市场经济活动，为个人和亲友谋取私利的处理规定》、《中共中央纪委关于严格禁止利用职务上的便利谋取不正当利益的若干规定》及有关法律法规，制定本规定。

第二条 本规定所称违反规定干预和插手，是指国家工作人员利用职务上的便利，违反法律、法规及其他政策性规定，向相关人员采取暗示、授意、打招呼、批条子、指令、强令等方式，影响工程建设、商品和服务采购、土地使用权出让、资源开发和经销、产权交易、国有资产转让等公共资源交易，干扰正常市场经济运行的行为。

第三条 针对当前查办违纪案件工作中发现的新情况、新问题，针对国家工作人员提出并重申以下纪律要求：

（一）严格禁止违反规定干预和插手工程建设活动；

（二）严格禁止违反规定干预和插手材料设备、商品、服务等采购活动；

（三）严格禁止违反规定干预和插手产权交易、国有资产转让，不得利用职务上的便利进行内幕交易；

（四）严格禁止违反规定干预和插手经营性土地使用权出让、资源开发和经销；

（五）严格禁止以投资、收受干股或者其他形式参与公共资源交易活动；

（六）严格禁止为特定企业或这个人充当违法经营"保护伞"；

（七）严格禁止配偶、子女或者其他特定关系人利用领导干部职务上的影响在分管范围内介绍、承揽、分包工程或者资源开发。

第四条 国家工作人员有违反本规定第三条所列行为的，一经查实，无论是否得利，一律按违纪处理。涉嫌犯罪的，移交司法机关处理。

第五条 本规定使用于全省各级党的机关、人大机关、行政机关、政协机关、司法机关中的工作人员。人民团体、国有企业、事业单位参照本规定执行。

第六条 本规定由中共河南省纪委、河南省监察厅负责解释。

第七条 本规定自发布之日起施行。

相关法律

中华人民共和国建筑法

第一章　总　　则

第一条　为了加强对建筑活动的监督管理，维护建筑市场秩序，保证建筑工程的质量和安全，促进建筑业健康发展，制定本法。

第二条　在中华人民共和国境内从事建筑活动，实施对建筑活动的监督管理，应当遵守本法。

本法所称建筑活动，是指各类房屋建筑及其附属设施的建造和与其配套的线路、管道、设备的安装活动。

第三条　建筑活动应当确保建筑工程质量和安全，符合国家的建筑工程安全标准。

第四条　国家扶持建筑业的发展，支持建筑科学技术研究，提高房屋建筑设计水平，鼓励节约能源和保护环境，提倡采用先进技术、先进设备、先进工艺、新型建筑材料和现代管理方式。

第五条　从事建筑活动应当遵守法律、法规，不得损害社会公共利益和他人的合法权益。任何单位和个人都不得妨碍和阻挠依法进行的建筑活动。

第六条　国务院建设行政主管部门对全国的建筑活动实施统一监督。

第二章　建筑许可

第一节　建筑工程施工许可

第七条　建筑工程开工前，建设单位应当按照国家有关规定向工程所在地县级以上人民政府建设行政主管部门申请领取施工许可证；但是，国务院建设行政主管部门确定的限额以下的小型工程除外。

按照国务院规定的权限和程序批准开工报告的建筑工程，不再领取施工许可证。

第八条　申请领取施工许可证，应当具备下列条件：

（一）已经办理该建筑工程用地批准手续；

（二）在城市规划区的建筑工程，已经取得规划许可证；

（三）需要拆迁的，其拆迁进度符合施工要求；

（四）已经确定建筑施工企业；

（五）有满足施工需要的施工图纸及技术资料；

（六）有保证工程质量和安全的具体措施；

（七）建设资金已经落实；

（八）法律、行政法规规定的其他条件。

建设行政主管部门应当自收到申请之日起 15 日内，对符合条件的申请颁发施工许可证。

第九条　建设单位应当自领取施工许可证之日起 3 个月内开工，因故不能按期开工的，应当向发证机关申请延期；延期以两次为限，每次不超过 3 个月。既不开工又不申请延期或者超过延期时限的，施工许可证自行废止。

第十条　在建的建筑工程因故中止施工的，建设单位应当自中止施工之日起 1 个月内，向发证机关报告，并按照规定做好建筑工程的维护管理工作。

建筑工程恢复施工时，应当向发证机关报告；中止施工满一年的工程恢复施工前，建设单位应当报发证机关核验施工许可证。

第十一条　按照国务院有关规定批准开工报告的建筑工程，因故不能按期开工或者中止施工的，应当及时向批准机关报告情况。因故不能按期开工超过六个月的，应当重新办理开工报告的批准手续。

第二节　从业资格

第十二条　从事建筑活动的建筑施工企业、勘察单位、设计单位和工程监理单位，应当具备下列条件：

（一）符合国家规定的注册资本；

（二）与其从事的建筑活动相适应的具有法定执业资格的专业技术人员；

（三）有从事相关建筑活动所应有的技术装备；

（四）法律、行政法规规定的其他条件。

第十三条　从事建筑活动的建筑施工企业、勘察单位、设计单位和工程监理单位，按照其拥有的注册资本、专业技术人员、技术装备和已完成的建筑工程业绩等资质条件，划分为不同的资质等级，经资质审查合格，取得相应等级的资质证书后，方可在其资质等级许可的范围内从事建筑活动。

第十四条　从事建筑活动的专业技术人员，应当依法取得相应的执业资格证书，并在执业资格证书许可的范围内从事建筑活动。

第三章　建筑工程发包与承包

第一节　一般规定

第十五条　建筑工程的发包单位与承包单位应当依法订立书面合同，明确双方的权利和义务。

发包单位和承包单位应当全面履行合同约定的义务。不按照合同约定履行义务的，依法承担违约责任。

第十六条　建筑工程发包与承包的招标投标活动，应当遵循公开、公正、平等竞争的原则，择优选择承包单位。

建筑工程的招标投标，本法没有规定的，适用有关招标投标法律的规定。

第十七条　发包单位及其工作人员在建筑工程发包中不得收受贿赂、回扣或者索取其他好处。

承包单位及其工作人员不得利用向发包单位及其工作人员行贿、提供回扣或者给予其他好处等不正当手段承揽工程。

第十八条　建筑工程造价应当按照国家有关规定，由发包单位与承包单位在合同中约定。公开招标发包的，其造价的约定，须遵守招标投标法律的规定。

发包单位应当按照合同的约定，及时拨付工程款项。

第二节　发　　包

第十九条　建筑工程依法实行招标发包，对不适于招标发包的可以直接发包。

第二十条　建筑工程实行公开招标的，发包单位应当依照法定程序和方式，发布招标公告，提供载有招标工程的主要技术要求、主要的合同条款、评标的标准和方法以及开标、评标、定标的程序等内容的招标文件。

开标应当在招标文件规定的时间、地点公开进行。开标后应当按照招标文件规定的评标标准和程序对标书进行评价、比较，在具备相应资质条件的投标者中，择优选定中标人。

　　第二十一条　建筑招标的开标、评标、定标由建设单位依法组织实施，并接受有关行政主管部门的监督。

　　第二十二条　建筑工程实行招标发包的，发包单位应当将建筑工程发包给依法中标的承包单位。建筑工程实行直接发包的，发包单位应当将建筑工程发包给具有相应资质条件的承包单位。

　　第二十三条　政府及其所属部门不得滥用行政权力，限定发包单位将招标发包的建筑工程发包给指定的承包单位。

　　第二十四条　提倡对建筑工程实行总承包，禁止将建筑工程肢解发包。

　　建筑工程的发包单位可以将建筑工程的勘察、设计、施工、设备采购一并发包给一个工程总承包单位，也可以将建筑工程勘察、设计、施工、设备采购的一项或者多项发包给一个工程总承包单位；但是，不得将应当由一个承包单位完成的建筑工程肢解成若干部分发包给几个承包单位。

　　第二十五条　按照合同约定，建筑材料、建筑构配件和设备由工程承包单位采购的，发包单位不得指定承包单位购入用于工程的建筑材料、建筑构配件和设备或者指定生产厂、供应商。

第三节　承　　包

　　第二十六条　承包建筑工程的单位应当持有依法取得的资质证书，并在其资质等级许可的业务范围内承揽工程。

　　禁止建筑施工企业超越本企业资质等级许可的业务范围或者以任何形式用其他建筑施工企业的名义承揽工程。禁止建筑施工企业以任何形式允许其他单位或者个人使用本企业的资质证书、营业执照，以本企业的名义承揽工程。

　　第二十七条　大型建筑工程或者结构复杂的建筑工程，可以由两个以上的承包单位联合共同承包。共同承包的各方对承包合同的履行承担连带责任。

　　两个以上不同资质等级的单位实行联合共同承包的，应当按照资质等级低的单位的业务许可范围承揽工程。

　　第二十八条　禁止承包单位将其承包的全部建筑工程转包给他人，禁止承包单位将其承包的全部建筑工程肢解以后以分包的名义分别转包给他人。

　　第二十九条　建筑工程总承包单位可以将承包工程中的部分工程发包给具有相应资质条件的分包单位；但是，除总承包合同中约定的分包外，必须经建设单位认可。施工总承包的,建筑工程主体结构的施工必须由总承包单位自行完成。

建筑工程总承包单位按照总承包合同的约定对建设单位负责;分包单位按照分包合同的约定对总承包单位负责。总承包单位和分包单位就分包工程对建设单位承担连带责任。

禁止总承包单位将工程分包给不具备相应资质条件的单位。禁止分包单位将其承包的工程再分包。

第四章　建筑工程监理

第三十条　国家推行建筑工程监理制度。

国务院可以规定实行强制监理的建筑工程的范围。

第三十一条　实行监理的建筑工程,由建设单位委托具有相应资质条件的工程监理单位监理。建设单位与其委托的工程监理单位应当订立书面委托监理合同。

第三十二条　建筑工程监理应当依照法律、行政法规及有关的技术标准、设计文件和建筑规模承包合同,对承包单位在施工质量、建设工期和建设资金使用等方面,代表建设单位实施监督。

工程监理人员认为工程施工不符合工程设计要求、施工技术标准和合同约定的,有权要求建筑施工企业改正。

工程监理人员发现工程设计不符合建筑工程质量标准或者合同约定的质量要求的,应当报告建设单位要求设计单位改正。

第三十三条　实施建筑工程监理前,建设单位应当将委托的工程监理单位、监理的内容及监理权限,书面通知被监理的建筑施工企业。

第三十四条　工程监理单位应当在其资质等级许可的监理范围内,承担工程监理业务。工程监理单位应当根据建设单位的委托,客观、公正地执行监理任务。

工程监理单位与被监理工程的承包单位以及建筑材料,建筑构配件和设备供应单位不得有隶属关系或者其他利害关系。

工程监理单位不得转让工程监理业务。

第三十五条　工程监理单位不按照委托监理合同的约定履行监理义务,对应当监督检查的项目不检查或者不按照规定检查,给建设单位造成损失的,应当承担相应的赔偿责任。

工程监理单位与承包单位串通，为承包单位谋取非法利益，给建设单位造成损失的，应当与承包单位承担连带赔偿责任。

第五章　建筑安全生产管理

第三十六条　建筑工程安全生产管理必须坚持安全第一、预防为主的方针，建立健全安全生产的责任制度和群防群治制度。

第三十七条　建筑工程设计应当符合按照国家规定制定的建筑安全规程和技术规范，保证工程的安全性能。

第三十八条　建筑施工企业在编制施工组织设计时，应当根据建筑工程的特点制定相应的安全技术措施；对专业性较强的工程项目，应当编制专项安全施工组织设计，并采取安全技术措施。

第三十九条　建筑施工企业应当在施工现场采取维护安全、防范危险、预防火灾等措施；有条件的，应当对施工现场实行封闭管理。

施工现场对毗邻的建筑物、构筑物和特殊作业环境可能造成损害的，建筑施工企业应当采取安全防护措施。

第四十条　建设单位应当向建筑施工企业提供与施工现场相关的地下管线资料，建筑施工企业应当采取措施加以保护。

第四十一条　建筑施工企业应当遵守有关环境保护和安全生产的法律、法规的规定，采取控制和处理施工现场的各种粉尘、废气、废水、固体废物以及噪声、振动对环境的污染和危害的措施。

第四十二条　有下列情形之一的，建设单位应当按照国家有关规定办理申请批准手续：

（一）需要临时占用规划批准范围以外场地的；

（二）可能损坏道路、管线、电力、邮电通信等公共设施的；

（三）需要临时停水、停电、中断道路交通的；

（四）需要进行爆破作业的；

（五）法律、法规规定需要办理报批手续的其他情形。

第四十三条　建设行政主管部门负责建筑安全生产的管理，并依法接受劳动行政主管部门对建筑安全生产的指导和监督。

第四十四条　建筑施工企业必须依法加强对建筑安全生产的管理，执行安全生产责任制度，采取有效措施，防止伤亡和其他安全生产事故的发生。

建筑施工企业的法定代表人对本企业的安全生产负责。

第四十五条 施工现场安全由建筑施工企业负责。实行施工总承包的，由总承包单位负责。分包单位向总承包单位负责，服从总承包单位对施工现场的安全生产管理。

第四十六条 建筑施工企业应当建立健全劳动安全生产教育培训制度，加强对职工安全生产的教育培训；未经安全生产教育培训的人员，不得上岗作业。

第四十七条 建筑施工企业和作业人员在施工过程中，应当遵守有关安全生产的法律、法规和建筑行业安全规章、规程，不得违章指挥或者违章作业。作业人员有权对影响人身健康的作业程序和作业条件提出改进意见，有权获得安全生产所需的防护用品。作业人员对危及生命安全和人身健康的行为有权提出批评、检举和控告。

第四十八条 建筑施工企业应当依法为职工参加工伤保险缴纳工伤保险费。鼓励企业为从事危险作业的职工办理意外伤害保险，支付保险费。

第四十九条 涉及建筑主体和承重结构变动的装修工程，建设单位应当在施工前委托原设计单位或者具有相应资质条件的设计单位提出设计方案；没有设计方案的，不得施工。

第五十条 房屋拆除应当由具备保证安全条件的建筑施工单位承担，由建筑施工单位负责人对安全负责。

第五十一条 施工中发生事故时，建筑施工企业应当采取紧急措施减少人员伤亡和事故损失，并按照国家有关规定及时向有关部门报告。

第六章 建筑工程质量管理

第五十二条 建筑工程勘察、设计、施工的质量必须符合国家有关建筑工程安全标准的要求，具体管理办法由国务院规定。

有关建筑工程安全的国家标准不能适应确保建筑安全的要求时，应当及时修订。

第五十三条 国家对从事建筑活动的单位推行质量体系认证制度。从事建筑活动的单位根据自愿原则可以向国务院产品质量监督管理部门或者国务院产品质量监督管理部门授权的部门认可的认证机构申请质量体系认证。经认证合格的，由认证机构颁发质量体系认证证书。

第五十四条 建设单位不得以任何理由，要求建筑设计单位或者建筑施工企业在工程设计或者施工作业中，违反法律、行政法规和建筑工程质量、安全标准，降低工程质量。

　　建筑设计单位和建筑施工企业对建设单位违反前款规定提出的降低工程质量的要求，应当予以拒绝。

　　第五十五条　建筑工程实行总承包的，工程质量由工程总承包单位负责，总承包单位将建筑工程分包给其他单位的，应当对分包工模的质量与分包单位承担连带责任。分包单位应当接受总承包单位的质量管理。

　　第五十六条　建筑工程的勘察设计单位必须对其勘察、设计的质量负责。勘察、设计文件应当符合有关法律、行政法规的规定和建筑工程质量、安全标准、建筑工程勘察、设计技术规范以及合同的约定。设计文件选用的建筑材料、建筑构配件和设备，应当注明其规格、型号、性能等技术指标，其质量要求必须符合国家规定的标准。

　　第五十七条　建筑设计单位对设计文件选用的建筑材料、建筑构配件和设备不得指定生产厂，供应商。

　　第五十八条　建筑施工企业对工程的施工质量负责。

　　建筑施工企业必须按照工程设计图纸和施工技术标准施工，不得偷工减料。工程设计的修改由原设计单位负责，建筑施工企业不得擅自修改工程设计。

　　第五十九条　建筑施工企业必须按照工程设计要求、施工技术标准和合同的约定，对建筑材料、建筑构配件和设备进行检验，不合格的不得使用。

　　第六十条　建筑物在合理使用寿命内，必须确保地基基础工程和主体结构的质量。

　　建筑工程竣工时，屋顶、墙面不得留有渗漏、开裂等质量缺陷；对已经发现的质量缺陷，建筑施工企业应当修复。

　　第六十一条　交付竣工验收的建筑工程，必须符合规定的建筑工程质量标准，有完整的工程技术经济资料和经签署的工程保修书，并具备国家规定的其他竣工条件。

　　建筑工程竣工经验收合格后，方可交付使用；未经验收或者验收不合格的，不得交付使用。

　　第六十二条　建筑工程实行质量保修制度。

　　建筑工程的保修范围应当包括地基基础工程、主体结构工程、屋面防水工程和其他土建工程，以及电气管线、上下水管线的安装工程，供热、供冷系统工程等项目；保修的期限应当按照保证建筑物合理寿命年限内正常使用，维护使用者合法权益的原则确定。具体的保修范围和最低保修期限由国务院规定。

第六十三条 任何单位和个人对建筑工程的质量事故、质量缺陷都有权向建设行政主管部门或者其他有关部门进行检举、控告、投诉。

第七章　法律责任

第六十四条 违反本法规定，未取得施工许可证或者开工报告未经批准擅自施工的，责令改正，对不符合开工条件的责令停止施工，可以处以罚款。

第六十五条 发包单位将工程发包给不具有相应资质条件的承包单位的，或者违反本法规定将建筑工程肢解发包的，责令改正，处以罚款。

超越本单位资质等级承揽工程的，责令停止违法行为，处以罚款，可以责令停业整顿，降低资质等级；情节严重的，吊销资质证书；有违法所得的，予以没收。

未取得资质证书承揽工程的，予以取缔，并处罚款；有违法所得的，予以没收。

以欺骗手段取得资质证书的，吊销资质证书，处以罚款；构成犯罪的，依法追究刑事责任。

第六十六条 建筑施工企业转让、出借资质证书或者以其他方式允许他人以本企业的名义承揽工程的，责令改正，没收违法所得，并处罚款，可以责令停业整顿，降低资质等级；情节严重的，吊销资质证书。对因该项承揽工程不符合规定的质量标准造成的损失，建筑施工企业与使用本企业名义的单位或者个人承担连带赔偿责任。

第六十七条 承包单位将承包的工程转包的，或者违反本法规定进行分包的，责令改正，没收违法所得，并处罚款，可以责令停业整顿，降低资质等级；情节严重的，吊销资质证书。

承包单位有前款规定的违法行为的，对因转包工程或者违法分包的工程不符合规定的质量标准造成的损失，与接收转包或者分包的单位承担连带赔偿责任。

第六十八条 在工程发包与承包中索贿、受贿、行贿，构成犯罪的，依法追究刑事责任；不构成犯罪的，分别处以罚款。没收贿赂的财物，对直接负责的主管人员和其他直接责任人员给予处分。

对在工程承包中行贿的承包单位，除依照前款规定处罚外，可以责令停业整顿，降低资质等级或者吊销资质证书。

第六十九条　工程监理单位与建设单位或者建筑施工企业串通，弄虚作假、降低工程质量的，责令改正，处以罚款，降低资质等级或者吊销资质证书；有违法所得的，予以没收；造成损失的，承担连带赔偿责任；构成犯罪的，依法追究刑事责任。

工程监理单位转让监理业务的，责令改正，没收违法所得，可以责令停业整顿，降低资质等级；情节严重的，吊销资质证书。

第七十条　违反本法规定，涉及建筑主体或者承重结构变动的装修工程擅自施工的，责令改正，处以罚款；造成损失的，承担赔偿责任；构成犯罪的，依法追究刑事责任。

第七十一条　建筑施工企业违反本法规定，对建筑安全事故隐患不采取措施予以消除的，责令改正，可以处以罚款；情节严重的，责令停业整顿，降低资质等级或者吊销资质证书；构成犯罪的，依法追究刑事责任。

建筑施工企业的管理人员违章指挥、强令职工冒险作业，因而发生重大伤亡事故或者造成其他严重后果的，依法追究刑事责任。

第七十二条　建设单位违反本法规定，要求建筑设计单位或者建筑施工企业违反建筑工程质量、安全标准，降低工程质量的，责令改正，可以处以罚款；构成犯罪的，依法追究刑事责任。

第七十三条　建筑设计单位不按照建筑工程质量、安全标准进行设计的，责令改正，处以罚款；造成工程质量事故的，责令停业整顿，降低资质等级或者吊销资质证书，没收违法所得，并处罚款；造成损失的，承担赔偿责任；构成犯罪的，依法追究刑事责任。

第七十四条　建筑施工企业在施工中偷工减料的，使用不合格的建筑材料、建筑构配件和设备的，或者有其他不按照工程设计图纸或者施工技术标准施工的行为的，责令改正，处以罚款；情节严重的，责令停业整顿，降低资质等级或者吊销资质证书；造成建筑工程质量不符合规定的质量标准的，负责返工、修理，并赔偿因此造成的损失；构成犯罪的，依法追究刑事责任。

第七十五条　建筑施工企业违反本法规定，不履行保修义务或者拖延履行保修义务的，责令改正，可以处以罚款，并对在保修期内因屋顶、墙面渗漏、开裂等质量缺陷造成的损失，承担赔偿责任。

第七十六条　本法规定的责令停业整顿、降低资质等级和吊销资质证书的行政处罚，由颁发资质证书的机关决定；其他行政处罚，由建设行政主管部门或者有关部门依照法律和国务院规定的职权范围决定。

依照本法规定被吊销资质证书的，由工商行政管理部门吊销其营业执照。

第七十七条　违反本法规定，对不具备相应资质等级条件的单位颁发该等级资质证书的，由其上级机关责令收回所发的资质证书，对直接负责的主管人员和其他直接负责人员给予行政处分；构成犯罪的，依法追究刑事责任。

第七十八条　政府及其所属部门的工作人员违反本法规定，限定发包单位将招标发包给指定的承包单位的，由上级机关责令改正；构成犯罪的，依法追究刑事责任。

第七十九条　负责颁发建筑工程许可证的部门及其工作人员对不符合施工条件的建筑工程颁发施工许可证的，负责工程质量监督检查或者竣工验收的部门及其工作人员对不合格的建筑工程出具质量合格文件或者按合格工程验收的，由上级机关责令改正，对责任人员给予行政处分；构成犯罪的，依法追究刑事责任；造成损失的，由该部门承担相应的赔偿责任。

第八十条　在建筑物的合理使用寿命内，因建筑工程质量不合格受到损害的，有权向责任者要求赔偿。

第八章　附　　则

第八十一条　本法关于施工许可、建筑施工企业资质审查和建筑工程发包、承包、禁止转包，以及建筑工程监理、建筑工程安全和质量管理的规定，适用于其他专业建筑工程的建筑活动，具体办法由国务院规定。

第八十二条　建设行政主管部门和其他有关部门在对建筑活动实施监督管理中，除按照国务院有关规定收取费用外，不得收取其他费用。

第八十三条　省、自治区、直辖市人民政府确定的小型房屋建筑工程的建筑活动，参照本法执行。

依法核定作为文物保护的纪念建筑物和古建筑等的修缮，依照文物保护的有关法律规定执行。

抢险救灾及其他临时性房屋建筑和农民自建低层住宅的建筑活动，不适用本法。

第八十四条　军用房屋建筑工程建筑活动的具体管理办法，由国务院、中央军事委员会依据本法制定。

第八十五条　本法自 1998 年 3 月 1 日起施行。

中华人民共和国合同法

总　　则

第一章　一般规定

第一条　为了保护合同当事人的合法权益，维护社会经济秩序，促进社会主义现代化建设，制定本法。

第二条　本法所称合同是平等主体的自然人、法人、其他组织之间设立、变更、终止民事权利义务关系的协议。

婚姻、收养、监护等有关身份关系的协议，适用其他法律的规定。

第三条　合同当事人的法律地位平等，一方不得将自己的意志强加给另一方。

第四条　当事人依法享有自愿订立合同的权利，任何单位和个人不得非法干预。

第五条　当事人应当遵循公平原则确定各方的权利和义务。

第六条　当事人行使权利、履行义务应当遵循诚实信用原则。

第七条　当事人订立、履行合同，应当遵守法律、行政法规，尊重社会公德，不得扰乱社会经济秩序，损害社会公共利益。

第八条　依法成立的合同，对当事人具有法律约束力。当事人应当按照约定履行自己的义务，不得擅自变更或者解除合同。

依法成立的合同，受法律保护。

第二章　合同的订立

第九条　当事人订立合同，应当具有相应的民事权利能力和民事行为能力。

当事人依法可以委托代理人订立合同。

第十条　当事人订立合同，有书面形式、口头形式和其他形式。

法律、行政法规规定采用书面形式的，应当采用书面形式。当事人约定采用书面形式的，应当采用书面形式。

第十一条　书面形式是指合同书、信件和数据电文（包括电报、电传、传真、电子数据交换和电子邮件）等可以有形地表现所载内容的形式。

第十二条　合同的内容由当事人约定，一般包括以下条款：

（一）当事人的名称或者姓名和住所；

（二）标的；

（三）数量；

（四）质量；

（五）价款或者报酬；

（六）履行期限、地点和方式；

（七）违约责任；

（八）解决争议的方法。

当事人可以参照各类合同的示范文本订立合同。

第十三条　当事人订立合同，采取要约、承诺方式。

第十四条　要约是希望和他人订立合同的意思表示，该意思表示应当符合下列规定：

（一）内容具体确定；

（二）表明经受要约人承诺，要约人即受该意思表示约束。

第十五条　要约邀请是希望他人向自己发出要约的意思表示。寄送的价目表、拍卖公告、招标公告、招股说明书、商业广告等为要约邀请。

商业广告的内容符合要约规定的，视为要约。

第十六条　要约到达受要约人时生效。

采用数据电文形式订立合同，收件人指定特定系统接收数据电文的，该数据电文进入该特定系统的时间，视为到达时间；未指定特定系统的，该数据电文进入收件人的任何系统的首次时间，视为到达时间。

第十七条　要约可以撤回。撤回要约的通知应当在要约到达受要约人之前或者与要约同时到达受要约人。

第十八条　要约可以撤销。撤销要约的通知应当在受要约人发出承诺通知之前到达受要约人。

第十九条　有下列情形之一的，要约不得撤销：

（一）要约人确定了承诺期限或者以其他形式明示要约不可撤销；

（二）受要约人有理由认为要约是不可撤销的，并已经为履行合同作了准备工作。

第二十条　有下列情形之一的，要约失效：

（一）拒绝要约的通知到达要约人；

（二）要约人依法撤销要约；

（三）承诺期限届满，受要约人未作出承诺；

（四）受要约人对要约的内容作出实质性变更。

第二十一条　承诺是受要约人同意要约的意思表示。

第二十二条　承诺应当以通知的方式作出，但根据交易习惯或者要约表明可以通过行为作出承诺的除外。

第二十三条　承诺应当在要约确定的期限内到达要约人。

要约没有确定承诺期限的，承诺应当依照下列规定到达：

（一）要约以对话方式作出的，应当即时作出承诺，但当事人另有约定的除外；

（二）要约以非对话方式作出的，承诺应当在合理期限内到达。

第二十四条　要约以信件或者电报作出的，承诺期限自信件载明的日期或者电报交发之日开始计算。信件未载明日期的，自投寄该信件的邮戳日期开始计算。要约以电话、传真等快速通信方式作出的，承诺期限自要约到达受要约人时开始计算。

第二十五条　承诺生效时合同成立。

第二十六条　承诺通知到达要约人时生效。承诺不需要通知的，根据交易习惯或者要约的要求作出承诺的行为时生效。

采用数据电文形式订立合同的，承诺到达的时间适用本法第十六条第二款的规定。

第二十七条　承诺可以撤回。撤回承诺的通知应当在承诺通知到达要约人之前或者与承诺通知同时到达要约人。

第二十八条　受要约人超过承诺期限发出承诺的，除要约人及时通知受要约人该承诺有效的以外，为新要约。

第二十九条　受要约人在承诺期限内发出承诺，按照通常情形能够及时到达要约人，但因其他原因承诺到达要约人时超过承诺期限的，除要约人及时通知受要约人因承诺超过期限不接受该承诺的以外，该承诺有效。

第三十条　承诺的内容应当与要约的内容一致。受要约人对要约的内容作出实质性变更的，为新要约。有关合同标的、数量、质量、价款或者报酬、履行期限、履行地点和方式、违约责任和解决争议方法等的变更，是对要约内容的实质性变更。

第三十一条 承诺对要约的内容作出非实质性变更的，除要约人及时表示反对或者要约表明承诺不得对要约的内容作出任何变更的以外，该承诺有效，合同的内容以承诺的内容为准。

第三十二条 当事人采用合同书形式订立合同的，自双方当事人签字或者盖章时合同成立。

第三十三条 当事人采用信件、数据电文等形式订立合同的，可以在合同成立之前要求签订确认书。签订确认书时合同成立。

第三十四条 承诺生效的地点为合同成立的地点。

采用数据电文形式订立合同的，收件人的主营业地为合同成立的地点；没有主营业地的，其经常居住地为合同成立的地点。当事人另有约定的，按照其约定。

第三十五条 当事人采用合同书形式订立合同的，双方当事人签字或者盖章的地点为合同成立的地点。

第三十六条 法律、行政法规规定或者当事人约定采用书面形式订立合同，当事人未采用书面形式但一方已经履行主要义务，对方接受的，该合同成立。

第三十七条 采用合同书形式订立合同，在签字或者盖章之前，当事人一方已经履行主要义务，对方接受的，该合同成立。

第三十八条 国家根据需要下达指令性任务或者国家订货任务的，有关法人、其他组织之间应当依照有关法律、行政法规规定的权利和义务订立合同。

第三十九条 采用格式条款订立合同的，提供格式条款的一方应当遵循公平原则确定当事人之间的权利和义务，并采取合理的方式提请对方注意免除或者限制其责任的条款，按照对方的要求，对该条款予以说明。

格式条款是当事人为了重复使用而预先拟定，并在订立合同时未与对方协商的条款。

第四十条 格式条款具有本法第五十二条和第五十三条规定情形的，或者提供格式条款一方免除其责任、加重对方责任、排除对方主要权利的，该条款无效。

第四十一条 对格式条款的理解发生争议的，应当按照通常理解予以解释。对格式条款有两种以上解释的，应当作出不利于提供格式条款一方的解释。格式条款和非格式条款不一致的，应当采用非格式条款。

第四十二条 当事人在订立合同过程中有下列情形之一，给对方造成损失的，应当承担损害赔偿责任：

（一）假借订立合同，恶意进行磋商；

（二）故意隐瞒与订立合同有关的重要事实或者提供虚假情况；

（三）有其他违背诚实信用原则的行为。

第四十三条　当事人在订立合同过程中知悉的商业秘密，无论合同是否成立，不得泄露或者不正当地使用。泄露或者不正当地使用该商业秘密给对方造成损失的，应当承担损害赔偿责任。

第三章　合同的效力

第四十四条　依法成立的合同，自成立时生效。

法律、行政法规规定应当办理批准、登记等手续生效的，依照其规定。

第四十五条　当事人对合同的效力可以约定附条件。附生效条件的合同，自条件成就时生效。附解除条件的合同，自条件成就时失效。

当事人为自己的利益不正当地阻止条件成就的，视为条件已成就；不正当地促成条件成就的，视为条件不成就。

第四十六条　当事人对合同的效力可以约定附期限。附生效期限的合同，自期限届至时生效。附终止期限的合同，自期限届满时失效。

第四十七条　限制民事行为能力人订立的合同，经法定代理人追认后，该合同有效，但纯获利益的合同或者与其年龄、智力、精神健康状况相适应而订立的合同，不必经法定代理人追认。

相对人可以催告法定代理人在一个月内予以追认。法定代理人未作表示的，视为拒绝追认。合同被追认之前，善意相对人有撤销的权利。撤销应当以通知的方式作出。

第四十八条　行为人没有代理权、超越代理权或者代理权终止后以被代理人名义订立的合同，未经被代理人追认，对被代理人不发生效力，由行为人承担责任。

相对人可以催告被代理人在一个月内予以追认。被代理人未作表示的，视为拒绝追认。合同被追认之前，善意相对人有撤销的权利。撤销应当以通知的方式作出。

第四十九条　行为人没有代理权、超越代理权或者代理权终止后以被代理人名义订立合同，相对人有理由相信行为人有代理权的，该代理行为有效。

第五十条　法人或者其他组织的法定代表人、负责人超越权限订立的合同，除相对人知道或者应当知道其超越权限的以外，该代表行为有效。

第五十一条　无处分权的人处分他人财产，经权利人追认或者无处分权的人订立合同后取得处分权的，该合同有效。

第五十二条　有下列情形之一的，合同无效：

（一）一方以欺诈、胁迫的手段订立合同，损害国家利益；

（二）恶意串通，损害国家、集体或者第三人利益；

（三）以合法形式掩盖非法目的；

（四）损害社会公共利益；

（五）违反法律、行政法规的强制性规定。

第五十三条　合同中的下列免责条款无效：

（一）造成对方人身伤害的；

（二）因故意或者重大过失造成对方财产损失的。

第五十四条　下列合同，当事人一方有权请求人民法院或者仲裁机构变更或者撤销：

（一）因重大误解订立的；

（二）在订立合同时显失公平的。

一方以欺诈、胁迫的手段或者乘人之危，使对方在违背真实意思的情况下订立的合同，受损害方有权请求人民法院或者仲裁机构变更或者撤销。

当事人请求变更的，人民法院或者仲裁机构不得撤销。

第五十五条　有下列情形之一的，撤销权消灭：

（一）具有撤销权的当事人自知道或者应当知道撤销事由之日起一年内没有行使撤销权；

（二）具有撤销权的当事人知道撤销事由后明确表示或者以自己的行为放弃撤销权。

第五十六条　无效的合同或者被撤销的合同自始没有法律约束力。合同部分无效，不影响其他部分效力的，其他部分仍然有效。

第五十七条　合同无效、被撤销或者终止的，不影响合同中独立存在的有关解决争议方法的条款的效力。

第五十八条　合同无效或者被撤销后，因该合同取得的财产，应当予以返还；不能返还或者没有必要返还的，应当折价补偿。有过错的一方应当赔偿对方因此所受到的损失，双方都有过错的，应当各自承担相应的责任。

第五十九条　当事人恶意串通，损害国家、集体或者第三人利益的，因此取得的财产收归国家所有或者返还集体、第三人。

第四章　合同的履行

第六十条　当事人应当按照约定全面履行自己的义务。

当事人应当遵循诚实信用原则，根据合同的性质、目的和交易习惯履行通知、协助、保密等义务。

第六十一条　合同生效后，当事人就质量、价款或者报酬、履行地点等内容没有约定或者约定不明确的，可以协议补充；不能达成补充协议的，按照合同有关条款或者交易习惯确定。

第六十二条　当事人就有关合同内容约定不明确，依照本法第六十一条的规定仍不能确定的，适用下列规定：

（一）质量要求不明确的，按照国家标准、行业标准履行；没有国家标准、行业标准的，按照通常标准或者符合合同目的的特定标准履行。

（二）价款或者报酬不明确的，按照订立合同时履行地的市场价格履行；依法应当执行政府定价或者政府指导价的，按照规定履行。

（三）履行地点不明确，给付货币的，在接受货币一方所在地履行；交付不动产的，在不动产所在地履行；其他标的，在履行义务一方所在地履行。

（四）履行期限不明确的，债务人可以随时履行，债权人也可以随时要求履行，但应当给对方必要的准备时间。

（五）履行方式不明确的，按照有利于实现合同目的的方式履行。

（六）履行费用的负担不明确的，由履行义务一方负担。

第六十三条　执行政府定价或者政府指导价的，在合同约定的交付期限内政府价格调整时，按照交付时的价格计价。逾期交付标的物的，遇价格上涨时，按照原价格执行；价格下降时，按照新价格执行。逾期提取标的物或者逾期付款的，遇价格上涨时，按照新价格执行；价格下降时，按照原价格执行。

第六十四条　当事人约定由债务人向第三人履行债务的，债务人未向第三人履行债务或者履行债务不符合约定，应当向债权人承担违约责任。

第六十五条　当事人约定由第三人向债权人履行债务的，第三人不履行债务或者履行债务不符合约定，债务人应当向债权人承担违约责任。

第六十六条　当事人互负债务，没有先后履行顺序的，应当同时履行。一方在对方履行之前有权拒绝其履行要求。一方在对方履行债务不符合约定时，有权拒绝其相应的履行要求。

第六十七条　当事人互负债务，有先后履行顺序，先履行一方未履行的，后履行一方有权拒绝其履行要求。先履行一方履行债务不符合约定的，后履行一方有权拒绝其相应的履行要求。

第六十八条 应当先履行债务的当事人，有确切证据证明对方有下列情形之一的，可以中止履行：

（一）经营状况严重恶化；

（二）转移财产、抽逃资金，以逃避债务；

（三）丧失商业信誉；

（四）有丧失或者可能丧失履行债务能力的其他情形。

当事人没有确切证据中止履行的，应当承担违约责任。

第六十九条 当事人依照本法第六十八条的规定中止履行的，应当及时通知对方。对方提供适当担保时，应当恢复履行。中止履行后，对方在合理期限内未恢复履行能力并且未提供适当担保的，中止履行的一方可以解除合同。

第七十条 债权人分立、合并或者变更住所没有通知债务人，致使履行债务发生困难的，债务人可以中止履行或者将标的物提存。

第七十一条 债权人可以拒绝债务人提前履行债务，但提前履行不损害债权人利益的除外。

债务人提前履行债务给债权人增加的费用，由债务人负担。

第七十二条 债权人可以拒绝债务人部分履行债务，但部分履行不损害债权人利益的除外。

债务人部分履行债务给债权人增加的费用，由债务人负担。

第七十三条 因债务人怠于行使其到期债权，对债权人造成损害的，债权人可以向人民法院请求以自己的名义代位行使债务人的债权，但该债权专属于债务人自身的除外。

代位权的行使范围以债权人的债权为限。债权人行使代位权的必要费用，由债务人负担。

第七十四条 因债务人放弃其到期债权或者无偿转让财产，对债权人造成损害的，债权人可以请求人民法院撤销债务人的行为。债务人以明显不合理的低价转让财产，对债权人造成损害，并且受让人知道该情形的，债权人也可以请求人民法院撤销债务人的行为。

撤销权的行使范围以债权人的债权为限。债权人行使撤销权的必要费用，由债务人负担。

第七十五条 撤销权自债权人知道或者应当知道撤销事由之日起一年内

行使。自债务人的行为发生之日起五年内没有行使撤销权的，该撤销权消灭。

第七十六条　合同生效后，当事人不得因姓名、名称的变更或者法定代表人、负责人、承办人的变动而不履行合同义务。

第五章　合同的变更和转让

第七十七条　当事人协商一致，可以变更合同。

法律、行政法规规定变更合同应当办理批准、登记等手续的，依照其规定。

第七十八条　当事人对合同变更的内容约定不明确的，推定为未变更。

第七十九条　债权人可以将合同的权利全部或者部分转让给第三人，但有下列情形之一的除外：

（一）根据合同性质不得转让；

（二）按照当事人约定不得转让；

（三）依照法律规定不得转让。

第八十条　债权人转让权利的，应当通知债务人。未经通知，该转让对债务人不发生效力。

债权人转让权利的通知不得撤销，但经受让人同意的除外。

第八十一条　债权人转让权利的，受让人取得与债权有关的从权利，但该从权利专属于债权人自身的除外。

第八十二条　债务人接到债权转让通知后，债务人对让与人的抗辩，可以向受让人主张。

第八十三条　债务人接到债权转让通知时，债务人对让与人享有债权，并且债务人的债权先于转让的债权到期或者同时到期的，债务人可以向受让人主张抵销。

第八十四条　债务人将合同的义务全部或者部分转移给第三人的，应当经债权人同意。

第八十五条　债务人转移义务的，新债务人可以主张原债务人对债权人的抗辩。

第八十六条　债务人转移义务的，新债务人应当承担与主债务有关的从债务，但该从债务专属于原债务人自身的除外。

第八十七条　法律、行政法规规定转让权利或者转移义务应当办理批准、登记等手续的，依照其规定。

第八十八条　当事人一方经对方同意，可以将自己在合同中的权利和义务一并转让给第三人。

第八十九条　权利和义务一并转让的，适用本法第七十九条、第八十一条至第八十三条、第八十五条至第八十七条的规定。

第九十条　当事人订立合同后合并的，由合并后的法人或者其他组织行使合同权利，履行合同义务。当事人订立合同后分立的，除债权人和债务人另有约定的以外，由分立的法人或者其他组织对合同的权利和义务享有连带债权，承担连带债务。

第六章　合同的权利义务终止

第九十一条　有下列情形之一的，合同的权利义务终止：

（一）债务已经按照约定履行；

（二）合同解除；

（三）债务相互抵销；

（四）债务人依法将标的物提存；

（五）债权人免除债务；

（六）债权债务同归于一人；

（七）法律规定或者当事人约定终止的其他情形。

第九十二条　合同的权利义务终止后，当事人应当遵循诚实信用原则，根据交易习惯履行通知、协助、保密等义务。

第九十三条　当事人协商一致，可以解除合同。

当事人可以约定一方解除合同的条件。解除合同的条件成就时，解除权人可以解除合同。

第九十四条　有下列情形之一的，当事人可以解除合同：

（一）因不可抗力致使不能实现合同目的；

（二）在履行期限届满之前，当事人一方明确表示或者以自己的行为表明不履行主要债务；

（三）当事人一方迟延履行主要债务，经催告后在合理期限内仍未履行；

（四）当事人一方迟延履行债务或者有其他违约行为致使不能实现合同目的；

（五）法律规定的其他情形。

第九十五条　法律规定或者当事人约定解除权行使期限，期限届满当事人不行使的，该权利消灭。

法律没有规定或者当事人没有约定解除权行使期限，经对方催告后在合理期限内不行使的，该权利消灭。

第九十六条　当事人一方依照本法第九十三条第二款、第九十四条的规定主张解除合同的，应当通知对方。合同自通知到达对方时解除。对方有异议的，可以请求人民法院或者仲裁机构确认解除合同的效力。

法律、行政法规规定解除合同应当办理批准、登记等手续的，依照其规定。

第九十七条　合同解除后，尚未履行的，终止履行；已经履行的，根据履行情况和合同性质，当事人可以要求恢复原状、采取其他补救措施，并有权要求赔偿损失。

第九十八条　合同的权利义务终止，不影响合同中结算和清理条款的效力。

第九十九条　当事人互负到期债务，该债务的标的物种类、品质相同的，任何一方可以将自己的债务与对方的债务抵销，但依照法律规定或者按照合同性质不得抵销的除外。

当事人主张抵销的，应当通知对方。通知自到达对方时生效。抵销不得附条件或者附期限。

第一百条　当事人互负债务，标的物种类、品质不相同的，经双方协商一致，也可以抵销。

第一百零一条　有下列情形之一，难以履行债务的，债务人可以将标的物提存：

（一）债权人无正当理由拒绝受领；

（二）债权人下落不明；

（三）债权人死亡未确定继承人或者丧失民事行为能力未确定监护人；

（四）法律规定的其他情形。

标的物不适于提存或者提存费用过高的，债务人依法可以拍卖或者变卖标的物，提存所得的价款。

第一百零二条　标的物提存后，除债权人下落不明的以外，债务人应当及时通知债权人或者债权人的继承人、监护人。

第一百零三条　标的物提存后，毁损、灭失的风险由债权人承担。提存期间，标的物的孳息归债权人所有。提存费用由债权人负担。

第一百零四条　债权人可以随时领取提存物，但债权人对债务人负有到期债务的，在债权人未履行债务或者提供担保之前，提存部门根据债务人的要求应当拒绝其领取提存物。

债权人领取提存物的权利，自提存之日起 5 年内不行使而消灭，提存物扣除提存费用后归国家所有。

第一百零五条　债权人免除债务人部分或者全部债务的，合同的权利义务部分或者全部终止。

第一百零六条　债权和债务同归于一人的，合同的权利义务终止，但涉及第三人利益的除外。

第七章　违约责任

第一百零七条　当事人一方不履行合同义务或者履行合同义务不符合约定的，应当承担继续履行、采取补救措施或者赔偿损失等违约责任。

第一百零八条　当事人一方明确表示或者以自己的行为表明不履行合同义务的，对方可以在履行期限届满之前要求其承担违约责任。

第一百零九条　当事人一方未支付价款或者报酬的，对方可以要求其支付价款或者报酬。

第一百一十条　当事人一方不履行非金钱债务或者履行非金钱债务不符合约定的，对方可以要求履行，但有下列情形之一的除外：

（一）法律上或者事实上不能履行；

（二）债务的标的不适于强制履行或者履行费用过高；

（三）债权人在合理期限内未要求履行。

第一百一十一条　质量不符合约定的，应当按照当事人的约定承担违约责任。对违约责任没有约定或者约定不明确，依照本法第六十一条的规定仍不能确定的，受损害方根据标的的性质以及损失的大小，可以合理选择要求对方承担修理、更换、重作、退货、减少价款或者报酬等违约责任。

第一百一十二条　当事人一方不履行合同义务或者履行合同义务不符合约定的，在履行义务或者采取补救措施后，对方还有其他损失的，应当赔偿损失。

第一百一十三条　当事人一方不履行合同义务或者履行合同义务不符合约定，给对方造成损失的，损失赔偿额应当相当于因违约所造成的损失，包括合同履行后可以获得的利益，但不得超过违反合同一方订立合同时预见到或者应当预见到的因违反合同可能造成的损失。

经营者对消费者提供商品或者服务有欺诈行为的，依照《中华人民共和国消费者权益保护法》的规定承担损害赔偿责任。

第一百一十四条　当事人可以约定一方违约时应当根据违约情况向对方支付一定数额的违约金，也可以约定因违约产生的损失赔偿额的计算方法。

约定的违约金低于造成的损失的，当事人可以请求人民法院或者仲裁机构予以增加；约定的违约金过分高于造成的损失的，当事人可以请求人民法院或者仲裁机构予以适当减少。

当事人就迟延履行约定违约金的，违约方支付违约金后，还应当履行债务。

第一百一十五条　当事人可以依照《中华人民共和国担保法》约定一方向对方给付定金作为债权的担保。债务人履行债务后，定金应当抵作价款或者收回。给付定金的一方不履行约定的债务的，无权要求返还定金；收受定金的一方不履行约定的债务的，应当双倍返还定金。

第一百一十六条　当事人既约定违约金，又约定定金的，一方违约时，对方可以选择适用违约金或者定金条款。

第一百一十七条　因不可抗力不能履行合同的，根据不可抗力的影响，部分或者全部免除责任，但法律另有规定的除外。当事人迟延履行后发生不可抗力的，不能免除责任。

本法所称不可抗力，是指不能预见、不能避免并不能克服的客观情况。

第一百一十八条　当事人一方因不可抗力不能履行合同的，应当及时通知对方，以减轻可能给对方造成的损失，并应当在合理期限内提供证明。

第一百一十九条　当事人一方违约后，对方应当采取适当措施防止损失的扩大；没有采取适当措施致使损失扩大的，不得就扩大的损失要求赔偿。

当事人因防止损失扩大而支出的合理费用，由违约方承担。

第一百二十条　当事人双方都违反合同的，应当各自承担相应的责任。

第一百二十一条　当事人一方因第三人的原因造成违约的，应当向对方承担违约责任。当事人一方和第三人之间的纠纷，依照法律规定或者按照约定解决。

第一百二十二条　因当事人一方的违约行为，侵害对方人身、财产权益的，受损害方有权选择依照本法要求其承担违约责任或者依照其他法律要求其承担侵权责任。

第八章　其他规定

第一百二十三条　其他法律对合同另有规定的，依照其规定。

第一百二十四条　本法分则或者其他法律没有明文规定的合同，适用本法总则的规定，并可以参照本法分则或者其他法律最相类似的规定。

第一百二十五条　当事人对合同条款的理解有争议的，应当按照合同所使用的词句、合同的有关条款、合同的目的、交易习惯以及诚实信用原则，确定该条款的真实意思。

合同文本采用两种以上文字订立并约定具有同等效力的，对各文本使用的词句推定具有相同含义。各文本使用的词句不一致的，应当根据合同的目的予以解释。

第一百二十六条　涉外合同的当事人可以选择处理合同争议所适用的法律，但法律另有规定的除外。涉外合同的当事人没有选择的，适用与合同有最密切联系的国家的法律。

在中华人民共和国境内履行的中外合资经营企业合同、中外合作经营企业合同、中外合作勘探开发自然资源合同，适用中华人民共和国法律。

第一百二十七条　工商行政管理部门和其他有关行政主管部门在各自的职权范围内，依照法律、行政法规的规定，对利用合同危害国家利益、社会公共利益的违法行为，负责监督处理；构成犯罪的，依法追究刑事责任。

第一百二十八条　当事人可以通过和解或者调解解决合同争议。

当事人不愿和解、调解或者和解、调解不成的，可以根据仲裁协议向仲裁机构申请仲裁。涉外合同的当事人可以根据仲裁协议向中国仲裁机构或者其他仲裁机构申请仲裁。当事人没有订立仲裁协议或者仲裁协议无效的，可以向人民法院起诉。当事人应当履行发生法律效力的判决、仲裁裁决、调解书；拒不履行的，对方可以请求人民法院执行。

第一百二十九条　因国际货物买卖合同和技术进出口合同争议提起诉讼或者申请仲裁的期限为四年，自当事人知道或者应当知道其权利受到侵害之日起计算。因其他合同争议提起诉讼或者申请仲裁的期限，依照有关法律的规定。

分　　则

第九章　买卖合同

第一百三十条　买卖合同是出卖人转移标的物的所有权于买受人，买受人支付价款的合同。

第一百三十一条 买卖合同的内容除依照本法第十二条的规定以外，还可以包括包装方式、检验标准和方法、结算方式、合同使用的文字及其效力等条款。

第一百三十二条 出卖的标的物，应当属于出卖人所有或者出卖人有权处分。

法律、行政法规禁止或者限制转让的标的物，依照其规定。

第一百三十三条 标的物的所有权自标的物交付时起转移，但法律另有规定或者当事人另有约定的除外。

第一百三十四条 当事人可以在买卖合同中约定买受人未履行支付价款或者其他义务的，标的物的所有权属于出卖人。

第一百三十五条 出卖人应当履行向买受人交付标的物或者交付提取标的物的单证，并转移标的物所有权的义务。

第一百三十六条 出卖人应当按照约定或者交易习惯向买受人交付提取标的物单证以外的有关单证和资料。

第一百三十七条 出卖具有知识产权的计算机软件等标的物的，除法律另有规定或者当事人另有约定的以外，该标的物的知识产权不属于买受人。

第一百三十八条 出卖人应当按照约定的期限交付标的物。约定交付期间的，出卖人可以在该交付期间内的任何时间交付。

第一百三十九条 当事人没有约定标的物的交付期限或者约定不明确的，适用本法第六十一条、第六十二条第四项的规定。

第一百四十条 标的物在订立合同之前已为买受人占有的，合同生效的时间为交付时间。

第一百四十一条 出卖人应当按照约定的地点交付标的物。

当事人没有约定交付地点或者约定不明确，依照本法第六十一条的规定仍不能确定的，适用下列规定：

（一）标的物需要运输的，出卖人应当将标的物交付给第一承运人以运交给买受人；

（二）标的物不需要运输，出卖人和买受人订立合同时知道标的物在某一地点的，出卖人应当在该地点交付标的物；不知道标的物在某一地点的，应当在出卖人订立合同时的营业地交付标的物。

第一百四十二条 标的物毁损、灭失的风险，在标的物交付之前由出卖人承担，交付之后由买受人承担，但法律另有规定或者当事人另有约定的除外。

第一百四十三条 因买受人的原因致使标的物不能按照约定的期限交付的，买受人应当自违反约定之日起承担标的物毁损、灭失的风险。

第一百四十四条 出卖人出卖交由承运人运输的在途标的物，除当事人另有约定的以外，毁损、灭失的风险自合同成立时起由买受人承担。

第一百四十五条 当事人没有约定交付地点或者约定不明确，依照本法第一百四十一条第二款第一项的规定标的物需要运输的，出卖人将标的物交付给第一承运人后，标的物毁损、灭失的风险由买受人承担。

第一百四十六条 出卖人按照约定或者依照本法第一百四十一条第二款第二项的规定将标的物置于交付地点，买受人违反约定没有收取的，标的物毁损、灭失的风险自违反约定之日起由买受人承担。

第一百四十七条 出卖人按照约定未交付有关标的物的单证和资料的，不影响标的物毁损、灭失风险的转移。

第一百四十八条 因标的物质量不符合质量要求，致使不能实现合同目的的，买受人可以拒绝接受标的物或者解除合同。买受人拒绝接受标的物或者解除合同的，标的物毁损、灭失的风险由出卖人承担。

第一百四十九条 标的物毁损、灭失的风险由买受人承担的，不影响因出卖人履行债务不符合约定，买受人要求其承担违约责任的权利。

第一百五十条 出卖人就交付的标的物，负有保证第三人不得向买受人主张任何权利的义务，但法律另有规定的除外。

第一百五十一条 买受人订立合同时知道或者应当知道第三人对买卖的标的物享有权利的，出卖人不承担本法第一百五十条规定的义务。

第一百五十二条 买受人有确切证据证明第三人可能就标的物主张权利的，可以中止支付相应的价款，但出卖人提供适当担保的除外。

第一百五十三条 出卖人应当按照约定的质量要求交付标的物。出卖人提供有关标的物质量说明的，交付的标的物应当符合该说明的质量要求。

第一百五十四条 当事人对标的物的质量要求没有约定或者约定不明确，依照本法第六十一条的规定仍不能确定的，适用本法第六十二条第一项的规定。

第一百五十五条 出卖人交付的标的物不符合质量要求的，买受人可以依照本法第一百一十一条的规定要求承担违约责任。

第一百五十六条 出卖人应当按照约定的包装方式交付标的物。对包装方式没有约定或者约定不明确，依照本法第六十一条的规定仍不能确定的，应当按照通用的方式包装，没有通用方式的，应当采取足以保护标的物的包装方式。

第一百五十七条　买受人收到标的物时应当在约定的检验期间内检验。没有约定检验期间的，应当及时检验。

第一百五十八条　当事人约定检验期间的，买受人应当在检验期间内将标的物的数量或者质量不符合约定的情形通知出卖人。买受人怠于通知的，视为标的物的数量或者质量符合约定。

当事人没有约定检验期间的，买受人应当在发现或者应当发现标的物的数量或者质量不符合约定的合理期间内通知出卖人。买受人在合理期间内未通知或者自标的物收到之日起两年内未通知出卖人的，视为标的物的数量或者质量符合约定，但对标的物有质量保证期的，适用质量保证期，不适用该两年的规定。

出卖人知道或者应当知道提供的标的物不符合约定的，买受人不受前两款规定的通知时间的限制。

第一百五十九条　买受人应当按照约定的数额支付价款。对价款没有约定或者约定不明确的，适用本法第六十一条、第六十二条第二项的规定。

第一百六十条　买受人应当按照约定的地点支付价款。对支付地点没有约定或者约定不明确，依照本法第六十一条的规定仍不能确定的，买受人应当在出卖人的营业地支付，但约定支付价款以交付标的物或者交付提取标的物单证为条件的，在交付标的物或者交付提取标的物单证的所在地支付。

第一百六十一条　买受人应当按照约定的时间支付价款。对支付时间没有约定或者约定不明确，依照本法第六十一条的规定仍不能确定的，买受人应当在收到标的物或者提取标的物单证的同时支付。

第一百六十二条　出卖人多交标的物的，买受人可以接收或者拒绝接收多交的部分。买受人接收多交部分的，按照合同的价格支付价款；买受人拒绝接收多交部分的，应当及时通知出卖人。

第一百六十三条　标的物在交付之前产生的孳息，归出卖人所有，交付之后产生的孳息，归买受人所有。

第一百六十四条　因标的物的主物不符合约定而解除合同的，解除合同的效力及于从物。因标的物的从物不符合约定被解除的，解除的效力不及于主物。

第一百六十五条　标的物为数物，其中一物不符合约定的，买受人可以就该物解除，但该物与他物分离使标的物的价值显受损害的，当事人可以就数物解除合同。

第一百六十六条 出卖人分批交付标的物的，出卖人对其中一批标的物不交付或者交付不符合约定，致使该批标的物不能实现合同目的的，买受人可以就该批标的物解除。

出卖人不交付其中一批标的物或者交付不符合约定，致使今后其他各批标的物的交付不能实现合同目的的，买受人可以就该批以及今后其他各批标的物解除。

买受人如果就其中一批标的物解除，该批标的物与其他各批标的物相互依存的，可以就已经交付和未交付的各批标的物解除。

第一百六十七条 分期付款的买受人未支付到期价款的金额达到全部价款的五分之一的，出卖人可以要求买受人支付全部价款或者解除合同。

出卖人解除合同的，可以向买受人要求支付该标的物的使用费。

第一百六十八条 凭样品买卖的当事人应当封存样品，并可以对样品质量予以说明。出卖人交付的标的物应当与样品及其说明的质量相同。

第一百六十九条 凭样品买卖的买受人不知道样品有隐蔽瑕疵的，即使交付的标的物与样品相同，出卖人交付的标的物的质量仍然应当符合同种物的通常标准。

第一百七十条 试用买卖的当事人可以约定标的物的试用期间。对试用期间没有约定或者约定不明确，依照本法第六十一条的规定仍不能确定的，由出卖人确定。

第一百七十一条 试用买卖的买受人在试用期内可以购买标的物，也可以拒绝购买。试用期间届满，买受人对是否购买标的物未作表示的，视为购买。

第一百七十二条 招标投标买卖的当事人的权利和义务以及招标投标程序等，依照有关法律、行政法规的规定。

第一百七十三条 拍卖的当事人的权利和义务以及拍卖程序等，依照有关法律、行政法规的规定。

第一百七十四条 法律对其他有偿合同有规定的，依照其规定；没有规定的，参照买卖合同的有关规定。

第一百七十五条 当事人约定易货交易，转移标的物的所有权的，参照买卖合同的有关规定。

第十章 供用电、水、气、热力合同

第一百七十六条 供用电合同是供电人向用电人供电，用电人支付电费的合同。

　　第一百七十七条　供用电合同的内容包括供电的方式、质量、时间，用电容量、地址、性质，计量方式，电价、电费的结算方式，供用电设施的维护责任等条款。

　　第一百七十八条　供用电合同的履行地点，按照当事人约定；当事人没有约定或者约定不明确的，供电设施的产权分界处为履行地点。

　　第一百七十九条　供电人应当按照国家规定的供电质量标准和约定安全供电。供电人未按照国家规定的供电质量标准和约定安全供电，造成用电人损失的，应当承担损害赔偿责任。

　　第一百八十条　供电人因供电设施计划检修、临时检修、依法限电或者用电人违法用电等原因，需要中断供电时，应当按照国家有关规定事先通知用电人。未事先通知用电人中断供电，造成用电人损失的，应当承担损害赔偿责任。

　　第一百八十一条　因自然灾害等原因断电，供电人应当按照国家有关规定及时抢修。未及时抢修，造成用电人损失的，应当承担损害赔偿责任。

　　第一百八十二条　用电人应当按照国家有关规定和当事人的约定及时交付电费。用电人逾期不交付电费的，应当按照约定支付违约金。经催告用电人在合理期限内仍不交付电费和违约金的，供电人可以按照国家规定的程序中止供电。

　　第一百八十三条　用电人应当按照国家有关规定和当事人的约定安全用电。用电人未按照国家有关规定和当事人的约定安全用电，造成供电人损失的，应当承担损害赔偿责任。

　　第一百八十四条　供用水、供用气、供用热力合同，参照供用电合同的有关规定。

第十一章　赠与合同

　　第一百八十五条　赠与合同是赠与人将自己的财产无偿给予受赠人，受赠人表示接受赠与的合同。

　　第一百八十六条　赠与人在赠与财产的权利转移之前可以撤销赠与。

　　具有救灾、扶贫等社会公益、道德义务性质的赠与合同或者经过公证的赠与合同，不适用前款规定。

　　第一百八十七条　赠与的财产依法需要办理登记等手续的，应当办理有关手续。

第一百八十八条　具有救灾、扶贫等社会公益、道德义务性质的赠与合同或者经过公证的赠与合同，赠与人不交付赠与的财产的，受赠人可以要求交付。

第一百八十九条　因赠与人故意或者重大过失致使赠与的财产毁损、灭失的，赠与人应当承担损害赔偿责任。

第一百九十条　赠与可以附义务。

赠与附义务的，受赠人应当按照约定履行义务。

第一百九十一条　赠与的财产有瑕疵的，赠与人不承担责任。附义务的赠与，赠与的财产有瑕疵的，赠与人在附义务的限度内承担与出卖人相同的责任。

赠与人故意不告知瑕疵或者保证无瑕疵，造成受赠人损失的，应当承担损害赔偿责任。

第一百九十二条　受赠人有下列情形之一的，赠与人可以撤销赠与：

（一）严重侵害赠与人或者赠与人的近亲属；

（二）对赠与人有扶养义务而不履行；

（三）不履行赠与合同约定的义务。

赠与人的撤销权，自知道或者应当知道撤销原因之日起一年内行使。

第一百九十三条　因受赠人的违法行为致使赠与人死亡或者丧失民事行为能力的，赠与人的继承人或者法定代理人可以撤销赠与。

赠与人的继承人或者法定代理人的撤销权，自知道或者应当知道撤销原因之日起六个月内行使。

第一百九十四条　撤销权人撤销赠与的，可以向受赠人要求返还赠与的财产。

第一百九十五条　赠与人的经济状况显著恶化，严重影响其生产经营或者家庭生活的，可以不再履行赠与义务。

第十二章　借款合同

第一百九十六条　借款合同是借款人向贷款人借款，到期返还借款并支付利息的合同。

第一百九十七条　借款合同采用书面形式，但自然人之间借款另有约定的除外。

借款合同的内容包括借款种类、币种、用途、数额、利率、期限和还款方式等条款。

第一百九十八条　订立借款合同，贷款人可以要求借款人提供担保。担保依照《中华人民共和国担保法》的规定。

第一百九十九条　订立借款合同，借款人应当按照贷款人的要求提供与借款有关的业务活动和财务状况的真实情况。

第二百条　借款的利息不得预先在本金中扣除。利息预先在本金中扣除的，应当按照实际借款数额返还借款并计算利息。

第二百零一条　贷款人未按照约定的日期、数额提供借款，造成借款人损失的，应当赔偿损失。

借款人未按照约定的日期、数额收取借款的，应当按照约定的日期、数额支付利息。

第二百零二条　贷款人按照约定可以检查、监督借款的使用情况。借款人应当按照约定向贷款人定期提供有关财务会计报表等资料。

第二百零三条　借款人未按照约定的借款用途使用借款的，贷款人可以停止发放借款、提前收回借款或者解除合同。

第二百零四条　办理贷款业务的金融机构贷款的利率，应当按照中国人民银行规定的贷款利率的上下限确定。

第二百零五条　借款人应当按照约定的期限支付利息。对支付利息的期限没有约定或者约定不明确，依照本法第六十一条的规定仍不能确定，借款期间不满一年的，应当在返还借款时一并支付；借款期间一年以上的，应当在每届满一年时支付，剩余期间不满一年的，应当在返还借款时一并支付。

第二百零六条　借款人应当按照约定的期限返还借款。对借款期限没有约定或者约定不明确，依照本法第六十一条的规定仍不能确定的，借款人可以随时返还；贷款人可以催告借款人在合理期限内返还。

第二百零七条　借款人未按照约定的期限返还借款的，应当按照约定或者国家有关规定支付逾期利息。

第二百零八条　借款人提前偿还借款的，除当事人另有约定的以外，应当按照实际借款的期间计算利息。

第二百零九条　借款人可以在还款期限届满之前向贷款人申请展期。贷款人同意的，可以展期。

第二百一十条　自然人之间的借款合同，自贷款人提供借款时生效。

第二百一十一条　自然人之间的借款合同对支付利息没有约定或者约定不明确的，视为不支付利息。

自然人之间的借款合同约定支付利息的，借款的利率不得违反国家有关限制借款利率的规定。

第十三章　租赁合同

第二百一十二条　租赁合同是出租人将租赁物交付承租人使用、收益，承租人支付租金的合同。

第二百一十三条　租赁合同的内容包括租赁物的名称、数量、用途、租赁期限、租金及其支付期限和方式、租赁物维修等条款。

第二百一十四条　租赁期限不得超过 20 年。超过 20 年的，超过部分无效。

租赁期间届满，当事人可以续订租赁合同，但约定的租赁期限自续订之日起不得超过 20 年。

第二百一十五条　租赁期限 6 个月以上的，应当采用书面形式。当事人未采用书面形式的，视为不定期租赁。

第二百一十六条　出租人应当按照约定将租赁物交付承租人，并在租赁期间保持租赁物符合约定的用途。

第二百一十七条　承租人应当按照约定的方法使用租赁物。对租赁物的使用方法没有约定或者约定不明确，依照本法第六十一条的规定仍不能确定的，应当按照租赁物的性质使用。

第二百一十八条　承租人按照约定的方法或者租赁物的性质使用租赁物，致使租赁物受到损耗的，不承担损害赔偿责任。

第二百一十九条　承租人未按照约定的方法或者租赁物的性质使用租赁物，致使租赁物受到损失的，出租人可以解除合同并要求赔偿损失。

第二百二十条　出租人应当履行租赁物的维修义务，但当事人另有约定的除外。

第二百二十一条　承租人在租赁物需要维修时可以要求出租人在合理期限内维修。出租人未履行维修义务的，承租人可以自行维修，维修费用由出租人负担。因维修租赁物影响承租人使用的，应当相应减少租金或者延长租期。

第二百二十二条　承租人应当妥善保管租赁物，因保管不善造成租赁物毁损、灭失的，应当承担损害赔偿责任。

第二百二十三条　承租人经出租人同意，可以对租赁物进行改善或者增设他物。

承租人未经出租人同意，对租赁物进行改善或者增设他物的，出租人可以要求承租人恢复原状或者赔偿损失。

　　第二百二十四条　承租人经出租人同意，可以将租赁物转租给第三人。承租人转租的，承租人与出租人之间的租赁合同继续有效，第三人对租赁物造成损失的，承租人应当赔偿损失。

　　承租人未经出租人同意转租的，出租人可以解除合同。

　　第二百二十五条　在租赁期间因占有、使用租赁物获得的收益，归承租人所有，但当事人另有约定的除外。

　　第二百二十六条　承租人应当按照约定的期限支付租金。对支付期限没有约定或者约定不明确，依照本法第六十一条的规定仍不能确定，租赁期间不满一年的，应当在租赁期间届满时支付；租赁期间一年以上的，应当在每届满一年时支付，剩余期间不满一年的，应当在租赁期间届满时支付。

　　第二百二十七条　承租人无正当理由未支付或者迟延支付租金的，出租人可以要求承租人在合理期限内支付。承租人逾期不支付的，出租人可以解除合同。

　　第二百二十八条　因第三人主张权利，致使承租人不能对租赁物使用、收益的，承租人可以要求减少租金或者不支付租金。

　　第三人主张权利的，承租人应当及时通知出租人。

　　第二百二十九条　租赁物在租赁期间发生所有权变动的，不影响租赁合同的效力。

　　第二百三十条　出租人出卖租赁房屋的，应当在出卖之前的合理期限内通知承租人，承租人享有以同等条件优先购买的权利。

　　第二百三十一条　因不可归责于承租人的事由，致使租赁物部分或者全部毁损、灭失的，承租人可以要求减少租金或者不支付租金；因租赁物部分或者全部毁损、灭失，致使不能实现合同目的的，承租人可以解除合同。

　　第二百三十二条　当事人对租赁期限没有约定或者约定不明确，依照本法第六十一条的规定仍不能确定的，视为不定期租赁。当事人可以随时解除合同，但出租人解除合同应当在合理期限之前通知承租人。

　　第二百三十三条　租赁物危及承租人的安全或者健康的，即使承租人订立合同时明知该租赁物质量不合格，承租人仍然可以随时解除合同。

　　第二百三十四条　承租人在房屋租赁期间死亡的，与其生前共同居住的人可以按照原租赁合同租赁该房屋。

　　第二百三十五条　租赁期间届满，承租人应当返还租赁物。返还的租赁物应当符合按照约定或者租赁物的性质使用后的状态。

第二百三十六条 租赁期间届满，承租人继续使用租赁物，出租人没有提出异议的，原租赁合同继续有效，但租赁期限为不定期。

第十四章 融资租赁合同

第二百三十七条 融资租赁合同是出租人根据承租人对出卖人、租赁物的选择，向出卖人购买租赁物，提供给承租人使用，承租人支付租金的合同。

第二百三十八条 融资租赁合同的内容包括租赁物名称、数量、规格、技术性能、检验方法、租赁期限、租金构成及其支付期限和方式、币种、租赁期间届满租赁物的归属等条款。

融资租赁合同应当采用书面形式。

第二百三十九条 出租人根据承租人对出卖人、租赁物的选择订立的买卖合同，出卖人应当按照约定向承租人交付标的物，承租人享有与受领标的物有关的买受人的权利。

第二百四十条 出租人、出卖人、承租人可以约定，出卖人不履行买卖合同义务的，由承租人行使索赔的权利。承租人行使索赔权利的，出租人应当协助。

第二百四十一条 出租人根据承租人对出卖人、租赁物的选择订立的买卖合同，未经承租人同意，出租人不得变更与承租人有关的合同内容。

第二百四十二条 出租人享有租赁物的所有权。承租人破产的，租赁物不属于破产财产。

第二百四十三条 融资租赁合同的租金，除当事人另有约定的以外，应当根据购买租赁物的大部分或者全部成本以及出租人的合理利润确定。

第二百四十四条 租赁物不符合约定或者不符合使用目的的，出租人不承担责任，但承租人依赖出租人的技能确定租赁物或者出租人干预选择租赁物的除外。

第二百四十五条 出租人应当保证承租人对租赁物的占有和使用。

第二百四十六条 承租人占有租赁物期间，租赁物造成第三人的人身伤害或者财产损害的，出租人不承担责任。

第二百四十七条 承租人应当妥善保管、使用租赁物。

承租人应当履行占有租赁物期间的维修义务。

第二百四十八条 承租人应当按照约定支付租金。承租人经催告后在合理期限内仍不支付租金的，出租人可以要求支付全部租金；也可以解除合同，收回租赁物。

第二百四十九条　当事人约定租赁期间届满租赁物归承租人所有，承租人已经支付大部分租金，但无力支付剩余租金，出租人因此解除合同收回租赁物的，收回的租赁物的价值超过承租人欠付的租金以及其他费用的，承租人可以要求部分返还。

第二百五十条　出租人和承租人可以约定租赁期间届满租赁物的归属。对租赁物的归属没有约定或者约定不明确，依照本法第六十一条的规定仍不能确定的，租赁物的所有权归出租人。

第十五章　承揽合同

第二百五十一条　承揽合同是承揽人按照定作人的要求完成工作，交付工作成果，定作人给付报酬的合同。

承揽包括加工、定作、修理、复制、测试、检验等工作。

第二百五十二条　承揽合同的内容包括承揽的标的、数量、质量、报酬、承揽方式、材料的提供、履行期限、验收标准和方法等条款。

第二百五十三条　承揽人应当以自己的设备、技术和劳力，完成主要工作，但当事人另有约定的除外。

承揽人将其承揽的主要工作交由第三人完成的，应当就该第三人完成的工作成果向定作人负责；未经定作人同意的，定作人也可以解除合同。

第二百五十四条　承揽人可以将其承揽的辅助工作交由第三人完成。承揽人将其承揽的辅助工作交由第三人完成的，应当就该第三人完成的工作成果向定作人负责。

第二百五十五条　承揽人提供材料的，承揽人应当按照约定选用材料，并接受定作人检验。

第二百五十六条　定作人提供材料的，定作人应当按照约定提供材料。承揽人对定作人提供的材料，应当及时检验，发现不符合约定时，应当及时通知定作人更换、补齐或者采取其他补救措施。

承揽人不得擅自更换定作人提供的材料，不得更换不需要修理的零部件。

第二百五十七条　承揽人发现定作人提供的图纸或者技术要求不合理的，应当及时通知定作人。因定作人怠于答复等原因造成承揽人损失的，应当赔偿损失。

第二百五十八条　定作人中途变更承揽工作的要求，造成承揽人损失的，应当赔偿损失。

第二百五十九条 承揽工作需要定作人协助的，定作人有协助的义务。定作人不履行协助义务致使承揽工作不能完成的，承揽人可以催告定作人在合理期限内履行义务，并可以顺延履行期限；定作人逾期不履行的，承揽人可以解除合同。

第二百六十条 承揽人在工作期间，应当接受定作人必要的监督检验。定作人不得因监督检验妨碍承揽人的正常工作。

第二百六十一条 承揽人完成工作的，应当向定作人交付工作成果，并提交必要的技术资料和有关质量证明。定作人应当验收该工作成果。

第二百六十二条 承揽人交付的工作成果不符合质量要求的，定作人可以要求承揽人承担修理、重作、减少报酬、赔偿损失等违约责任。

第二百六十三条 定作人应当按照约定的期限支付报酬。对支付报酬的期限没有约定或者约定不明确，依照本法第六十一条的规定仍不能确定的，定作人应当在承揽人交付工作成果时支付；工作成果部分交付的，定作人应当相应支付。

第二百六十四条 定作人未向承揽人支付报酬或者材料费等价款的，承揽人对完成的工作成果享有留置权，但当事人另有约定的除外。

第二百六十五条 承揽人应当妥善保管定作人提供的材料以及完成的工作成果，因保管不善造成毁损、灭失的，应当承担损害赔偿责任。

第二百六十六条 承揽人应当按照定作人的要求保守秘密，未经定作人许可，不得留存复制品或者技术资料。

第二百六十七条 共同承揽人对定作人承担连带责任，但当事人另有约定的除外。

第二百六十八条 定作人可以随时解除承揽合同，造成承揽人损失的，应当赔偿损失。

第十六章　建设工程合同

第二百六十九条 建设工程合同是承包人进行工程建设，发包人支付价款的合同。

建设工程合同包括工程勘察、设计、施工合同。

第二百七十条 建设工程合同应当采用书面形式。

第二百七十一条 建设工程的招标投标活动，应当依照有关法律的规定公开、公平、公正进行。

第二百七十二条　发包人可以与总承包人订立建设工程合同，也可以分别与勘察人、设计人、施工人订立勘察、设计、施工承包合同。发包人不得将应当由一个承包人完成的建设工程肢解成若干部分发包给几个承包人。

总承包人或者勘察、设计、施工承包人经发包人同意，可以将自己承包的部分工作交由第三人完成。第三人就其完成的工作成果与总承包人或者勘察、设计、施工承包人向发包人承担连带责任。承包人不得将其承包的全部建设工程转包给第三人或者将其承包的全部建设工程肢解以后以分包的名义分别转包给第三人。

禁止承包人将工程分包给不具备相应资质条件的单位。禁止分包单位将其承包的工程再分包。建设工程主体结构的施工必须由承包人自行完成。

第二百七十三条　国家重大建设工程合同，应当按照国家规定的程序和国家批准的投资计划、可行性研究报告等文件订立。

第二百七十四条　勘察、设计合同的内容包括提交有关基础资料和文件（包括概预算）的期限、质量要求、费用以及其他协作条件等条款。

第二百七十五条　施工合同的内容包括工程范围、建设工期、中间交工工程的开工和竣工时间、工程质量、工程造价、技术资料交付时间、材料和设备供应责任、拨款和结算、竣工验收、质量保修范围和质量保证期、双方相互协作等条款。

第二百七十六条　建设工程实行监理的，发包人应当与监理人采用书面形式订立委托监理合同。发包人与监理人的权利和义务以及法律责任，应当依照本法委托合同以及其他有关法律、行政法规的规定。

第二百七十七条　发包人在不妨碍承包人正常作业的情况下，可以随时对作业进度、质量进行检查。

第二百七十八条　隐蔽工程在隐蔽以前，承包人应当通知发包人检查。发包人没有及时检查的，承包人可以顺延工程日期，并有权要求赔偿停工、窝工等损失。

第二百七十九条　建设工程竣工后，发包人应当根据施工图纸及说明书、国家颁发的施工验收规范和质量检验标准及时进行验收。验收合格的，发包人应当按照约定支付价款，并接收该建设工程。建设工程竣工经验收合格后，方可交付使用；未经验收或者验收不合格的，不得交付使用。

第二百八十条　勘察、设计的质量不符合要求或者未按照期限提交勘察、设计文件拖延工期，造成发包人损失的，勘察人、设计人应当继续完善勘察、设计，减收或者免收勘察、设计费并赔偿损失。

第二百八十一条 因施工人的原因致使建设工程质量不符合约定的，发包人有权要求施工人在合理期限内无偿修理或者返工、改建。经过修理或者返工、改建后，造成逾期交付的，施工人应当承担违约责任。

第二百八十二条 因承包人的原因致使建设工程在合理使用期限内造成人身和财产损害的，承包人应当承担损害赔偿责任。

第二百八十三条 发包人未按照约定的时间和要求提供原材料、设备、场地、资金、技术资料的，承包人可以顺延工程日期，并有权要求赔偿停工、窝工等损失。

第二百八十四条 因发包人的原因致使工程中途停建、缓建的，发包人应当采取措施弥补或者减少损失，赔偿承包人因此造成的停工、窝工、倒运、机械设备调迁、材料和构件积压等损失和实际费用。

第二百八十五条 因发包人变更计划，提供的资料不准确，或者未按照期限提供必需的勘察、设计工作条件而造成勘察、设计的返工、停工或者修改设计，发包人应当按照勘察人、设计人实际消耗的工作量增付费用。

第二百八十六条 发包人未按照约定支付价款的，承包人可以催告发包人在合理期限内支付价款。发包人逾期不支付的，除按照建设工程的性质不宜折价、拍卖的以外，承包人可以与发包人协议将该工程折价，也可以申请人民法院将该工程依法拍卖。建设工程的价款就该工程折价或者拍卖的价款优先受偿。

第二百八十七条 本章没有规定的，适用承揽合同的有关规定。

第十七章　运输合同

第一节　一般规定

第二百八十八条 运输合同是承运人将旅客或者货物从起运地点运输到约定地点，旅客、托运人或者收货人支付票款或者运输费用的合同。

第二百八十九条 从事公共运输的承运人不得拒绝旅客、托运人通常、合理的运输要求。

第二百九十条 承运人应当在约定期间或者合理期间内将旅客、货物安全运输到约定地点。

第二百九十一条 承运人应当按照约定的或者通常的运输路线将旅客、货物运输到约定地点。

第二百九十二条 旅客、托运人或者收货人应当支付票款或者运输费用。承运人未按照约定路线或者通常路线运输增加票款或者运输费用的，旅客、托运人或者收货人可以拒绝支付增加部分的票款或者运输费用。

第二节　客运合同

第二百九十三条　客运合同自承运人向旅客交付客票时成立，但当事人另有约定或者另有交易习惯的除外。

第二百九十四条　旅客应当持有效客票乘运。旅客无票乘运、超程乘运、越级乘运或者持失效客票乘运的，应当补交票款，承运人可以按照规定加收票款。旅客不交付票款的，承运人可以拒绝运输。

第二百九十五条　旅客因自己的原因不能按照客票记载的时间乘坐的，应当在约定的时间内办理退票或者变更手续。逾期办理的，承运人可以不退票款，并不再承担运输义务。

第二百九十六条　旅客在运输中应当按照约定的限量携带行李。超过限量携带行李的，应当办理托运手续。

第二百九十七条　旅客不得随身携带或者在行李中夹带易燃、易爆、有毒、有腐蚀性、有放射性以及有可能危及运输工具上人身和财产安全的危险物品或者其他违禁物品。

旅客违反前款规定的，承运人可以将违禁物品卸下、销毁或者送交有关部门。旅客坚持携带或者夹带违禁物品的，承运人应当拒绝运输。

第二百九十八条　承运人应当向旅客及时告知有关不能正常运输的重要事由和安全运输应当注意的事项。

第二百九十九条　承运人应当按照客票载明的时间和班次运输旅客。承运人迟延运输的，应当根据旅客的要求安排改乘其他班次或者退票。

第三百条　承运人擅自变更运输工具而降低服务标准的，应当根据旅客的要求退票或者减收票款；提高服务标准的，不应当加收票款。

第三百零一条　承运人在运输过程中，应当尽力救助患有急病、分娩、遇险的旅客。

第三百零二条　承运人应当对运输过程中旅客的伤亡承担损害赔偿责任，但伤亡是旅客自身健康原因造成的或者承运人证明伤亡是旅客故意、重大过失造成的除外。

前款规定适用于按照规定免票、持优待票或者经承运人许可搭乘的无票旅客。

第三百零三条　在运输过程中旅客自带物品毁损、灭失，承运人有过错的，应当承担损害赔偿责任。

旅客托运的行李毁损、灭失的，适用货物运输的有关规定。

第三节　货运合同

第三百零四条　托运人办理货物运输，应当向承运人准确表明收货人的名称或者姓名或者凭指示的收货人，货物的名称、性质、重量、数量，收货地点等有关货物运输的必要情况。

因托运人申报不实或者遗漏重要情况，造成承运人损失的，托运人应当承担损害赔偿责任。

第三百零五条　货物运输需要办理审批、检验等手续的，托运人应当将办理完有关手续的文件提交承运人。

第三百零六条　托运人应当按照约定的方式包装货物。对包装方式没有约定或者约定不明确的，适用本法第一百五十六条的规定。

托运人违反前款规定的，承运人可以拒绝运输。

第三百零七条　托运人托运易燃、易爆、有毒、有腐蚀性、有放射性等危险物品的，应当按照国家有关危险物品运输的规定对危险物品妥善包装，作出危险物标志和标签，并将有关危险物品的名称、性质和防范措施的书面材料提交承运人。

托运人违反前款规定的，承运人可以拒绝运输，也可以采取相应措施以避免损失的发生，因此产生的费用由托运人承担。

第三百零八条　在承运人将货物交付收货人之前，托运人可以要求承运人中止运输、返还货物、变更到达地或者将货物交给其他收货人，但应当赔偿承运人因此受到的损失。

第三百零九条　货物运输到达后，承运人知道收货人的，应当及时通知收货人，收货人应当及时提货。收货人逾期提货的，应当向承运人支付保管费等费用。

第三百一十条　收货人提货时应当按照约定的期限检验货物。对检验货物的期限没有约定或者约定不明确，依照本法第六十一条的规定仍不能确定的，应当在合理期限内检验货物。收货人在约定的期限或者合理期限内对货物的数量、毁损等未提出异议的，视为承运人已经按照运输单证的记载交付的初步证据。

第三百一十一条　承运人对运输过程中货物的毁损、灭失承担损害赔偿责任，但承运人证明货物的毁损、灭失是因不可抗力、货物本身的自然性质或者合理损耗以及托运人、收货人的过错造成的，不承担损害赔偿责任。

第三百一十二条　货物的毁损、灭失的赔偿额，当事人有约定的，按照其约定；没有约定或者约定不明确，依照本法第六十一条的规定仍不能确定的，按照交付或者应当交付时货物到达地的市场价格计算。法律、行政法规对赔偿额的计算方法和赔偿限额另有规定的，依照其规定。

第三百一十三条　两个以上承运人以同一运输方式联运的，与托运人订立合同的承运人应当对全程运输承担责任。损失发生在某一运输区段的，与托运人订立合同的承运人和该区段的承运人承担连带责任。

第三百一十四条　货物在运输过程中因不可抗力灭失，未收取运费的，承运人不得要求支付运费；已收取运费的，托运人可以要求返还。

第三百一十五条　托运人或者收货人不支付运费、保管费以及其他运输费用的，承运人对相应的运输货物享有留置权，但当事人另有约定的除外。

第三百一十六条　收货人不明或者收货人无正当理由拒绝受领货物的，依照本法第一百零一条的规定，承运人可以提存货物。

第四节　多式联运合同

第三百一十七条　多式联运经营人负责履行或者组织履行多式联运合同，对全程运输享有承运人的权利，承担承运人的义务。

第三百一十八条　多式联运经营人可以与参加多式联运的各区段承运人就多式联运合同的各区段运输约定相互之间的责任，但该约定不影响多式联运经营人对全程运输承担的义务。

第三百一十九条　多式联运经营人收到托运人交付的货物时，应当签发多式联运单据。按照托运人的要求，多式联运单据可以是可转让单据，也可以是不可转让单据。

第三百二十条　因托运人托运货物时的过错造成多式联运经营人损失的，即使托运人已经转让多式联运单据，托运人仍然应当承担损害赔偿责任。

第三百二十一条　货物的毁损、灭失发生于多式联运的某一运输区段的，多式联运经营人的赔偿责任和责任限额，适用调整该区段运输方式的有关法律规定。货物毁损、灭失发生的运输区段不能确定的，依照本章规定承担损害赔偿责任。

第十八章　技术合同

第一节　一般规定

第三百二十二条　技术合同是当事人就技术开发、转让、咨询或者服务订立的确立相互之间权利和义务的合同。

第三百二十三条　订立技术合同，应当有利于科学技术的进步，加速科学技术成果的转化、应用和推广。

第三百二十四条　技术合同的内容由当事人约定，一般包括以下条款：

（一）项目名称；

（二）标的的内容、范围和要求；

（三）履行的计划、进度、期限、地点、地域和方式；

（四）技术情报和资料的保密；

（五）风险责任的承担；

（六）技术成果的归属和收益的分成办法；

（七）验收标准和方法；

（八）价款、报酬或者使用费及其支付方式；

（九）违约金或者损失赔偿的计算方法；

（十）解决争议的方法；

（十一）名词和术语的解释。

与履行合同有关的技术背景资料、可行性论证和技术评价报告、项目任务书和计划书、技术标准、技术规范、原始设计和工艺文件，以及其他技术文档，按照当事人的约定可以作为合同的组成部分。

技术合同涉及专利的，应当注明发明创造的名称、专利申请人和专利权人、申请日期、申请号、专利号以及专利权的有效期限。

第三百二十五条　技术合同价款、报酬或者使用费的支付方式由当事人约定，可以采取一次总算、一次总付或者一次总算、分期支付，也可以采取提成支付或者提成支付附加预付入门费的方式。

约定提成支付的，可以按照产品价格、实施专利和使用技术秘密后新增的产值、利润或者产品销售额的一定比例提成，也可以按照约定的其他方式计算。提成支付的比例可以采取固定比例、逐年递增比例或者逐年递减比例。

约定提成支付的，当事人应当在合同中约定查阅有关会计账目的办法。

第三百二十六条　职务技术成果的使用权、转让权属于法人或者其他组织的，法人或者其他组织可以就该项职务技术成果订立技术合同。法人或者其他组织应当从使用和转让该项职务技术成果所取得的收益中提取一定比例，对完成该项职务技术成果的个人给予奖励或者报酬。法人或者其他组织订立技术合同转让职务技术成果时，职务技术成果的完成人享有以同等条件优先受让的权利。

职务技术成果是执行法人或者其他组织的工作任务，或者主要是利用法人或者其他组织的物质技术条件所完成的技术成果。

第三百二十七条　非职务技术成果的使用权、转让权属于完成技术成果的个人，完成技术成果的个人可以就该项非职务技术成果订立技术合同。

第三百二十八条　完成技术成果的个人有在有关技术成果文件上写明自己是技术成果完成者的权利和取得荣誉证书、奖励的权利。

第三百二十九条　非法垄断技术、妨碍技术进步或者侵害他人技术成果的技术合同无效。

第二节　技术开发合同

第三百三十条　技术开发合同是指当事人之间就新技术、新产品、新工艺或者新材料及其系统的研究开发所订立的合同。

技术开发合同包括委托开发合同和合作开发合同。

技术开发合同应当采用书面形式。

当事人之间就具有产业应用价值的科技成果实施转化订立的合同，参照技术开发合同的规定。

第三百三十一条　委托开发合同的委托人应当按照约定支付研究开发经费和报酬；提供技术资料、原始数据；完成协作事项；接受研究开发成果。

第三百三十二条　委托开发合同的研究开发人应当按照约定制定和实施研究开发计划；合理使用研究开发经费；按期完成研究开发工作，交付研究开发成果，提供有关的技术资料和必要的技术指导，帮助委托人掌握研究开发成果。

第三百三十三条　委托人违反约定造成研究开发工作停滞、延误或者失败的，应当承担违约责任。

第三百三十四条　研究开发人违反约定造成研究开发工作停滞、延误或者失败的，应当承担违约责任。

第三百三十五条　合作开发合同的当事人应当按照约定进行投资，包括以技术进行投资；分工参与研究开发工作；协作配合研究开发工作。

第三百三十六条　合作开发合同的当事人违反约定造成研究开发工作停滞、延误或者失败的，应当承担违约责任。

第三百三十七条　因作为技术开发合同标的的技术已经由他人公开，致使技术开发合同的履行没有意义的，当事人可以解除合同。

第三百三十八条　在技术开发合同履行过程中，因出现无法克服的技术困难，致使研究开发失败或者部分失败的，该风险责任由当事人约定。没有约定或者约定不明确，依照本法第六十一条的规定仍不能确定的，风险责任由当事人合理分担。

当事人一方发现前款规定的可能致使研究开发失败或者部分失败的情形时，应当及时通知另一方并采取适当措施减少损失。没有及时通知并采取适当措施，致使损失扩大的，应当就扩大的损失承担责任。

第三百三十九条　委托开发完成的发明创造，除当事人另有约定的以外，申请专利的权利属于研究开发人。研究开发人取得专利权的，委托人可以免费实施该专利。

研究开发人转让专利申请权的，委托人享有以同等条件优先受让的权利。

第三百四十条　合作开发完成的发明创造，除当事人另有约定的以外，申请专利的权利属于合作开发的当事人共有。当事人一方转让其共有的专利申请权的，其他各方享有以同等条件优先受让的权利。

合作开发的当事人一方声明放弃其共有的专利申请权的，可以由另一方单独申请或者由其他各方共同申请。申请人取得专利权的，放弃专利申请权的一方可以免费实施该专利。

合作开发的当事人一方不同意申请专利的，另一方或者其他各方不得申请专利。

第三百四十一条　委托开发或者合作开发完成的技术秘密成果的使用权、转让权以及利益的分配办法，由当事人约定。没有约定或者约定不明确，依照本法第六十一条的规定仍不能确定的，当事人均有使用和转让的权利，但委托开发的研究开发人不得在向委托人交付研究开发成果之前，将研究开发成果转让给第三人。

第三节　技术转让合同

第三百四十二条　技术转让合同包括专利权转让、专利申请权转让、技术秘密转让、专利实施许可合同。

技术转让合同应当采用书面形式。

第三百四十三条　技术转让合同可以约定让与人和受让人实施专利或者使用技术秘密的范围，但不得限制技术竞争和技术发展。

第三百四十四条　专利实施许可合同只在该专利权的存续期间内有效。专利权有效期限届满或者专利权被宣布无效的，专利权人不得就该专利与他人订立专利实施许可合同。

第三百四十五条　专利实施许可合同的让与人应当按照约定许可受让人实施专利，交付实施专利有关的技术资料，提供必要的技术指导。

第三百四十六条　专利实施许可合同的受让人应当按照约定实施专利，不得许可约定以外的第三人实施该专利；并按照约定支付使用费。

第三百四十七条　技术秘密转让合同的让与人应当按照约定提供技术资料，进行技术指导，保证技术的实用性、可靠性，承担保密义务。

第三百四十八条　技术秘密转让合同的受让人应当按照约定使用技术，支付使用费，承担保密义务。

第三百四十九条　技术转让合同的让与人应当保证自己是所提供的技术的合法拥有者，并保证所提供的技术完整、无误、有效，能够达到约定的目标。

第三百五十条　技术转让合同的受让人应当按照约定的范围和期限，对让与人提供的技术中尚未公开的秘密部分，承担保密义务。

第三百五十一条　让与人未按照约定转让技术的，应当返还部分或者全部使用费，并应当承担违约责任；实施专利或者使用技术秘密超越约定的范围的，违反约定擅自许可第三人实施该项专利或者使用该项技术秘密的，应当停止违约行为，承担违约责任；违反约定的保密义务的，应当承担违约责任。

第三百五十二条　受让人未按照约定支付使用费的，应当补交使用费并按照约定支付违约金；不补交使用费或者支付违约金的，应当停止实施专利或者使用技术秘密，交还技术资料，承担违约责任；实施专利或者使用技术秘密超越约定的范围的，未经让与人同意擅自许可第三人实施该专利或者使用该技术秘密的，应当停止违约行为，承担违约责任；违反约定的保密义务的，应当承担违约责任。

第三百五十三条　受让人按照约定实施专利、使用技术秘密侵害他人合法权益的，由让与人承担责任，但当事人另有约定的除外。

第三百五十四条 当事人可以按照互利的原则，在技术转让合同中约定实施专利、使用技术秘密后续改进的技术成果的分享办法。没有约定或者约定不明确，依照本法第六十一条的规定仍不能确定的，一方后续改进的技术成果，其他各方无权分享。

第三百五十五条 法律、行政法规对技术进出口合同或者专利、专利申请合同另有规定的，依照其规定。

第四节 技术咨询合同和技术服务合同

第三百五十六条 技术咨询合同包括就特定技术项目提供可行性论证、技术预测、专题技术调查、分析评价报告等合同。

技术服务合同是指当事人一方以技术知识为另一方解决特定技术问题所订立的合同，不包括建设工程合同和承揽合同。

第三百五十七条 技术咨询合同的委托人应当按照约定阐明咨询的问题，提供技术背景材料及有关技术资料、数据；接受受托人的工作成果，支付报酬。

第三百五十八条 技术咨询合同的受托人应当按照约定的期限完成咨询报告或者解答问题；提出的咨询报告应当达到约定的要求。

第三百五十九条 技术咨询合同的委托人未按照约定提供必要的资料和数据，影响工作进度和质量，不接受或者逾期接受工作成果的，支付的报酬不得追回，未支付的报酬应当支付。

技术咨询合同的受托人未按期提出咨询报告或者提出的咨询报告不符合约定的，应当承担减收或者免收报酬等违约责任。

技术咨询合同的委托人按照受托人符合约定要求的咨询报告和意见作出决策所造成的损失，由委托人承担，但当事人另有约定的除外。

第三百六十条 技术服务合同的委托人应当按照约定提供工作条件，完成配合事项；接受工作成果并支付报酬。

第三百六十一条 技术服务合同的受托人应当按照约定完成服务项目，解决技术问题，保证工作质量，并传授解决技术问题的知识。

第三百六十二条 技术服务合同的委托人不履行合同义务或者履行合同义务不符合约定，影响工作进度和质量，不接受或者逾期接受工作成果的，支付的报酬不得追回，未支付的报酬应当支付。

技术服务合同的受托人未按照合同约定完成服务工作的，应当承担免收报酬等违约责任。

第三百六十三条　在技术咨询合同、技术服务合同履行过程中，受托人利用委托人提供的技术资料和工作条件完成的新的技术成果，属于受托人。委托人利用受托人的工作成果完成的新的技术成果，属于委托人。当事人另有约定的，按照其约定。

第三百六十四条　法律、行政法规对技术中介合同、技术培训合同另有规定的，依照其规定。

第十九章　保管合同

第三百六十五条　保管合同是保管人保管寄存人交付的保管物，并返还该物的合同。

第三百六十六条　寄存人应当按照约定向保管人支付保管费。

当事人对保管费没有约定或者约定不明确，依照本法第六十一条的规定仍不能确定的，保管是无偿的。

第三百六十七条　保管合同自保管物交付时成立，但当事人另有约定的除外。

第三百六十八条　寄存人向保管人交付保管物的，保管人应当给付保管凭证，但另有交易习惯的除外。

第三百六十九条　保管人应当妥善保管保管物。

当事人可以约定保管场所或者方法。除紧急情况或者为了维护寄存人利益的以外，不得擅自改变保管场所或者方法。

第三百七十条　寄存人交付的保管物有瑕疵或者按照保管物的性质需要采取特殊保管措施的，寄存人应当将有关情况告知保管人。寄存人未告知，致使保管物受损失的，保管人不承担损害赔偿责任；保管人因此受损失的，除保管人知道或者应当知道并且未采取补救措施的以外，寄存人应当承担损害赔偿责任。

第三百七十一条　保管人不得将保管物转交第三人保管，但当事人另有约定的除外。

保管人违反前款规定，将保管物转交第三人保管，对保管物造成损失的，应当承担损害赔偿责任。

第三百七十二条　保管人不得使用或者许可第三人使用保管物，但当事人另有约定的除外。

第三百七十三条　第三人对保管物主张权利的，除依法对保管物采取保全或者执行的以外，保管人应当履行向寄存人返还保管物的义务。

第三人对保管人提起诉讼或者对保管物申请扣押的，保管人应当及时通知寄存人。

第三百七十四条 保管期间，因保管人保管不善造成保管物毁损、灭失的，保管人应当承担损害赔偿责任，但保管是无偿的，保管人证明自己没有重大过失的，不承担损害赔偿责任。

第三百七十五条 寄存人寄存货币、有价证券或者其他贵重物品的，应当向保管人声明，由保管人验收或者封存。寄存人未声明的，该物品毁损、灭失后，保管人可以按照一般物品予以赔偿。

第三百七十六条 寄存人可以随时领取保管物。

当事人对保管期间没有约定或者约定不明确的，保管人可以随时要求寄存人领取保管物；约定保管期间的，保管人无特别事由，不得要求寄存人提前领取保管物。

第三百七十七条 保管期间届满或者寄存人提前领取保管物的，保管人应当将原物及其孳息归还寄存人。

第三百七十八条 保管人保管货币的，可以返还相同种类、数量的货币。保管其他可替代物的，可以按照约定返还相同种类、品质、数量的物品。

第三百七十九条 有偿的保管合同，寄存人应当按照约定的期限向保管人支付保管费。

当事人对支付期限没有约定或者约定不明确，依照本法第六十一条的规定仍不能确定的，应当在领取保管物的同时支付。

第三百八十条 寄存人未按照约定支付保管费以及其他费用的，保管人对保管物享有留置权，但当事人另有约定的除外。

第二十章　仓储合同

第三百八十一条 仓储合同是保管人储存存货人交付的仓储物，存货人支付仓储费的合同。

第三百八十二条 仓储合同自成立时生效。

第三百八十三条 储存易燃、易爆、有毒、有腐蚀性、有放射性等危险物品或者易变质物品，存货人应当说明该物品的性质，提供有关资料。

存货人违反前款规定的，保管人可以拒收仓储物，也可以采取相应措施以避免损失的发生，因此产生的费用由存货人承担。

保管人储存易燃、易爆、有毒、有腐蚀性、有放射性等危险物品的，应当具备相应的保管条件。

第三百八十四条 保管人应当按照约定对入库仓储物进行验收。保管人验收时发现入库仓储物与约定不符合的，应当及时通知存货人。保管人验收后，发生仓储物的品种、数量、质量不符合约定的，保管人应当承担损害赔偿责任。

第三百八十五条 存货人交付仓储物的，保管人应当给付仓单。

第三百八十六条 保管人应当在仓单上签字或者盖章。仓单包括下列事项：

（一）存货人的名称或者姓名和住所；

（二）仓储物的品种、数量、质量、包装、件数和标记；

（三）仓储物的损耗标准；

（四）储存场所；

（五）储存期间；

（六）仓储费；

（七）仓储物已经办理保险的，其保险金额、期间以及保险人的名称；

（八）填发人、填发地和填发日期。

第三百八十七条 仓单是提取仓储物的凭证。存货人或者仓单持有人在仓单上背书并经保管人签字或者盖章的，可以转让提取仓储物的权利。

第三百八十八条 保管人根据存货人或者仓单持有人的要求，应当同意其检查仓储物或者提取样品。

第三百八十九条 保管人对入库仓储物发现有变质或者其他损坏的，应当及时通知存货人或者仓单持有人。

第三百九十条 保管人对入库仓储物发现有变质或者其他损坏，危及其他仓储物的安全和正常保管的，应当催告存货人或者仓单持有人作出必要的处置。因情况紧急，保管人可以作出必要的处置，但事后应当将该情况及时通知存货人或者仓单持有人。

第三百九十一条 当事人对储存期间没有约定或者约定不明确的，存货人或者仓单持有人可以随时提取仓储物，保管人也可以随时要求存货人或者仓单持有人提取仓储物，但应当给予必要的准备时间。

第三百九十二条 储存期间届满，存货人或者仓单持有人应当凭仓单提取仓储物。存货人或者仓单持有人逾期提取的，应当加收仓储费；提前提取的，不减收仓储费。

第三百九十三条 储存期间届满，存货人或者仓单持有人不提取仓储物的，保管人可以催告其在合理期限内提取，逾期不提取的，保管人可以提存仓储物。

第三百九十四条 储存期间，因保管人保管不善造成仓储物毁损、灭失的，保管人应当承担损害赔偿责任。因仓储物的性质、包装不符合约定或者超过有效储存期造成仓储物变质、损坏的，保管人不承担损害赔偿责任。

第三百九十五条 本章没有规定的，适用保管合同的有关规定。

第二十一章 委托合同

第三百九十六条 委托合同是委托人和受托人约定，由受托人处理委托人事务的合同。

第三百九十七条 委托人可以特别委托受托人处理一项或者数项事务，也可以概括委托受托人处理一切事务。

第三百九十八条 委托人应当预付处理委托事务的费用。受托人为处理委托事务垫付的必要费用，委托人应当偿还该费用及其利息。

第三百九十九条 受托人应当按照委托人的指示处理委托事务。需要变更委托人指示的，应当经委托人同意；因情况紧急，难以和委托人取得联系的，受托人应当妥善处理委托事务，但事后应当将该情况及时报告委托人。

第四百条 受托人应当亲自处理委托事务。经委托人同意，受托人可以转委托。转委托经同意的，委托人可以就委托事务直接指示转委托的第三人，受托人仅就第三人的选任及其对第三人的指示承担责任。转委托未经同意的，受托人应当对转委托的第三人的行为承担责任，但在紧急情况下受托人为维护委托人的利益需要转委托的除外。

第四百零一条 受托人应当按照委托人的要求，报告委托事务的处理情况。委托合同终止时，受托人应当报告委托事务的结果。

第四百零二条 受托人以自己的名义，在委托人的授权范围内与第三人订立的合同，第三人在订立合同时知道受托人与委托人之间的代理关系的，该合同直接约束委托人和第三人，但有确切证据证明该合同只约束受托人和第三人的除外。

第四百零三条 受托人以自己的名义与第三人订立合同时，第三人不知道受托人与委托人之间的代理关系的，受托人因第三人的原因对委托人不履行义务，受托人应当向委托人披露第三人，委托人因此可以行使受托人对第三人的权利，但第三人与受托人订立合同时如果知道该委托人就不会订立合同的除外。

受托人因委托人的原因对第三人不履行义务，受托人应当向第三人披露委托人，第三人因此可以选择受托人或者委托人作为相对人主张其权利，但第三人不得变更选定的相对人。

委托人行使受托人对第三人的权利的，第三人可以向委托人主张其对受托人的抗辩。第三人选定委托人作为其相对人的，委托人可以向第三人主张其对受托人的抗辩以及受托人对第三人的抗辩。

第四百零四条　受托人处理委托事务取得的财产，应当转交给委托人。

第四百零五条　受托人完成委托事务的，委托人应当向其支付报酬。因不可归责于受托人的事由，委托合同解除或者委托事务不能完成的，委托人应当向受托人支付相应的报酬。当事人另有约定的，按照其约定。

第四百零六条　有偿的委托合同，因受托人的过错给委托人造成损失的，委托人可以要求赔偿损失。无偿的委托合同，因受托人的故意或者重大过失给委托人造成损失的，委托人可以要求赔偿损失。

受托人超越权限给委托人造成损失的，应当赔偿损失。

第四百零七条　受托人处理委托事务时，因不可归责于自己的事由受到损失的，可以向委托人要求赔偿损失。

第四百零八条　委托人经受托人同意，可以在受托人之外委托第三人处理委托事务。因此，给受托人造成损失的，受托人可以向委托人要求赔偿损失。

第四百零九条　两个以上的受托人共同处理委托事务的，对委托人承担连带责任。

第四百一十条　委托人或者受托人可以随时解除委托合同。因解除合同给对方造成损失的，除不可归责于该当事人的事由以外，应当赔偿损失。

第四百一十一条　委托人或者受托人死亡、丧失民事行为能力或者破产的，委托合同终止，但当事人另有约定或者根据委托事务的性质不宜终止的除外。

第四百一十二条　因委托人死亡、丧失民事行为能力或者破产，致使委托合同终止将损害委托人利益的，在委托人的继承人、法定代理人或者清算组织承受委托事务之前，受托人应当继续处理委托事务。

第四百一十三条　因受托人死亡、丧失民事行为能力或者破产，致使委托合同终止的，受托人的继承人、法定代理人或者清算组织应当及时通知委托人。因委托合同终止将损害委托人利益的，在委托人作出善后处理之前，受托人的继承人、法定代理人或者清算组织应当采取必要措施。

第二十二章 行纪合同

第四百一十四条 行纪合同是行纪人以自己的名义为委托人从事贸易活动，委托人支付报酬的合同。

第四百一十五条 行纪人处理委托事务支出的费用，由行纪人负担，但当事人另有约定的除外。

第四百一十六条 行纪人占有委托物的，应当妥善保管委托物。

第四百一十七条 委托物交付给行纪人时有瑕疵或者容易腐烂、变质的，经委托人同意，行纪人可以处分该物；和委托人不能及时取得联系的，行纪人可以合理处分。

第四百一十八条 行纪人低于委托人指定的价格卖出或者高于委托人指定的价格买入的，应当经委托人同意。未经委托人同意，行纪人补偿其差额的，该买卖对委托人发生效力。

行纪人高于委托人指定的价格卖出或者低于委托人指定的价格买入的，可以按照约定增加报酬。没有约定或者约定不明确，依照本法第六十一条的规定仍不能确定的，该利益属于委托人。

委托人对价格有特别指示的，行纪人不得违背该指示卖出或者买入。

第四百一十九条 行纪人卖出或者买入具有市场定价的商品，除委托人有相反的意思表示的以外，行纪人自己可以作为买受人或者出卖人。

行纪人有前款规定情形的，仍然可以要求委托人支付报酬。

第四百二十条 行纪人按照约定买入委托物，委托人应当及时受领。经行纪人催告，委托人无正当理由拒绝受领的，行纪人依照本法第一百零一条的规定可以提存委托物。

委托物不能卖出或者委托人撤回出卖，经行纪人催告，委托人不取回或者不处分该物的，行纪人依照本法第一百零一条的规定可以提存委托物。

第四百二十一条 行纪人与第三人订立合同的，行纪人对该合同直接享有权利、承担义务。

第三人不履行义务致使委托人受到损害的，行纪人应当承担损害赔偿责任，但行纪人与委托人另有约定的除外。

第四百二十二条 行纪人完成或者部分完成委托事务的，委托人应当向其支付相应的报酬。委托人逾期不支付报酬的，行纪人对委托物享有留置权，但当事人另有约定的除外。

第四百二十三条 本章没有规定的，适用委托合同的有关规定。

第二十三章　居间合同

第四百二十四条　居间合同是居间人向委托人报告订立合同的机会或者提供订立合同的媒介服务，委托人支付报酬的合同。

第四百二十五条　居间人应当就有关订立合同的事项向委托人如实报告。

居间人故意隐瞒与订立合同有关的重要事实或者提供虚假情况，损害委托人利益的，不得要求支付报酬并应当承担损害赔偿责任。

第四百二十六条　居间人促成合同成立的，委托人应当按照约定支付报酬。对居间人的报酬没有约定或者约定不明确，依照本法第六十一条的规定仍不能确定的，根据居间人的劳务合理确定。因居间人提供订立合同的媒介服务而促成合同成立的，由该合同的当事人平均负担居间人的报酬。

居间人促成合同成立的，居间活动的费用，由居间人负担。

第四百二十七条　居间人未促成合同成立的，不得要求支付报酬，但可以要求委托人支付从事居间活动支出的必要费用。

第二十四章　附　　则

第四百二十八条　本法自 1999 年 10 月 1 日起施行，《中华人民共和国经济合同法》、《中华人民共和国涉外经济合同法》、《中华人民共和国技术合同法》同时废止。

中华人民共和国政府采购法

（2014 年修订）

第一章 总 则

第一条 为了规范政府采购行为，提高政府采购资金的使用效益，维护国家利益和社会公共利益，保护政府采购当事人的合法权益，促进廉政建设，制定本法。

第二条 在中华人民共和国境内进行的政府采购适用本法。

本法所称政府采购，是指各级国家机关、事业单位和团体组织，使用财政性资金采购依法制定的集中采购目录以内的或者采购限额标准以上的货物、工程和服务的行为。

政府集中采购目录和采购限额标准依照本法规定的权限制定。

本法所称采购，是指以合同方式有偿取得货物、工程和服务的行为，包括购买、租赁、委托、雇用等。

本法所称货物，是指各种形态和种类的物品，包括原材料、燃料、设备、产品等。

本法所称工程，是指建设工程，包括建筑物和构筑物的新建、改建、扩建、装修、拆除、修缮等。

本法所称服务，是指除货物和工程以外的其他政府采购对象。

第三条 政府采购应当遵循公开透明原则、公平竞争原则、公正原则和诚实信用原则。

第四条 政府采购工程进行招标投标的，适用招标投标法。

第五条 任何单位和个人不得采用任何方式，阻挠和限制供应商自由进入本地区和本行业的政府采购市场。

第六条 政府采购应当严格按照批准的预算执行。

第七条 政府采购实行集中采购和分散采购相结合。集中采购的范围由省级以上人民政府公布的集中采购目录确定。

属于中央预算的政府采购项目，其集中采购目录由国务院确定并公布；

属于地方预算的政府采购项目，其集中采购目录由省、自治区、直辖市人民政府或者其授权的机构确定并公布。

纳入集中采购目录的政府采购项目，应当实行集中采购。

第八条　政府采购限额标准，属于中央预算的政府采购项目，由国务院确定并公布；属于地方预算的政府采购项目，由省、自治区、直辖市人民政府或者其授权的机构确定并公布。

第九条　政府采购应当有助于实现国家的经济和社会发展政策目标，包括保护环境，扶持不发达地区和少数民族地区，促进中小企业发展等。

第十条　政府采购应当采购本国货物、工程和服务。但有下列情形之一的除外：

（一）需要采购的货物、工程或者服务在中国境内无法获取或者无法以合理的商业条件获取的；

（二）为在中国境外使用而进行采购的；

（三）其他法律、行政法规另有规定的。

前款所称本国货物、工程和服务的界定，依照国务院有关规定执行。

第十一条　政府采购的信息应当在政府采购监督管理部门指定的媒体上及时向社会公开发布，但涉及商业秘密的除外。

第十二条　在政府采购活动中，采购人员及相关人员与供应商有利害关系的，必须回避。供应商认为采购人员及相关人员与其他供应商有利害关系的，可以申请其回避。

前款所称相关人员，包括招标采购中评标委员会的组成人员，竞争性谈判采购中谈判小组的组成人员，询价采购中询价小组的组成人员等。

第十三条　各级人民政府财政部门是负责政府采购监督管理的部门，依法履行对政府采购活动的监督管理职责。

各级人民政府其他有关部门依法履行与政府采购活动有关的监督管理职责。

第二章　政府采购当事人

第十四条　政府采购当事人是指在政府采购活动中享有权利和承担义务的各类主体，包括采购人、供应商和采购代理机构等。

第十五条　采购人是指依法进行政府采购的国家机关、事业单位、团体组织。

第十六条 集中采购机构为采购代理机构。设区的市、自治州以上人民政府根据本级政府采购项目组织集中采购的需要设立集中采购机构。

集中采购机构是非营利事业法人，根据采购人的委托办理采购事宜。

第十七条 集中采购机构进行政府采购活动，应当符合采购价格低于市场平均价格、采购效率更高、采购质量优良和服务良好的要求。

第十八条 采购人采购纳入集中采购目录的政府采购项目，必须委托集中采购机构代理采购；采购未纳入集中采购目录的政府采购项目，可以自行采购，也可以委托集中采购机构在委托的范围内代理采购。

纳入集中采购目录属于通用的政府采购项目的，应当委托集中采购机构代理采购；属于本部门、本系统有特殊要求的项目，应当实行部门集中采购；属于本单位有特殊要求的项目，经省级以上人民政府批准，可以自行采购。

第十九条 采购人可以委托经国务院有关部门或者省级人民政府有关部门认定资格的采购代理机构，在委托的范围内办理政府采购事宜。

采购人有权自行选择采购代理机构，任何单位和个人不得以任何方式为采购人指定采购代理机构。

第二十条 采购人依法委托采购代理机构办理采购事宜的，应当由采购人与采购代理机构签订委托代理协议，依法确定委托代理的事项，约定双方的权利义务。

第二十一条 供应商是指向采购人提供货物、工程或者服务的法人、其他组织或者自然人。

第二十二条 供应商参加政府采购活动应当具备下列条件：

（一）具有独立承担民事责任的能力；

（二）具有良好的商业信誉和健全的财务会计制度；

（三）具有履行合同所必需的设备和专业技术能力；

（四）有依法缴纳税收和社会保障资金的良好记录；

（五）参加政府采购活动前三年内，在经营活动中没有重大违法记录；

（六）法律、行政法规规定的其他条件。

采购人可以根据采购项目的特殊要求，规定供应商的特定条件，但不得以不合理的条件对供应商实行差别待遇或者歧视待遇。

第二十三条 采购人可以要求参加政府采购的供应商提供有关资质证明文件和业绩情况，并根据本法规定的供应商条件和采购项目对供应商的特定要求，对供应商的资格进行审查。

第二十四条　两个以上的自然人、法人或者其他组织可以组成一个联合体，以一个供应商的身份共同参加政府采购。

以联合体形式进行政府采购的，参加联合体的供应商均应当具备本法第二十二条规定的条件，并应当向采购人提交联合协议，载明联合体各方承担的工作和义务。联合体各方应当共同与采购人签订采购合同，就采购合同约定的事项对采购人承担连带责任。

第二十五条　政府采购当事人不得相互串通损害国家利益、社会公共利益和其他当事人的合法权益；不得以任何手段排斥其他供应商参与竞争。

供应商不得以向采购人、采购代理机构、评标委员会的组成人员、竞争性谈判小组的组成人员、询价小组的组成人员行贿或者采取其他不正当手段谋取中标或者成交。

采购代理机构不得以向采购人行贿或者采取其他不正当手段谋取非法利益。

第三章　政府采购方式

第二十六条　政府采购采用以下方式：

（一）公开招标；

（二）邀请招标；

（三）竞争性谈判；

（四）单一来源采购；

（五）询价；

（六）国务院政府采购监督管理部门认定的其他采购方式。

公开招标应作为政府采购的主要采购方式。

第二十七条　采购人采购货物或者服务应当采用公开招标方式的，其具体数额标准，属于中央预算的政府采购项目，由国务院规定；属于地方预算的政府采购项目，由省、自治区、直辖市人民政府规定；因特殊情况需要采用公开招标以外的采购方式的，应当在采购活动开始前获得设区的市、自治州以上人民政府采购监督管理部门的批准。

第二十八条　采购人不得将应当以公开招标方式采购的货物或者服务化整为零或者以其他任何方式规避公开招标采购。

第二十九条　符合下列情形之一的货物或者服务，可以依照本法采用邀请招标方式采购：

（一）具有特殊性，只能从有限范围的供应商处采购的；

（二）采用公开招标方式的费用占政府采购项目总价值的比例过大的。

第三十条 符合下列情形之一的货物或者服务，可以依照本法采用竞争性谈判方式采购：

（一）招标后没有供应商投标或者没有合格标的或者重新招标未能成立的；

（二）技术复杂或者性质特殊，不能确定详细规格或者具体要求的；

（三）采用招标所需时间不能满足用户紧急需要的；

（四）不能事先计算出价格总额的。

第三十一条 符合下列情形之一的货物或者服务，可以依照本法采用单一来源方式采购：

（一）只能从唯一供应商处采购的；

（二）发生了不可预见的紧急情况不能从其他供应商处采购的；

（三）必须保证原有采购项目一致性或者服务配套的要求，需要继续从原供应商处添购，且添购资金总额不超过原合同采购金额百分之十的。

第三十二条 采购的货物规格、标准统一、现货货源充足且价格变化幅度小的政府采购项目，可以依照本法采用询价方式采购。

第四章 政府采购程序

第三十三条 负有编制部门预算职责的部门在编制下一财政年度部门预算时，应当将该财政年度政府采购的项目及资金预算列出，报本级财政部门汇总。部门预算的审批，按预算管理权限和程序进行。

第三十四条 货物或者服务项目采取邀请招标方式采购的，采购人应当从符合相应资格条件的供应商中，通过随机方式选择三家以上的供应商，并向其发出投标邀请书。

第三十五条 货物和服务项目实行招标方式采购的，自招标文件开始发出之日起至投标人提交投标文件截止之日止，不得少于20日。

第三十六条 在招标采购中，出现下列情形之一的，应予废标：

（一）符合专业条件的供应商或者对招标文件作实质响应的供应商不足三家的；

（二）出现影响采购公正的违法、违规行为的；

（三）投标人的报价均超过了采购预算，采购人不能支付的；

（四）因重大变故，采购任务取消的。

废标后，采购人应当将废标理由通知所有投标人。

第三十七条 废标后，除采购任务取消情形外，应当重新组织招标；需要采取其他方式采购的，应当在采购活动开始前获得设区的市、自治州以上人民政府采购监督管理部门或者政府有关部门批准。

第三十八条 采用竞争性谈判方式采购的，应当遵循下列程序：

（一）成立谈判小组。谈判小组由采购人的代表和有关专家共三人以上的单数组成，其中专家的人数不得少于成员总数的三分之二。

（二）制定谈判文件。谈判文件应当明确谈判程序、谈判内容、合同草案的条款以及评定成交的标准等事项。

（三）确定邀请参加谈判的供应商名单。谈判小组从符合相应资格条件的供应商名单中确定不少于三家的供应商参加谈判，并向其提供谈判文件。

（四）谈判。谈判小组所有成员集中与单一供应商分别进行谈判。在谈判中，谈判的任何一方不得透露与谈判有关的其他供应商的技术资料、价格和其他信息。谈判文件有实质性变动的，谈判小组应当以书面形式通知所有参加谈判的供应商。

（五）确定成交供应商。谈判结束后，谈判小组应当要求所有参加谈判的供应商在规定时间内进行最后报价，采购人从谈判小组提出的成交候选人中根据符合采购需求、质量和服务相等且报价最低的原则确定成交供应商，并将结果通知所有参加谈判的未成交的供应商。

第三十九条 采取单一来源方式采购的，采购人与供应商应当遵循本法规定的原则，在保证采购项目质量和双方商定合理价格的基础上进行采购。

第四十条 采取询价方式采购的，应当遵循下列程序：

（一）成立询价小组。询价小组由采购人的代表和有关专家共三人以上的单数组成，其中专家的人数不得少于成员总数的三分之二。询价小组应当对采购项目的价格构成和评定成交的标准等事项作出规定。

（二）确定被询价的供应商名单。询价小组根据采购需求，从符合相应资格条件的供应商名单中确定不少于三家的供应商，并向其发出询价通知书让其报价。

（三）询价。询价小组要求被询价的供应商一次报出不得更改的价格。

（四）确定成交供应商。采购人根据符合采购需求、质量和服务相等且报价最低的原则确定成交供应商，并将结果通知所有被询价的未成交的供应商。

第四十一条 采购人或者其委托的采购代理机构应当组织对供应商履约的验收。大型或者复杂的政府采购项目，应当邀请国家认可的质量检测机构参加验收工作。验收方成员应当在验收书上签字，并承担相应的法律责任。

第四十二条 采购人、采购代理机构对政府采购项目每项采购活动的采购文件应当妥善保存，不得伪造、变造、隐匿或者销毁。采购文件的保存期限为从采购结束之日起至少保存 15 年。

采购文件包括采购活动记录、采购预算、招标文件、投标文件、评标标准、评估报告、定标文件、合同文本、验收证明、质疑答复、投诉处理决定及其他有关文件、资料。

采购活动记录至少应当包括下列内容：

（一）采购项目类别、名称；

（二）采购项目预算、资金构成和合同价格；

（三）采购方式，采用公开招标以外的采购方式的，应当载明原因；

（四）邀请和选择供应商的条件及原因；

（五）评标标准及确定中标人的原因；

（六）废标的原因；

（七）采用招标以外采购方式的相应记载。

第五章　政府采购合同

第四十三条 政府采购合同适用合同法。采购人和供应商之间的权利和义务，应当按照平等、自愿的原则以合同方式约定。

采购人可以委托采购代理机构代表其与供应商签订政府采购合同。由采购代理机构以采购人名义签订合同的，应当提交采购人的授权委托书，作为合同附件。

第四十四条 政府采购合同应当采用书面形式。

第四十五条 国务院政府采购监督管理部门应当会同国务院有关部门，规定政府采购合同必须具备的条款。

第四十六条 采购人与中标、成交供应商应当在中标、成交通知书发出之日起 30 日内，按照采购文件确定的事项签订政府采购合同。

中标、成交通知书对采购人和中标、成交供应商均具有法律效力。中标、成交通知书发出后，采购人改变中标、成交结果的，或者中标、成交供应商放弃中标、成交项目的，应当依法承担法律责任。

第四十七条　政府采购项目的采购合同自签订之日起7个工作日内，采购人应当将合同副本报同级政府采购监督管理部门和有关部门备案。

第四十八条　经采购人同意，中标、成交供应商可以依法采取分包方式履行合同。

政府采购合同分包履行的，中标、成交供应商就采购项目和分包项目向采购人负责，分包供应商就分包项目承担责任。

第四十九条　政府采购合同履行中，采购人需追加与合同标的相同的货物、工程或者服务的，在不改变合同其他条款的前提下，可以与供应商协商签订补充合同，但所有补充合同的采购金额不得超过原合同采购金额的10%。

第五十条　政府采购合同的双方当事人不得擅自变更、中止或者终止合同。

政府采购合同继续履行将损害国家利益和社会公共利益的，双方当事人应当变更、中止或者终止合同。有过错的一方应当承担赔偿责任，双方都有过错的，各自承担相应的责任。

第六章　质疑与投诉

第五十一条　供应商对政府采购活动事项有疑问的，可以向采购人提出询问，采购人应当及时作出答复，但答复的内容不得涉及商业秘密。

第五十二条　供应商认为采购文件、采购过程和中标、成交结果使自己的权益受到损害的，可以在知道或者应知其权益受到损害之日起7个工作日内，以书面形式向采购人提出质疑。

第五十三条　采购人应当在收到供应商的书面质疑后7个工作日内作出答复，并以书面形式通知质疑供应商和其他有关供应商，但答复的内容不得涉及商业秘密。

第五十四条　采购人委托采购代理机构采购的，供应商可以向采购代理机构提出询问或者质疑，采购代理机构应当依照本法第五十一条、第五十三条的规定就采购人委托授权范围内的事项作出答复。

第五十五条　质疑供应商对采购人、采购代理机构的答复不满意或者采购人、采购代理机构未在规定的时间内作出答复的，可以在答复期满后15个工作日内向同级政府采购监督管理部门投诉。

第五十六条　政府采购监督管理部门应当在收到投诉后30个工作日内，

对投诉事项作出处理决定，并以书面形式通知投诉人和与投诉事项有关的当事人。

第五十七条　政府采购监督管理部门在处理投诉事项期间，可以视具体情况书面通知采购人暂停采购活动，但暂停时间最长不得超过 30 日。

第五十八条　投诉人对政府采购监督管理部门的投诉处理决定不服或者政府采购监督管理部门逾期未作处理的，可以依法申请行政复议或者向人民法院提起行政诉讼。

第七章　监督检查

第五十九条　政府采购监督管理部门应当加强对政府采购活动及集中采购机构的监督检查。

监督检查的主要内容是：

（一）有关政府采购的法律、行政法规和规章的执行情况；

（二）采购范围、采购方式和采购程序的执行情况；

（三）政府采购人员的职业素质和专业技能。

第六十条　政府采购监督管理部门不得设置集中采购机构，不得参与政府采购项目的采购活动。

采购代理机构与行政机关不得存在隶属关系或者其他利益关系。

第六十一条　集中采购机构应当建立健全内部监督管理制度。采购活动的决策和执行程序应当明确，并相互监督、相互制约。经办采购的人员与负责采购合同审核、验收人员的职责权限应当明确，并相互分离。

第六十二条　集中采购机构的采购人员应当具有相关职业素质和专业技能，符合政府采购监督管理部门规定的专业岗位任职要求。

集中采购机构对其工作人员应当加强教育和培训；对采购人员的专业水平、工作实绩和职业道德状况定期进行考核。采购人员经考核不合格的，不得继续任职。

第六十三条　政府采购项目的采购标准应当公开。

采用本法规定的采购方式的，采购人在采购活动完成后，应当将采购结果予以公布。

第六十四条　采购人必须按照本法规定的采购方式和采购程序进行采购。

任何单位和个人不得违反本法规定，要求采购人或者采购工作人员向其指定的供应商进行采购。

第六十五条　政府采购监督管理部门应当对政府采购项目的采购活动进行检查，政府采购当事人应当如实反映情况，提供有关材料。

第六十六条　政府采购监督管理部门应当对集中采购机构的采购价格、节约资金效果、服务质量、信誉状况、有无违法行为等事项进行考核，并定期如实公布考核结果。

第六十七条　依照法律、行政法规的规定对政府采购负有行政监督职责的政府有关部门，应当按照其职责分工，加强对政府采购活动的监督。

第六十八条　审计机关应当对政府采购进行审计监督。政府采购监督管理部门、政府采购各当事人有关政府采购活动，应当接受审计机关的审计监督。

第六十九条　监察机关应当加强对参与政府采购活动的国家机关、国家公务员和国家行政机关任命的其他人员实施监察。

第七十条　任何单位和个人对政府采购活动中的违法行为，有权控告和检举，有关部门、机关应当依照各自职责及时处理。

第八章　法律责任

第七十一条　采购人、采购代理机构有下列情形之一的，责令限期改正，给予警告，可以并处罚款，对直接负责的主管人员和其他直接责任人员，由其行政主管部门或者有关机关给予处分，并予通报：

（一）应当采用公开招标方式而擅自采用其他方式采购的；

（二）擅自提高采购标准的；

（三）委托不具备政府采购业务代理资格的机构办理采购事务的；

（四）以不合理的条件对供应商实行差别待遇或者歧视待遇的；

（五）在招标采购过程中与投标人进行协商谈判的；

（六）中标、成交通知书发出后不与中标、成交供应商签订采购合同的；

（七）拒绝有关部门依法实施监督检查的。

第七十二条　采购人、采购代理机构及其工作人员有下列情形之一，构成犯罪的，依法追究刑事责任；尚不构成犯罪的，处以罚款，有违法所得的，并处没收违法所得，属于国家机关工作人员的，依法给予行政处分：

（一）与供应商或者采购代理机构恶意串通的；

（二）在采购过程中接受贿赂或者获取其他不正当利益的；

（三）在有关部门依法实施的监督检查中提供虚假情况的；

（四）开标前泄露标底的。

第七十三条 有前两条违法行为之一影响中标、成交结果或者可能影响中标、成交结果的，按下列情况分别处理：

（一）未确定中标、成交供应商的，终止采购活动；

（二）中标、成交供应商已经确定但采购合同尚未履行的，撤销合同，从合格的中标、成交候选人中另行确定中标、成交供应商；

（三）采购合同已经履行的，给采购人、供应商造成损失的，由责任人承担赔偿责任。

第七十四条 采购人对应当实行集中采购的政府采购项目，不委托集中采购机构实行集中采购的，由政府采购监督管理部门责令改正；拒不改正的，停止按预算向其支付资金，由其上级行政主管部门或者有关机关依法给予其直接负责的主管人员和其他直接责任人员处分。

第七十五条 采购人未依法公布政府采购项目的采购标准和采购结果的，责令改正，对直接负责的主管人员依法给予处分。

第七十六条 采购人、采购代理机构违反本法规定隐匿、销毁应当保存的采购文件或者伪造、变造采购文件的，由政府采购监督管理部门处以2万元以上10万元以下的罚款，对其直接负责的主管人员和其他直接责任人员依法给予处分；构成犯罪的，依法追究刑事责任。

第七十七条 供应商有下列情形之一的，处以采购金额5‰以上10‰以下的罚款，列入不良行为记录名单，在一至三年内禁止参加政府采购活动，有违法所得的，并处没收违法所得，情节严重的，由工商行政管理机关吊销营业执照；构成犯罪的，依法追究刑事责任：

（一）提供虚假材料谋取中标、成交的；

（二）采取不正当手段诋毁、排挤其他供应商的；

（三）与采购人、其他供应商或者采购代理机构恶意串通的；

（四）向采购人、采购代理机构行贿或者提供其他不正当利益的；

（五）在招标采购过程中与采购人进行协商谈判的；

（六）拒绝有关部门监督检查或者提供虚假情况的。

供应商有前款第（一）至（五）项情形之一的，中标、成交无效。

第七十八条 采购代理机构在代理政府采购业务中有违法行为的，按照有关法律规定处以罚款，可以依法取消其进行相关业务的资格，构成犯罪的，依法追究刑事责任。

第七十九条　政府采购当事人有本法第七十一条、第七十二条、第七十七条违法行为之一，给他人造成损失的，并应依照有关民事法律规定承担民事责任。

第八十条　政府采购监督管理部门的工作人员在实施监督检查中违反本法规定滥用职权，玩忽职守，徇私舞弊的，依法给予行政处分；构成犯罪的，依法追究刑事责任。

第八十一条　政府采购监督管理部门对供应商的投诉逾期未作处理的，给予直接负责的主管人员和其他直接责任人员行政处分。

第八十二条　政府采购监督管理部门对集中采购机构业绩的考核，有虚假陈述，隐瞒真实情况的，或者不作定期考核和公布考核结果的，应当及时纠正，由其上级机关或者监察机关对其负责人进行通报，并对直接负责的人员依法给予行政处分。

集中采购机构在政府采购监督管理部门考核中，虚报业绩，隐瞒真实情况的，处以2万元以上20万元以下的罚款，并予以通报；情节严重的，取消其代理采购的资格。

第八十三条　任何单位或者个人阻挠和限制供应商进入本地区或者本行业政府采购市场的，责令限期改正；拒不改正的，由该单位、个人的上级行政主管部门或者有关机关给予单位责任人或者个人处分。

第九章　附　　则

第八十四条　使用国际组织和外国政府贷款进行的政府采购，贷款方、资金提供方与中方达成的协议对采购的具体条件另有规定的，可以适用其规定，但不得损害国家利益和社会公共利益。

第八十五条　对因严重自然灾害和其他不可抗力事件所实施的紧急采购和涉及国家安全和秘密的采购，不适用本法。

第八十六条　军事采购法规由中央军事委员会另行制定。

第八十七条　本法实施的具体步骤和办法由国务院规定。

第八十八条　本法自2003年1月1日起施行。

中华人民共和国招标投标法

第一章 总 则

第一条 为了规范招标投标活动，保护国家利益、社会公共利益和招标投标活动当事人的合法权益，提高经济效益，保证项目质量，制定本法。

第二条 在中华人民共和国境内进行招标投标活动，适用本法。

第三条 在中华人民共和国境内进行下列工程建设项目包括项目的勘察、设计、施工、监理以及与工程建设有关的重要设备、材料等的采购，必须进行招标：

（一）大型基础设施、公用事业等关系社会公共利益、公众安全的项目；

（二）全部或者部分使用国有资金投资或者国家融资的项目；

（三）使用国际组织或者外国政府贷款、援助资金的项目。

前款所列项目的具体范围和规模标准，由国务院发展计划部门会同国务院有关部门制订，报国务院批准。

第四条 任何单位和个人不得将依法必须进行招标的项目化整为零或者以其他任何方式规避招标。

第五条 招标投标活动应当遵循公开、公平、公正和诚实信用的原则。

第六条 依法必须进行招标的项目，其招标投标活动不受地区或者部门的限制。任何单位和个人不得违法限制或者排斥本地区、本系统以外的法人或者其他组织参加投标，不得以任何方式非法干涉招标投标活动。

第七条 招标投标活动及其当事人应当接受依法实施的监督。

有关行政监督部门依法对招标投标活动实施监督，依法查处招标投标活动中的违法行为。

对招标投标活动的行政监督及有关部门的具体职权划分，由国务院规定。

第二章 招 标

第八条 招标人是依照本法规定提出招标项目、进行招标的法人或者其他组织。

第九条　招标项目按照国家有关规定需要履行项目审批手续的，应当先履行审批手续，取得批准。

招标人应当有进行招标项目的相应资金或者资金来源已经落实，并应当在招标文件中如实载明。

第十条　招标分为公开招标和邀请招标。

公开招标，是指招标人以招标公告的方式邀请不特定的法人或者其他组织投标。

邀请招标，是指招标人以投标邀请书的方式邀请特定的法人或者其他组织投标。

第十一条　国务院发展计划部门确定的国家重点项目和省、自治区、直辖市人民政府确定的地方重点项目不适宜公开招标的，经国务院发展计划部门或者省、自治区、直辖市人民政府批准，可以进行邀请招标。

第十二条　招标人有权自行选择招标代理机构，委托其办理招标事宜。任何单位和个人不得以任何方式为招标人指定招标代理机构。

招标人具有编制招标文件和组织评标能力的，可以自行办理招标事宜。任何单位和个人不得强制其委托招标代理机构办理招标事宜。

依法必须进行招标的项目，招标人自行办理招标事宜的，应当向有关行政监督部门备案。

第十三条　招标代理机构是依法设立、从事招标代理业务并提供相关服务的社会中介组织。

招标代理机构应当具备下列条件：

（一）有从事招标代理业务的营业场所和相应资金；

（二）有能够编制招标文件和组织评标的相应专业力量；

（三）有符合本法第三十七条第三款规定条件、可以作为评标委员会成员人选的技术、经济等方面的专家库。

第十四条　从事工程建设项目招标代理业务的招标代理机构，其资格由国务院或者省、自治区、直辖市人民政府的建设行政主管部门认定。具体办法由国务院建设行政主管部门会同国务院有关部门制定。从事其他招标代理业务的招标代理机构，其资格认定的主管部门由国务院规定。

招标代理机构与行政机关和其他国家机关不得存在隶属关系或者其他利益关系。

第十五条　招标代理机构应当在招标人委托的范围内办理招标事宜，并遵守本法关于招标人的规定。

　　第十六条　招标人采用公开招标方式的，应当发布招标公告。依法必须进行招标的项目的招标公告，应当通过国家指定的报刊、信息网络或者其他媒介发布。

　　招标公告应当载明招标人的名称和地址、招标项目的性质、数量、实施地点和时间以及获取招标文件的办法等事项。

　　第十七条　招标人采用邀请招标方式的，应当向三个以上具备承担招标项目的能力、资信良好的特定的法人或者其他组织发出投标邀请书。

　　投标邀请书应当载明本法第十六条第二款规定的事项。

　　第十八条　招标人可以根据招标项目本身的要求，在招标公告或者投标邀请书中，要求潜在投标人提供有关资质证明文件和业绩情况，并对潜在投标人进行资格审查；国家对投标人的资格条件有规定的，依照其规定。

　　招标人不得以不合理的条件限制或者排斥潜在投标人，不得对潜在投标人实行歧视待遇。

　　第十九条　招标人应当根据招标项目的特点和需要编制招标文件。招标文件应当包括招标项目的技术要求、对投标人资格审查的标准、投标报价要求和评标标准等所有实质性要求和条件以及拟签订合同的主要条款。

　　国家对招标项目的技术、标准有规定的，招标人应当按照其规定在招标文件中提出相应要求。

　　招标项目需要划分标段、确定工期的，招标人应当合理划分标段、确定工期，并在招标文件中载明。

　　第二十条　招标文件不得要求或者标明特定的生产供应者以及含有倾向或者排斥潜在投标人的其他内容。

　　第二十一条　招标人根据招标项目的具体情况，可以组织潜在投标人踏勘项目现场。

　　第二十二条　招标人不得向他人透露已获取招标文件的潜在投标人的名称、数量以及可能影响公平竞争的有关招标投标的其他情况。

　　招标人设有标底的，标底必须保密。

　　第二十三条　招标人对已发出的招标文件进行必要的澄清或者修改的，应当在招标文件要求提交投标文件截止时间至少 15 日前，以书面形式通知所有招标文件收受人。该澄清或者修改的内容为招标文件的组成部分。

　　第二十四条　招标人应当确定投标人编制投标文件所需要的合理时间；但是，依法必须进行招标的项目，自招标文件开始发出之日起至投标人提交投标文件截止之日止，最短不得少于 20 日。

第三章　投　　标

第二十五条　投标人是响应招标、参加投标竞争的法人或者其他组织。

依法招标的科研项目允许个人参加投标的，投标的个人适用本法有关投标人的规定。

第二十六条　投标人应当具备承担招标项目的能力；国家有关规定对投标人资格条件或者招标文件对投标人资格条件有规定的，投标人应当具备规定的资格条件。

第二十七条　投标人应当按照招标文件的要求编制投标文件。投标文件应当对招标文件提出的实质性要求和条件作出响应。

招标项目属于建设施工的，投标文件的内容应当包括拟派出的项目负责人与主要技术人员的简历、业绩和拟用于完成招标项目的机械设备等。

第二十八条　投标人应当在招标文件要求提交投标文件的截止时间前，将投标文件送达投标地点。招标人收到投标文件后，应当签收保存，不得开启。投标人少于三个的，招标人应当依照本法重新招标。

在招标文件要求提交投标文件的截止时间后送达的投标文件，招标人应当拒收。

第二十九条　投标人在招标文件要求提交投标文件的截止时间前，可以补充、修改或者撤回已提交的投标文件，并书面通知招标人。补充、修改的内容为投标文件的组成部分。

第三十条　投标人根据招标文件载明的项目实际情况，拟在中标后将中标项目的部分非主体、非关键性工作进行分包的，应当在投标文件中载明。

第三十一条　两个以上法人或者其他组织可以组成一个联合体，以一个投标人的身份共同投标。

联合体各方均应当具备承担招标项目的相应能力；国家有关规定或者招标文件对投标人资格条件有规定的，联合体各方均应当具备规定的相应资格条件。由同一专业的单位组成的联合体，按照资质等级较低的单位确定资质等级。

联合体各方应当签订共同投标协议，明确约定各方拟承担的工作和责任，并将共同投标协议连同投标文件一并提交招标人。联合体中标的，联合体各方应当共同与招标人签订合同，就中标项目向招标人承担连带责任。

招标人不得强制投标人组成联合体共同投标，不得限制投标人之间的竞争。

第三十二条 投标人不得相互串通投标报价，不得排挤其他投标人的公平竞争，损害招标人或者其他投标人的合法权益。

投标人不得与招标人串通投标，损害国家利益、社会公共利益或者他人的合法权益。

禁止投标人以向招标人或者评标委员会成员行贿的手段谋取中标。

第三十三条 投标人不得以低于成本的报价竞标，也不得以他人名义投标或者以其他方式弄虚作假，骗取中标。

第四章 开 标

第三十四条 开标应当在招标文件确定的提交投标文件截止时间的同一时间公开进行；开标地点应当为招标文件中预先确定的地点。

第三十五条 开标由招标人主持，邀请所有投标人参加。

第三十六条 开标时，由投标人或者其推选的代表检查投标文件的密封情况，也可以由招标人委托的公证机构检查并公证；经确认无误后，由工作人员当众拆封，宣读投标人名称、投标价格和投标文件的其他主要内容。

招标人在招标文件要求提交投标文件的截止时间前收到的所有投标文件，开标时都应当当众予以拆封、宣读。

开标过程应当记录，并存档备查。

第五章 评 标

第三十七条 评标由招标人依法组建的评标委员会负责。

依法必须进行招标的项目，其评标委员会由招标人的代表和有关技术、经济等方面的专家组成，成员人数为五人以上单数，其中技术、经济等方面的专家不得少于成员总数的三分之二。

前款专家应当从事相关领域工作满八年并具有高级职称或者具有同等专业水平，由招标人从国务院有关部门或者省、自治区、直辖市人民政府有关部门提供的专家名册或者招标代理机构的专家库内的相关专业的专家名单中确定；一般招标项目可以采取随机抽取方式，特殊招标项目可以由招标人直接确定。

与投标人有利害关系的人不得进入相关项目的评标委员会；已经进入的应当更换。

评标委员会成员的名单在中标结果确定前应当保密。

第三十八条　招标人应当采取必要的措施，保证评标在严格保密的情况下进行。

任何单位和个人不得非法干预、影响评标的过程和结果。

第三十九条　评标委员会可以要求投标人对投标文件中含义不明确的内容作必要的澄清或者说明，但是澄清或者说明不得超出投标文件的范围或者改变投标文件的实质性内容。

第四十条　评标委员会应当按照招标文件确定的评标标准和方法，对投标文件进行评审和比较；设有标底的，应当参考标底。评标委员会完成评标后，应当向招标人提出书面评标报告，并推荐合格的中标候选人。

招标人根据评标委员会提出的书面评标报告和推荐的中标候选人确定中标人。招标人也可以授权评标委员会直接确定中标人。

国务院对特定招标项目的评标有特别规定的，从其规定。

第四十一条　中标人的投标应当符合下列条件之一：

（一）能够最大限度地满足招标文件中规定的各项综合评价标准；

（二）能够满足招标文件的实质性要求，并且经评审的投标价格最低；但是投标价格低于成本的除外。

第四十二条　评标委员会经评审，认为所有投标都不符合招标文件要求的，可以否决所有投标。

依法必须进行招标的项目的所有投标被否决的，招标人应当依照本法重新招标。

第四十三条　在确定中标人前，招标人不得与投标人就投标价格、投标方案等实质性内容进行谈判。

第四十四条　评标委员会成员应当客观、公正地履行职务，遵守职业道德，对所提出的评审意见承担个人责任。

评标委员会成员不得私下接触投标人，不得收受投标人的财物或者其他好处。

评标委员会成员和参与评标的有关工作人员不得透露对投标文件的评审和比较、中标候选人的推荐情况以及与评标有关的其他情况。

第四十五条　中标人确定后，招标人应当向中标人发出中标通知书，并同时将中标结果通知所有未中标的投标人。

中标通知书对招标人和中标人具有法律效力。中标通知书发出后，招标人改变中标结果的，或者中标人放弃中标项目的，应当依法承担法律责任。

第四十六条 招标人和中标人应当自中标通知书发出之日起三十日内，按照招标文件和中标人的投标文件订立书面合同。招标人和中标人不得再行订立背离合同实质性内容的其他协议。

招标文件要求中标人提交履约保证金的，中标人应当提交。

第四十七条 依法必须进行招标的项目，招标人应当自确定中标人之日起 15 日内，向有关行政监督部门提交招标投标情况的书面报告。

第四十八条 中标人应当按照合同约定履行义务，完成中标项目。中标人不得向他人转让中标项目，也不得将中标项目肢解后分别向他人转让。

中标人按照合同约定或者经招标人同意，可以将中标项目的部分非主体、非关键性工作分包给他人完成。接受分包的人应当具备相应的资格条件，并不得再次分包。

中标人应当就分包项目向招标人负责，接受分包的人就分包项目承担连带责任。

第六章 责 任

第四十九条 违反本法规定，必须进行招标的项目而不招标的，将必须进行招标的项目化整为零或者以其他任何方式规避招标的，责令限期改正，可以处项目合同金额 5‰以上 10‰以下的罚款；对全部或者部分使用国有资金的项目，可以暂停项目执行或者暂停资金拨付；对单位直接负责的主管人员和其他直接责任人员依法给予处分。

第五十条 招标代理机构违反本法规定，泄露应当保密的与招标投标活动有关的情况和资料的，或者与招标人、投标人串通损害国家利益、社会公共利益或者他人合法权益的，处 5 万元以上 25 万元以下的罚款，对单位直接负责的主管人员和其他直接责任人员处单位罚款数额 5%以上 10%以下的罚款；有违法所得的，并处没收违法所得；情节严重的，暂停直至取消招标代理资格；构成犯罪的，依法追究刑事责任。给他人造成损失的，依法承担赔偿责任。

前款所列行为影响中标结果的，中标无效。

第五十一条 招标人以不合理的条件限制或者排斥潜在投标人的，对潜在投标人实行歧视待遇的，强制要求投标人组成联合体共同投标的，或者限制投标人之间竞争的，责令改正，可以处 1 万元以上 5 万元以下的罚款。

第五十二条 依法必须进行招标的项目的招标人向他人透露已获取招标文件的潜在投标人的名称、数量或者可能影响公平竞争的有关招标投标的其他情况的，或者泄露标底的，给予警告，可以并处 1 万元以上 10 万元以下的罚款；对单位直接负责的主管人员和其他直接责任人员依法给予处分；构成犯罪的，依法追究刑事责任。

前款所列行为影响中标结果的，中标无效。

第五十三条 投标人相互串通投标或者与招标人串通投标的，投标人以向招标人或者评标委员会成员行贿的手段谋取中标的，中标无效，处中标项目金额 5‰以上 10‰以下的罚款，对单位直接负责的主管人员和其他直接责任人员处单位罚款数额 5% 以上 10% 以下的罚款；有违法所得的，并处没收违法所得；情节严重的，取消其 1 年至 2 年内参加依法必须进行招标的项目的投标资格并予以公告，直至由工商行政管理机关吊销营业执照；构成犯罪的，依法追究刑事责任。给他人造成损失的，依法承担赔偿责任。

第五十四条 投标人以他人名义投标或者以其他方式弄虚作假，骗取中标的，中标无效，给招标人造成损失的，依法承担赔偿责任；构成犯罪的，依法追究刑事责任。

依法必须进行招标的项目的投标人有前款所列行为尚未构成犯罪的，处中标项目金额 5‰以上 10‰以下的罚款，对单位直接负责的主管人员和其他直接责任人员处单位罚款数额 5% 以上至 10% 以下的罚款；有违法所得的，并处没收违法所得；情节严重的，取消其一年至三年内参加依法必须进行招标的项目的投标资格并予以公告，直至由工商行政管理机关吊销营业执照。

第五十五条 依法必须进行招标的项目，招标人违反本法规定，与投标人就投标价格、投标方案等实质性内容进行谈判的，给予警告，对单位直接负责的主管人员和其他直接责任人员依法给予处分。

前款所列行为影响中标结果的，中标无效。

第五十六条 评标委员会成员收受投标人的财物或者其他好处的，评标委员会成员或者参加评标的有关工作人员向他人透露对投标文件的评审和比较、中标候选人的推荐以及与评标有关的其他情况的，给予警告，没收收受的财物，可以并处 3 000 元以上 5 万元以下的罚款，对有所列违法行为的评标委员会成员取消担任评标委员会成员的资格，不得再参加任何依法必须进行招标的项目的评标；构成犯罪的，依法追究刑事责任。

第五十七条 招标人在评标委员会依法推荐的中标候选人以外确定中标

人的，依法必须进行招标的项目在所有投标被评标委员会否决后自行确定中标人的，中标无效。责令改正，可以处中标项目金额5‰以上10‰以下的罚款；对单位直接负责的主管人员和其他直接责任人员依法给予处分。

第五十八条　中标人将中标项目转让给他人的，将中标项目肢解后分别转让给他人的，违反本法规定将中标项目的部分主体、关键性工作分包给他人的，或者分包人再次分包的，转让、分包无效，处转让、分包项目金额5‰以上10‰以下的罚款；有违法所得的，并处没收违法所得；可以责令停业整顿；情节严重的，由工商行政管理机关吊销营业执照。

第五十九条　招标人与中标人不按照招标文件和中标人的投标文件订立合同的，或者招标人、中标人订立背离合同实质性内容的协议的，责令改正；可以处中标项目金额5‰以上10‰以下的罚款。

第六十条　中标人不履行与招标人订立的合同的，履约保证金不予退还，给招标人造成的损失超过履约保证金数额的，还应当对超过部分予以赔偿；没有提交履约保证金的，应当对招标人的损失承担赔偿责任。

中标人不按照与招标人订立的合同履行义务，情节较为严重的，取消其2年至5年内参加依法必须进行招标的项目的投标资格并予以公告，直至由工商行政管理机关吊销营业执照。

因不可抗力不能履行合同的，不适用前两款规定。

第六十一条　本章规定的行政处罚，由国务院规定的有关行政监督部门决定。本法已对实施行政处罚的机关作出规定的除外。

第六十二条　任何单位违反本法规定，限制或者排斥本地区、本系统以外的法人或者其他组织参加投标的，为招标人指定招标代理机构的，强制招标人委托招标代理机构办理招标事宜的，或者以其他方式干涉招标投标活动的，责令改正；对单位直接负责的主管人员和其他直接责任人员依法给予警告、记过、记大过的处分，情节较重的，依法给予降级、撤职、开除的处分。

个人利用职权进行前款违法行为的，依照前款规定追究责任。

第六十三条　对招标投标活动依法负有行政监督职责的国家机关工作人员徇私舞弊、滥用职权或者玩忽职守，构成犯罪的，依法追究刑事责任；不构成犯罪的，依法给予行政处分。

第六十四条　依法必须进行招标的项目违反本法规定，中标无效的，应当依照本法规定的中标条件从其余投标人中重新确定中标人或者依照本法重新进行招标。

第七章　附　　则

第六十五条　投标人和其他利害关系人认为招标投标活动不符合本法有关规定的，有权向招标人提出异议或者依法向有关行政监督部门投诉。

第六十六条　涉及国家安全、国家秘密、抢险救灾或者属于利用扶贫资金实行以工代赈、需要使用农民工等特殊情况，不适宜进行招标的项目，按照国家有关规定可以不进行招标。

第六十七条　使用国际组织或者外国政府贷款、援助资金的项目进行招标，贷款方、资金提供方对招标投标的具体条件和程序有不同规定的，可以适用其规定，但违背中华人民共和国的社会公共利益的除外。

第六十八条　本法自 2000 年 1 月 1 日起施行。

中华人民共和国招标投标法实施条例

第一章　总　　则

第一条　为了规范招标投标活动，根据《中华人民共和国招标投标法》（以下简称招标投标法），制定本条例。

第二条　招标投标法第三条所称工程建设项目，是指工程以及与工程建设有关的货物、服务。

前款所称工程，是指建设工程，包括建筑物和构筑物的新建、改建、扩建及其相关的装修、拆除、修缮等；所称与工程建设有关的货物，是指构成工程不可分割的组成部分，且为实现工程基本功能所必需的设备、材料等；所称与工程建设有关的服务，是指为完成工程所需的勘察、设计、监理等服务。

第三条　依法必须进行招标的工程建设项目的具体范围和规模标准，由国务院发展改革部门会同国务院有关部门制订，报国务院批准后公布施行。

第四条　国务院发展改革部门指导和协调全国招标投标工作，对国家重大建设项目的工程招标投标活动实施监督检查。国务院工业和信息化、住房城乡建设、交通运输、铁道、水利、商务等部门，按照规定的职责分工对有关招标投标活动实施监督。

县级以上地方人民政府发展改革部门指导和协调本行政区域的招标投标工作。县级以上地方人民政府有关部门按照规定的职责分工，对招标投标活动实施监督，依法查处招标投标活动中的违法行为。县级以上地方人民政府对其所属部门有关招标投标活动的监督职责分工另有规定的，从其规定。

财政部门依法对实行招标投标的政府采购工程建设项目的预算执行情况和政府采购政策执行情况实施监督。

监察机关依法对与招标投标活动有关的监察对象实施监察。

第五条　设区的市级以上地方人民政府可以根据实际需要，建立统一规范的招标投标交易场所，为招标投标活动提供服务。招标投标交易场所不得与行政监督部门存在隶属关系，不得以营利为目的。

国家鼓励利用信息网络进行电子招标投标。

第六条　禁止国家工作人员以任何方式非法干涉招标投标活动。

第二章　招　　标

第七条　按照国家有关规定需要履行项目审批、核准手续的依法必须进行招标的项目，其招标范围、招标方式、招标组织形式应当报项目审批、核准部门审批、核准。项目审批、核准部门应当及时将审批、核准确定的招标范围、招标方式、招标组织形式通报有关行政监督部门。

第八条　国有资金占控股或者主导地位的依法必须进行招标的项目，应当公开招标；但有下列情形之一的，可以邀请招标：

（一）技术复杂、有特殊要求或者受自然环境限制，只有少量潜在投标人可供选择；

（二）采用公开招标方式的费用占项目合同金额的比例过大。

有前款第二项所列情形，属于本条例第七条规定的项目，由项目审批、核准部门在审批、核准项目时作出认定；其他项目由招标人申请有关行政监督部门作出认定。

第九条　除招标投标法第六十六条规定的可以不进行招标的特殊情况外，有下列情形之一的，可以不进行招标：

（一）需要采用不可替代的专利或者专有技术；

（二）采购人依法能够自行建设、生产或者提供；

（三）已通过招标方式选定的特许经营项目投资人依法能够自行建设、生产或者提供；

（四）需要向原中标人采购工程、货物或者服务，否则将影响施工或者功能配套要求；

（五）国家规定的其他特殊情形。

招标人为适用前款规定弄虚作假的，属于招标投标法第四条规定的规避招标。

第十条　招标投标法第十二条第二款规定的招标人具有编制招标文件和组织评标能力，是指招标人具有与招标项目规模和复杂程度相适应的技术、经济等方面的专业人员。

第十一条　招标代理机构的资格依照法律和国务院的规定由有关部门认定。

国务院住房城乡建设、商务、发展改革、工业和信息化等部门，按照规定的职责分工对招标代理机构依法实施监督管理。

第十二条 招标代理机构应当拥有一定数量的取得招标职业资格的专业人员。取得招标职业资格的具体办法由国务院人力资源社会保障部门会同国务院发展改革部门制定。

第十三条 招标代理机构在其资格许可和招标人委托的范围内开展招标代理业务，任何单位和个人不得非法干涉。

招标代理机构代理招标业务，应当遵守招标投标法和本条例关于招标人的规定。招标代理机构不得在所代理的招标项目中投标或者代理投标，也不得为所代理的招标项目的投标人提供咨询。

招标代理机构不得涂改、出租、出借、转让资格证书。

第十四条 招标人应当与被委托的招标代理机构签订书面委托合同，合同约定的收费标准应当符合国家有关规定。

第十五条 公开招标的项目，应当依照招标投标法和本条例的规定发布招标公告、编制招标文件。

招标人采用资格预审办法对潜在投标人进行资格审查的，应当发布资格预审公告、编制资格预审文件。

依法必须进行招标的项目的资格预审公告和招标公告，应当在国务院发展改革部门依法指定的媒介发布。在不同媒介发布的同一招标项目的资格预审公告或者招标公告的内容应当一致。指定媒介发布依法必须进行招标的项目的境内资格预审公告、招标公告，不得收取费用。

编制依法必须进行招标的项目的资格预审文件和招标文件，应当使用国务院发展改革部门会同有关行政监督部门制定的标准文本。

第十六条 招标人应当按照资格预审公告、招标公告或者投标邀请书规定的时间、地点发售资格预审文件或者招标文件。资格预审文件或者招标文件的发售期不得少于5日。

招标人发售资格预审文件、招标文件收取的费用应当限于补偿印刷、邮寄的成本支出，不得以营利为目的。

第十七条 招标人应当合理确定提交资格预审申请文件的时间。依法必须进行招标的项目提交资格预审申请文件的时间，自资格预审文件停止发售之日起不得少于5日。

第十八条 资格预审应当按照资格预审文件载明的标准和方法进行。

国有资金占控股或者主导地位的依法必须进行招标的项目，招标人应当组建资格审查委员会审查资格预审申请文件。资格审查委员会及其成员应当遵守招标投标法和本条例有关评标委员会及其成员的规定。

第十九条　资格预审结束后，招标人应当及时向资格预审申请人发出资格预审结果通知书。未通过资格预审的申请人不具有投标资格。

通过资格预审的申请人少于 3 个的，应当重新招标。

第二十条　招标人采用资格后审办法对投标人进行资格审查的，应当在开标后由评标委员会按照招标文件规定的标准和方法对投标人的资格进行审查。

第二十一条　招标人可以对已发出的资格预审文件或者招标文件进行必要的澄清或者修改。澄清或者修改的内容可能影响资格预审申请文件或者投标文件编制的，招标人应当在提交资格预审申请文件截止时间至少 3 日前，或者投标截止时间至少 15 日前，以书面形式通知所有获取资格预审文件或者招标文件的潜在投标人；不足 3 日或者 15 日的，招标人应当顺延提交资格预审申请文件或者投标文件的截止时间。

第二十二条　潜在投标人或者其他利害关系人对资格预审文件有异议的，应当在提交资格预审申请文件截止时间 2 日前提出；对招标文件有异议的，应当在投标截止时间 10 日前提出。招标人应当自收到异议之日起 3 日内作出答复；作出答复前，应当暂停招标投标活动。

第二十三条　招标人编制的资格预审文件、招标文件的内容违反法律、行政法规的强制性规定，违反公开、公平、公正和诚实信用原则，影响资格预审结果或者潜在投标人投标的，依法必须进行招标的项目的招标人应当在修改资格预审文件或者招标文件后重新招标。

第二十四条　招标人对招标项目划分标段的，应当遵守招标投标法的有关规定，不得利用划分标段限制或者排斥潜在投标人。依法必须进行招标的项目的招标人不得利用划分标段规避招标。

第二十五条　招标人应当在招标文件中载明投标有效期。投标有效期从提交投标文件的截止之日起算。

第二十六条　招标人在招标文件中要求投标人提交投标保证金的，投标保证金不得超过招标项目估算价的 2%。投标保证金有效期应当与投标有效期一致。

依法必须进行招标的项目的境内投标单位，以现金或者支票形式提交的投标保证金应当从其基本账户转出。

招标人不得挪用投标保证金。

第二十七条 招标人可以自行决定是否编制标底。一个招标项目只能有一个标底。标底必须保密。

接受委托编制标底的中介机构不得参加受托编制标底项目的投标，也不得为该项目的投标人编制投标文件或者提供咨询。

招标人设有最高投标限价的，应当在招标文件中明确最高投标限价或者最高投标限价的计算方法。招标人不得规定最低投标限价。

第二十八条 招标人不得组织单个或者部分潜在投标人踏勘项目现场。

第二十九条 招标人可以依法对工程以及与工程建设有关的货物、服务全部或者部分实行总承包招标。以暂估价形式包括在总承包范围内的工程、货物、服务属于依法必须进行招标的项目范围且达到国家规定规模标准的，应当依法进行招标。

前款所称暂估价，是指总承包招标时不能确定价格而由招标人在招标文件中暂时估定的工程、货物、服务的金额。

第三十条 对技术复杂或者无法精确拟定技术规格的项目，招标人可以分两阶段进行招标。

第一阶段，投标人按照招标公告或者投标邀请书的要求提交不带报价的技术建议，招标人根据投标人提交的技术建议确定技术标准和要求，编制招标文件。

第二阶段，招标人向在第一阶段提交技术建议的投标人提供招标文件，投标人按照招标文件的要求提交包括最终技术方案和投标报价的投标文件。

招标人要求投标人提交投标保证金的，应当在第二阶段提出。

第三十一条 招标人终止招标的，应当及时发布公告，或者以书面形式通知被邀请的或者已经获取资格预审文件、招标文件的潜在投标人。已经发售资格预审文件、招标文件或者已经收取投标保证金的，招标人应当及时退还所收取的资格预审文件、招标文件的费用，以及所收取的投标保证金及银行同期存款利息。

第三十二条 招标人不得以不合理的条件限制、排斥潜在投标人或者投标人。

招标人有下列行为之一的，属于以不合理条件限制、排斥潜在投标人或者投标人：

（一）就同一招标项目向潜在投标人或者投标人提供有差别的项目信息；

（二）设定的资格、技术、商务条件与招标项目的具体特点和实际需要不相适应或者与合同履行无关；

（三）依法必须进行招标的项目以特定行政区域或者特定行业的业绩、奖项作为加分条件或者中标条件；

（四）对潜在投标人或者投标人采取不同的资格审查或者评标标准；

（五）限定或者指定特定的专利、商标、品牌、原产地或者供应商；

（六）依法必须进行招标的项目非法限定潜在投标人或者投标人的所有制形式或者组织形式；

（七）以其他不合理条件限制、排斥潜在投标人或者投标人。

第三章　投　　标

第三十三条　投标人参加依法必须进行招标的项目的投标，不受地区或者部门的限制，任何单位和个人不得非法干涉。

第三十四条　与招标人存在利害关系可能影响招标公正性的法人、其他组织或者个人，不得参加投标。

单位负责人为同一人或者存在控股、管理关系的不同单位，不得参加同一标段投标或者未划分标段的同一招标项目投标。

违反前两款规定的，相关投标均无效。

第三十五条　投标人撤回已提交的投标文件，应当在投标截止时间前书面通知招标人。招标人已收取投标保证金的，应当自收到投标人书面撤回通知之日起 5 日内退还。

投标截止后投标人撤销投标文件的，招标人可以不退还投标保证金。

第三十六条　未通过资格预审的申请人提交的投标文件，以及逾期送达或者不按照招标文件要求密封的投标文件，招标人应当拒收。

招标人应当如实记载投标文件的送达时间和密封情况，并存档备查。

第三十七条　招标人应当在资格预审公告、招标公告或者投标邀请书中载明是否接受联合体投标。

招标人接受联合体投标并进行资格预审的，联合体应当在提交资格预审申请文件前组成。资格预审后联合体增减、更换成员的，其投标无效。

联合体各方在同一招标项目中以自己名义单独投标或者参加其他联合体投标的，相关投标均无效。

第三十八条　投标人发生合并、分立、破产等重大变化的，应当及时书面告知招标人。投标人不再具备资格预审文件、招标文件规定的资格条件或者其投标影响招标公正性的，其投标无效。

第三十九条 禁止投标人相互串通投标。

有下列情形之一的，属于投标人相互串通投标：

（一）投标人之间协商投标报价等投标文件的实质性内容；

（二）投标人之间约定中标人；

（三）投标人之间约定部分投标人放弃投标或者中标；

（四）属于同一集团、协会、商会等组织成员的投标人按照该组织要求协同投标；

（五）投标人之间为谋取中标或者排斥特定投标人而采取的其他联合行动。

第四十条 有下列情形之一的，视为投标人相互串通投标：

（一）不同投标人的投标文件由同一单位或者个人编制；

（二）不同投标人委托同一单位或者个人办理投标事宜；

（三）不同投标人的投标文件载明的项目管理成员为同一人；

（四）不同投标人的投标文件异常一致或者投标报价呈规律性差异；

（五）不同投标人的投标文件相互混装；

（六）不同投标人的投标保证金从同一单位或者个人的账户转出。

第四十一条 禁止招标人与投标人串通投标。

有下列情形之一的，属于招标人与投标人串通投标：

（一）招标人在开标前开启投标文件并将有关信息泄露给其他投标人；

（二）招标人直接或者间接向投标人泄露标底、评标委员会成员等信息；

（三）招标人明示或者暗示投标人压低或者抬高投标报价；

（四）招标人授意投标人撤换、修改投标文件；

（五）招标人明示或者暗示投标人为特定投标人中标提供方便；

（六）招标人与投标人为谋求特定投标人中标而采取的其他串通行为。

第四十二条 使用通过受让或者租借等方式获取的资格、资质证书投标的，属于招标投标法第三十三条规定的以他人名义投标。

投标人有下列情形之一的，属于招标投标法第三十三条规定的以其他方式弄虚作假的行为：

（一）使用伪造、变造的许可证件；

（二）提供虚假的财务状况或者业绩；

（三）提供虚假的项目负责人或者主要技术人员简历、劳动关系证明；

（四）提供虚假的信用状况；

（五）其他弄虚作假的行为。

第四十三条　提交资格预审申请文件的申请人应当遵守招标投标法和本条例有关投标人的规定。

第四章　开标、评标和中标

第四十四条　招标人应当按照招标文件规定的时间、地点开标。

投标人少于 3 个的，不得开标；招标人应当重新招标。

投标人对开标有异议的，应当在开标现场提出，招标人应当当场作出答复，并制作记录。

第四十五条　国家实行统一的评标专家专业分类标准和管理办法。具体标准和办法由国务院发展改革部门会同国务院有关部门制定。

省级人民政府和国务院有关部门应当组建综合评标专家库。

第四十六条　除招标投标法第三十七条第三款规定的特殊招标项目外，依法必须进行招标的项目，其评标委员会的专家成员应当从评标专家库内相关专业的专家名单中以随机抽取方式确定。任何单位和个人不得以明示、暗示等任何方式指定或者变相指定参加评标委员会的专家成员。

依法必须进行招标的项目的招标人非因招标投标法和本条例规定的事由，不得更换依法确定的评标委员会成员。更换评标委员会的专家成员应当依照前款规定进行。

评标委员会成员与投标人有利害关系的，应当主动回避。

有关行政监督部门应当按照规定的职责分工，对评标委员会成员的确定方式、评标专家的抽取和评标活动进行监督。行政监督部门的工作人员不得担任本部门负责监督项目的评标委员会成员。

第四十七条　招标投标法第三十七条第三款所称特殊招标项目，是指技术复杂、专业性强或者国家有特殊要求，采取随机抽取方式确定的专家难以保证胜任评标工作的项目。

第四十八条　招标人应当向评标委员会提供评标所必需的信息，但不得明示或者暗示其倾向或者排斥特定投标人。

招标人应当根据项目规模和技术复杂程度等因素合理确定评标时间。超过三分之一的评标委员会成员认为评标时间不够的，招标人应当适当延长。

评标过程中，评标委员会成员有回避事由、擅离职守或者因健康等原因不能继续评标的，应当及时更换。被更换的评标委员会成员作出的评审结论无效，由更换后的评标委员会成员重新进行评审。

第四十九条　评标委员会成员应当依照招标投标法和本条例的规定，按照招标文件规定的评标标准和方法，客观、公正地对投标文件提出评审意见。招标文件没有规定的评标标准和方法不得作为评标的依据。

评标委员会成员不得私下接触投标人，不得收受投标人给予的财物或者其他好处，不得向招标人征询确定中标人的意向，不得接受任何单位或者个人明示或者暗示提出的倾向或者排斥特定投标人的要求，不得有其他不客观、不公正履行职务的行为。

第五十条　招标项目设有标底的，招标人应当在开标时公布。标底只能作为评标的参考，不得以投标报价是否接近标底作为中标条件，也不得以投标报价超过标底上下浮动范围作为否决投标的条件。

第五十一条　有下列情形之一的，评标委员会应当否决其投标：

（一）投标文件未经投标单位盖章和单位负责人签字；

（二）投标联合体没有提交共同投标协议；

（三）投标人不符合国家或者招标文件规定的资格条件；

（四）同一投标人提交两个以上不同的投标文件或者投标报价，但招标文件要求提交备选投标的除外；

（五）投标报价低于成本或者高于招标文件设定的最高投标限价；

（六）投标文件没有对招标文件的实质性要求和条件作出响应；

（七）投标人有串通投标、弄虚作假、行贿等违法行为。

第五十二条　投标文件中有含义不明确的内容、明显文字或者计算错误，评标委员会认为需要投标人作出必要澄清、说明的，应当书面通知该投标人。投标人的澄清、说明应当采用书面形式，并不得超出投标文件的范围或者改变投标文件的实质性内容。

评标委员会不得暗示或者诱导投标人作出澄清、说明，不得接受投标人主动提出的澄清、说明。

第五十三条　评标完成后，评标委员会应当向招标人提交书面评标报告和中标候选人名单。中标候选人应当不超过3个，并标明排序。

评标报告应当由评标委员会全体成员签字。对评标结果有不同意见的评标委员会成员应当以书面形式说明其不同意见和理由，评标报告应当注明该不同意见。评标委员会成员拒绝在评标报告上签字又不书面说明其不同意见和理由的，视为同意评标结果。

第五十四条　依法必须进行招标的项目，招标人应当自收到评标报告之日起 3 日内公示中标候选人，公示期不得少于 3 日。

投标人或者其他利害关系人对依法必须进行招标的项目的评标结果有异议的，应当在中标候选人公示期间提出。招标人应当自收到异议之日起 3 日内作出答复；作出答复前，应当暂停招标投标活动。

第五十五条　国有资金占控股或者主导地位的依法必须进行招标的项目，招标人应当确定排名第一的中标候选人为中标人。排名第一的中标候选人放弃中标、因不可抗力不能履行合同、不按照招标文件要求提交履约保证金，或者被查实存在影响中标结果的违法行为等情形，不符合中标条件的，招标人可以按照评标委员会提出的中标候选人名单排序依次确定其他中标候选人为中标人，也可以重新招标。

第五十六条　中标候选人的经营、财务状况发生较大变化或者存在违法行为，招标人认为可能影响其履约能力的，应当在发出中标通知书前由原评标委员会按照招标文件规定的标准和方法审查确认。

第五十七条　招标人和中标人应当依照招标投标法和本条例的规定签订书面合同，合同的标的、价款、质量、履行期限等主要条款应当与招标文件和中标人的投标文件的内容一致。招标人和中标人不得再行订立背离合同实质性内容的其他协议。

招标人最迟应当在书面合同签订后 5 日内向中标人和未中标的投标人退还投标保证金及银行同期存款利息。

第五十八条　招标文件要求中标人提交履约保证金的，中标人应当按照招标文件的要求提交。履约保证金不得超过中标合同金额的 10%。

第五十九条　中标人应当按照合同约定履行义务，完成中标项目。中标人不得向他人转让中标项目，也不得将中标项目肢解后分别向他人转让。

中标人按照合同约定或者经招标人同意，可以将中标项目的部分非主体、非关键性工作分包给他人完成。接受分包的人应当具备相应的资格条件，并不得再次分包。

中标人应当就分包项目向招标人负责，接受分包的人就分包项目承担连带责任。

第五章　投诉与处理

第六十条　投标人或者其他利害关系人认为招标投标活动不符合法律、

行政法规规定的，可以自知道或者应当知道之日起 10 日内向有关行政监督部门投诉。投诉应当有明确的请求和必要的证明材料。

就本条例第二十二条、第四十四条、第五十四条规定事项投诉的，应当先向招标人提出异议，异议答复期间不计算在前款规定的期限内。

第六十一条　投诉人就同一事项向两个以上有权受理的行政监督部门投诉的，由最先收到投诉的行政监督部门负责处理。

行政监督部门应当自收到投诉之日起 3 个工作日内决定是否受理投诉，并自受理投诉之日起 30 个工作日内作出书面处理决定；需要检验、检测、鉴定、专家评审的，所需时间不计算在内。

投诉人捏造事实、伪造材料或者以非法手段取得证明材料进行投诉的，行政监督部门应当予以驳回。

第六十二条　行政监督部门处理投诉，有权查阅、复制有关文件、资料，调查有关情况，相关单位和人员应当予以配合。必要时，行政监督部门可以责令暂停招标投标活动。

行政监督部门的工作人员对监督检查过程中知悉的国家秘密、商业秘密，应当依法予以保密。

第六章　法律责任

第六十三条　招标人有下列限制或者排斥潜在投标人行为之一的，由有关行政监督部门依照招标投标法第五十一条的规定处罚：

（一）依法应当公开招标的项目不按照规定在指定媒介发布资格预审公告或者招标公告；

（二）在不同媒介发布的同一招标项目的资格预审公告或者招标公告的内容不一致，影响潜在投标人申请资格预审或者投标。

依法必须进行招标的项目的招标人不按照规定发布资格预审公告或者招标公告，构成规避招标的，依照招标投标法第四十九条的规定处罚。

第六十四条　招标人有下列情形之一的，由有关行政监督部门责令改正，可以处 10 万元以下的罚款：

（一）依法应当公开招标而采用邀请招标；

（二）招标文件、资格预审文件的发售、澄清、修改的时限，或者确定的提交资格预审申请文件、投标文件的时限不符合招标投标法和本条例规定；

（三）接受未通过资格预审的单位或者个人参加投标；

（四）接受应当拒收的投标文件。

招标人有前款第一项、第三项、第四项所列行为之一的，对单位直接负责的主管人员和其他直接责任人员依法给予处分。

第六十五条　招标代理机构在所代理的招标项目中投标、代理投标或者向该项目投标人提供咨询的，接受委托编制标底的中介机构参加受托编制标底项目的投标或者为该项目的投标人编制投标文件、提供咨询的，依照招标投标法第五十条的规定追究法律责任。

第六十六条　招标人超过本条例规定的比例收取投标保证金、履约保证金或者不按照规定退还投标保证金及银行同期存款利息的，由有关行政监督部门责令改正，可以处 5 万元以下的罚款；给他人造成损失的，依法承担赔偿责任。

第六十七条　投标人相互串通投标或者与招标人串通投标的，投标人向招标人或者评标委员会成员行贿谋取中标的，中标无效；构成犯罪的，依法追究刑事责任；尚不构成犯罪的，依照招标投标法第五十三条的规定处罚。投标人未中标的，对单位的罚款金额按照招标项目合同金额依照招标投标法规定的比例计算。

投标人有下列行为之一的，属于招标投标法第五十三条规定的情节严重行为，由有关行政监督部门取消其 1 年至 2 年内参加依法必须进行招标的项目的投标资格：

（一）以行贿谋取中标；

（二）3 年内 2 次以上串通投标；

（三）串通投标行为损害招标人、其他投标人或者国家、集体、公民的合法利益，造成直接经济损失 30 万元以上；

（四）其他串通投标情节严重的行为。

投标人自本条第二款规定的处罚执行期限届满之日起 3 年内又有该款所列违法行为之一的，或者串通投标、以行贿谋取中标情节特别严重的，由工商行政管理机关吊销营业执照。

法律、行政法规对串通投标报价行为的处罚另有规定的，从其规定。

第六十八条　投标人以他人名义投标或者以其他方式弄虚作假骗取中标的，中标无效；构成犯罪的，依法追究刑事责任；尚不构成犯罪的，依照招标投标法第五十四条的规定处罚。依法必须进行招标的项目的投标人未中标的，对单位的罚款金额按照招标项目合同金额依照招标投标法规定的比例计算。

投标人有下列行为之一的，属于招标投标法第五十四条规定的情节严重行为，由有关行政监督部门取消其 1 年至 3 年内参加依法必须进行招标的项目的投标资格：

（一）伪造、变造资格、资质证书或者其他许可证件骗取中标；

（二）3 年内 2 次以上使用他人名义投标；

（三）弄虚作假骗取中标给招标人造成直接经济损失 30 万元以上；

（四）其他弄虚作假骗取中标情节严重的行为。

投标人自本条第二款规定的处罚执行期限届满之日起 3 年内又有该款所列违法行为之一的，或者弄虚作假骗取中标情节特别严重的，由工商行政管理机关吊销营业执照。

第六十九条　出让或者出租资格、资质证书供他人投标的，依照法律、行政法规的规定给予行政处罚；构成犯罪的，依法追究刑事责任。

第七十条　依法必须进行招标的项目的招标人不按照规定组建评标委员会，或者确定、更换评标委员会成员违反招标投标法和本条例规定的，由有关行政监督部门责令改正，可以处 10 万元以下的罚款，对单位直接负责的主管人员和其他直接责任人员依法给予处分；违法确定或者更换的评标委员会成员作出的评审结论无效，依法重新进行评审。

国家工作人员以任何方式非法干涉选取评标委员会成员的，依照本条例第八十一条的规定追究法律责任。

第七十一条　评标委员会成员有下列行为之一的，由有关行政监督部门责令改正；情节严重的，禁止其在一定期限内参加依法必须进行招标的项目的评标；情节特别严重的，取消其担任评标委员会成员的资格：

（一）应当回避而不回避；

（二）擅离职守；

（三）不按照招标文件规定的评标标准和方法评标；

（四）私下接触投标人；

（五）向招标人征询确定中标人的意向或者接受任何单位或者个人明示或者暗示提出的倾向或者排斥特定投标人的要求；

（六）对依法应当否决的投标不提出否决意见；

（七）暗示或者诱导投标人作出澄清、说明或者接受投标人主动提出的澄清、说明；

（八）其他不客观、不公正履行职务的行为。

第七十二条　评标委员会成员收受投标人的财物或者其他好处的，没收收受的财物，处 3 000 元以上 5 万元以下的罚款，取消担任评标委员会成员的资格，不得再参加依法必须进行招标的项目的评标；构成犯罪的，依法追究刑事责任。

第七十三条　依法必须进行招标的项目的招标人有下列情形之一的，由有关行政监督部门责令改正，可以处中标项目金额 10‰以下的罚款；给他人造成损失的，依法承担赔偿责任；对单位直接负责的主管人员和其他直接责任人员依法给予处分：

（一）无正当理由不发出中标通知书；

（二）不按照规定确定中标人；

（三）中标通知书发出后无正当理由改变中标结果；

（四）无正当理由不与中标人订立合同；

（五）在订立合同时向中标人提出附加条件。

第七十四条　中标人无正当理由不与招标人订立合同，在签订合同时向招标人提出附加条件，或者不按照招标文件要求提交履约保证金的，取消其中标资格，投标保证金不予退还。对依法必须进行招标的项目的中标人，由有关行政监督部门责令改正，可以处中标项目金额 10‰以下的罚款。

第七十五条　招标人和中标人不按照招标文件和中标人的投标文件订立合同，合同的主要条款与招标文件、中标人的投标文件的内容不一致，或者招标人、中标人订立背离合同实质性内容的协议的，由有关行政监督部门责令改正，可以处中标项目金额 5‰以上 10‰以下的罚款。

第七十六条　中标人将中标项目转让给他人的，将中标项目肢解后分别转让给他人的，违反招标投标法和本条例规定将中标项目的部分主体、关键性工作分包给他人的，或者分包人再次分包的，转让、分包无效，处转让、分包项目金额 5‰以上 10‰以下的罚款；有违法所得的，并处没收违法所得；可以责令停业整顿；情节严重的，由工商行政管理机关吊销营业执照。

第七十七条　投标人或者其他利害关系人捏造事实、伪造材料或者以非法手段取得证明材料进行投诉，给他人造成损失的，依法承担赔偿责任。

招标人不按照规定对异议作出答复，继续进行招标投标活动的，由有关行政监督部门责令改正，拒不改正或者不能改正并影响中标结果的，依照本条例第八十二条的规定处理。

第七十八条　取得招标职业资格的专业人员违反国家有关规定办理招标业务的，责令改正，给予警告；情节严重的，暂停一定期限内从事招标业务；情节特别严重的，取消招标职业资格。

第七十九条 国家建立招标投标信用制度。有关行政监督部门应当依法公告对招标人、招标代理机构、投标人、评标委员会成员等当事人违法行为的行政处理决定。

第八十条 项目审批、核准部门不依法审批、核准项目招标范围、招标方式、招标组织形式的，对单位直接负责的主管人员和其他直接责任人员依法给予处分。

有关行政监督部门不依法履行职责，对违反招标投标法和本条例规定的行为不依法查处，或者不按照规定处理投诉、不依法公告对招标投标当事人违法行为的行政处理决定的，对直接负责的主管人员和其他直接责任人员依法给予处分。

项目审批、核准部门和有关行政监督部门的工作人员徇私舞弊、滥用职权、玩忽职守，构成犯罪的，依法追究刑事责任。

第八十一条 国家工作人员利用职务便利，以直接或者间接、明示或者暗示等任何方式非法干涉招标投标活动，有下列情形之一的，依法给予记过或者记大过处分；情节严重的，依法给予降级或者撤职处分；情节特别严重的，依法给予开除处分；构成犯罪的，依法追究刑事责任：

（一）要求对依法必须进行招标的项目不招标，或者要求对依法应当公开招标的项目不公开招标；

（二）要求评标委员会成员或者招标人以其指定的投标人作为中标候选人或者中标人，或者以其他方式非法干涉评标活动，影响中标结果；

（三）以其他方式非法干涉招标投标活动。

第八十二条 依法必须进行招标的项目的招标投标活动违反招标投标法和本条例的规定，对中标结果造成实质性影响，且不能采取补救措施予以纠正的，招标、投标、中标无效，应当依法重新招标或者评标。

第七章 附 则

第八十三条 招标投标协会按照依法制定的章程开展活动，加强行业自律和服务。

第八十四条 政府采购的法律、行政法规对政府采购货物、服务的招标投标另有规定的，从其规定。

第八十五条 本条例自 2012 年 2 月 1 日起施行。

附录

标 注 索 引

1. 《河南省财政厅　河南省粮食局关于印发河南省"粮安工程"危仓老库维修改造专项资金使用管理办法的通知》（豫财贸〔2014〕85 号）。

2. 《财政部　国家粮食局关于启动 2014 年"粮安工程"危仓老库维修改造工作的通知》（财建〔2014〕100 号）

3. 《河南省粮食局　河南省财政厅关于印发〈河南省"粮安工程"危仓老库维修改造项目申报指南〉的通知》（豫粮文〔2014〕168 号）。

4. 《河南省粮食局关于印发〈河南省"粮安工程"危仓老库维修改造工程技术指南〉和〈河南省"粮安工程"危仓老库维修改造工作流程指南〉的通知》（豫粮文〔2014〕170 号）。

5. 《河南省粮食局　河南省财政厅关于印发河南省"粮安工程"危仓老库维修改造项目评审办法的通知》（豫粮文〔2014〕186 号）。

6. 《河南省粮食局关于印发河南省"粮安工程"危仓老库维修改造项目管理办法的通知》（豫粮文〔2015〕25 号）。

7. 《中共河南省纪委驻粮食局纪律检查组关于加强"粮安工程"危仓老库维修改造建设项目监督检查工作的通知》（豫粮纪〔2014〕14 号）。

8. 《河南省粮食局　河南省财政厅关于下达 2014～2015 年度"粮安工程"危仓老库维修改造项目名单的通知》（豫粮文〔2015〕10 号）。

9. 《河南省粮食局关于印发"粮安工程"危仓老库维修改造暨"河南粮食行业"标识的通知（豫粮文〔2015〕56 号）。

10. 《河南省财政厅　河南省粮食局关于印发〈河南省"粮安工程"危仓老库维修改造专项资金分配方案〉的通知》（豫财贸〔2015〕6 号）。

11. 《河南省财政厅关于预拨第一批"粮安工程"危仓老库维修改造专项资金的通知》（豫财贸〔2014〕133 号）。

12. 《河南省财政厅　河南省粮食局关于再次拨付危仓老库维修改造资金的通知》（豫财贸〔2015〕13 号）。

13. 《河南省人民政府　关于印发河南省省级财政专项资金管理办法的通知》（豫政〔2014〕16 号）。

14. 《河南省财政厅　河南省粮食局关于"粮安工程"危仓老库维修改

造专项资金实施绩效评价的通知》（豫财贸〔2015〕1 号）。

15.《河南省粮食局 河南省财政厅关于印发河南省"粮安工程"危仓老库维修改造项目验收办法的通知》（豫粮文〔2015〕40 号）。

16.《粮食仓库建设标准》（中华人民共和国建设部 中华人民共和国国家发展计划委员会 国家粮食局建标〔2001〕58 号印发）。

17.《植物油库建设标准》（建标 118—2009）。

18.《粮食仓房维修改造技术规程》（LS/T 8004—2009）。

19.《粮油仓库工程验收规程》（LS/T 8008—2010）。

20. 国务院办公厅《关于进一步加强政府采购管理工作的意见》（国发办〔2009〕35 号）。

21. 中央治理工程建设领域突出问题工作领导小组关于印发《加强工程建设领域物资采购和资金安排使用管理工作指导意见》的通知（中治工发〔2009〕8 号）。

22. 河南省人民政府《关于进一步规范招标投标活动的意见》（豫政〔2009〕48 号）。

23. 中共河南省委办公厅 河南省人民政府办公厅转发《省纪委、省监察厅关于严格禁止违反规定干预和插手公共资源交易的若干规定》的通知（厅文〔2008〕98 号）。

24.《中华人民共和国建筑法》（2011 年 4 月 22 日中华人民共和国第十一届全国人民代表大会常务委员会第 20 次会议通过，2011 年 4 月 22 日主席令第 46 号，自 2011 年 7 月 1 日起施行）。

25.《中华人民共和国合同法》（1999 年 3 月 15 日第九届全国人民代表大会第二次会议通过，1999 年 3 月 15 日中华人民共和国主席令第十五号公布，自 1999 年 10 月 1 日起施行）。

26.《中华人民共和国政府采购法》（2002 年 6 月 29 日全国人民代表大会常务委员会第二十八次会议通过，根据 2014 年 8 月 31 日第十二届全国人民代表大会常务委员会《关于修改等五部法律的决定》修正）。

27.《中华人民共和国招标投标法》（1999 年 8 月 30 日第九届全国人民代表大会常务委员会第十一次会议通过，1999 年 8 月 30 日中华人民共和国主席令第二十一号公布，自 2000 年 1 月 1 日起施行）。

28.《中华人民共和国招标投标法实施条例》（2011 年 11 月 30 日国务院第 183 次常务会议通过，2011 年 12 月 20 日中华人民共和国国务院令第 613 号，自 2012 年 2 月 1 日起施行）。

后　记

　　作为上年出版的《粮心》的姊妹作，《粮安》一书与读者见面了。这是两本关于"粮安工程"的书。《粮心》是从务虚角度，汇集了全省大中学生对爱粮节粮和安全食粮的理论认知；《粮安》则从操作层面，认真总结了河南粮食行业修仓建库的实践成果。无论前者讨论的"促进节粮减损"问题，还是后者研究的"修复粮食仓储设施"问题，都是"粮安工程"的重要组成部分。

　　本书既可作为当前全省危仓老库维修改造的培训教材，又可作为今后粮食行业修仓建库的指导文献，供从事粮食行政、企业、工程管理及项目施工的干部职工和技术人员使用。如果读者感觉在修建粮库的工作中，尚能查阅到相关资料标准与法律法规，可称一本有用工具书的话，我们会感到一丝欣慰。因为"粮安工程"的顺利推进与实施，我们尽了一份应尽的绵薄之力。

　　参加本书编写的除河南省粮食局流通与科技发展处、财会处，河南省财政厅服务业处相关同志外，李昭、梅海宇副院长和王荣帅研究员，还分别率领河南工业大学设计研究院、河南省粮食工程设计院、中粮郑州设计院的部分专家教授，参与了起草、制定技术和流程指南等项工作；省粮食局监察室李宁、胡东祯二位同志，也提供了相关资料。至此，向他们一并表示衷心感谢！

编　者

2015 年 5 月